全国高等职业教育教学改革示范系列规划教材

电子测量技术与仪器
（第2版）

李 骃　汪 涛　主 编
杨敏跃　杨俊卿　副主编
张大彪　主 审

电子工业出版社

Publishing House of Electronics Industry

北京·BEIJING

内 容 简 介

本书以培养学生电子测量基本技术和工程应用能力为目标，重点介绍了信号发生器、电子示波器、电子计数器、电压测量仪器、频域测量仪器、元件参数测量仪器等常用测量仪器的基本原理和使用方法，以及智能仪器与自动测试技术、虚拟仪器技术等先进测试技术。本书深入浅出，通俗易懂。除各章均配备了习题外，还配有实训指导手册、教学课件及习题答案，更方便学生学习与教师授课使用。

本书可作为应用型本科和高等职业院校电子、通信、控制与检测等专业的教学用书，也可作为相关专业工程技术人员和广大电子爱好者的参考用书。

图书在版编目（CIP）数据

电子测量技术与仪器 / 李骁，汪涛主编. —2 版. —北京：电子工业出版社，2017.7
ISBN 978-7-121-31783-5

Ⅰ. ①电… Ⅱ. ①李… ②汪… Ⅲ. ①电子测量技术－高等学校－教材 Ⅳ. ①TM93

中国版本图书馆 CIP 数据核字（2017）第 124165 号

策划编辑：王昭松
责任编辑：王昭松　　　　特约编辑：马凤红
印　　刷：北京虎彩文化传播有限公司
装　　订：北京虎彩文化传播有限公司
出版发行：电子工业出版社
　　　　　北京市海淀区万寿路 173 信箱　邮编 100036
开　　本：787×1 092　1/16　印张：14　字数：367.4 千字
版　　次：2010 年 11 月第 1 版
　　　　　2017 年 7 月第 2 版
印　　次：2025 年 1 月第 11 次印刷
定　　价：37.00 元

凡所购买电子工业出版社图书有缺损问题，请向购买书店调换。若书店售缺，请与本社发行部联系，联系及邮购电话：(010) 88254888，88258888。

质量投诉请发邮件至 zlts@phei.com.cn，盗版侵权举报请发邮件至 dbqq@phei.com.cn。

本书咨询联系方式：(010) 88254015　wangzs@phei.com.cn　QQ：83169290。

第2版前言

电子测量技术是对物质世界的信息进行测量与控制的基本手段。它融合了微电子技术、计算机技术、通信技术、网络技术、新元器件与新材料技术、现代测试技术、现代设计制造技术和现代工艺技术等，是现代工业生产中应用最多、使用最广的技术之一。

电子测量仪器用于检测各类电子材料、产品、装备和系统的性能和质量，其在国民经济各行业中应用十分广泛。据中国电子仪器行业协会不完全统计，2016年电子测量仪器行业完成新产品鉴定36项，新产品继续向数字化、软件化、智能化、宽带化、集成化、多功能化、电路专用化、误差分析模型化、测试系统模块化、高精度、高稳定性方向发展。

电子测量技术与仪器是电子技术、通信技术、控制与检测技术等专业学生必修的专业课。近年来，微电子技术、大规模集成电路、信号处理芯片、新型显示器件和计算机技术的飞速发展促进了电子仪器的发展，使得功能单一的传统测量仪器逐步向智能仪器和模块式自动测试系统方向发展。大型生产企业的生产线，通常采用大量先进的智能仪器和自动测试系统。所以，编写适用于应用型本科和高等职业院校培养对象，以现代仪器应用为目标的电子测量技术与仪器教材，具有非常重要的意义。

本书以培养应用型人才为目标，突出工程应用的特点；紧密结合电子测量工程实践，突出测量基本原理和仪器的性能特点；把电子测量领域的新知识、新设备收入进来，从内容到形式都有新意和特色。本书以8大类常用测量仪器为主线，详细介绍了测量基本原理和仪器的使用方法。由于本课程涵盖知识面广，实践性强，所以要求教学过程中要结合一定数量的实验和实训，使学生能熟练应用电子测量仪器和测量设备进行工程测量，相关专业的技术人员通过查阅本书也能完成测量工作。

本书在测量仪器举例时，尽量照顾到目前学校的现有设备，同时也收集了近年来出现的智能与数字式新仪器，并用专门章节介绍了智能仪器与自动测试技术、虚拟仪器技术等先进测试技术。除各章均配备了习题外，还配有实训指导手册、教学课件及习题答案，更方便学生学习与教师授课使用。

全书共分9章。第1、2、3、4章由天津市第一轻工业学校汪涛编写；第5、6章由天津石油职业技术学院杨敏跃编写；第7、8章由江西现代职业技术学院杨俊卿编写；第9章由天津渤海职业技术学院李骁编写；全书由李骁整理。李骁编写实训指导手册；杨敏跃编写习题答案；汪涛进行教学课件制作。本书由李骁、汪涛任主编；杨敏跃、杨俊卿任副主编；张大彪教授任主审。在此，对原编者孙胜利和祁宇翔的工作表示由衷的感谢。

由于作者学识水平有限，书中还有许多不妥或错误之处，恳请读者批评指正。

编　者

2017年4月

目　　录

第1章

电子测量与仪器基本概念

1.1 测量方法概述

1.1.1 测量的意义

1. 测量

测量是以确定量值为目的的操作。在这一过程中，常需借助专门的设备，将被测量与选作单位的同类量进行比较，从而取得用数值和单位共同表示的测量结果。例如，用温度计去测温度、用秤去称物体的质量、用电流表去测电流的大小等。量值是由数值和计量单位的乘积所表示的量的大小。没有计量单位的数值是不能作为量值的，也是没有物理意义的。

2. 测量方法

为了取得准确的测量结果，必须合理选择电子测量仪器和测量方法。对于各种测量方法，可以从不同的角度进行分类。

（1）按测量结果的获取方法分类。

① 直接测量法。是指不必对与被测量有函数关系的其他量进行测量就能直接得到被测量值的测量方法。例如，用等臂天平测量质量、用电压表测量电压、用数字频率表测量频率等都属于直接测量。直接测量法具有操作简便、读数迅速等优点，但是除受到仪表基本误差的

限制外，还由于仪表接入被测电路后，仪表的内阻会使电路的工作状态发生变化，因而其测量准确度较低。

② 比较测量法。是指将被测量与度量器在比较仪器中进行比较的测量方法。比较测量法又可分为3种。

● 零位测量法，又称零指法或平衡法。它是通过调整一个或几个与被测量有已知平衡关系的（或已知其值的）量，用平衡法确定被测量值的测量方法。例如，用电桥和指零仪测量阻抗。

● 微差测量法。它是将被测量与同其量值只有微小差别的同类已知量相比较，并测出这两个量值间的差值以确定被测量值的测量方法。例如，标准电池的相互比较采用的就是这种方法。

● 替代测量法。它是将选定的且已知其值的量替代被测量，使在指示装置上得到相同效应以确定被测量值的测量方法。

比较测量法的优点是准确度和灵敏度都较高，缺点是设备复杂、操作麻烦，一般用于精密测量。

③ 间接测量法。是指通过对与被测量有函数关系的其他量进行测量才能得到被测量值的测量方法。例如，通过测量液柱高度来测量大气压；先用电压表和电流表测出电阻两端的电压和流过电阻的电流，再用欧姆定律算出电阻值等。间接测量法的误差比直接测量法的误差大。

（2）按被测量的性质分类。

① 时域测量法。用于测量交流电压、交流电流等随时间变化的量。其稳态值、有效值可用电压表、电流表等测量；其瞬时值可通过示波器显示其随时间变化的规律。

② 频域测量法。主要用于测量放大电路的增益、相移及网络的频率特性等。通过频域测量得出其频率特性曲线或频谱特性曲线，用以分析被测量与频率的关系。

③ 数据域测量法。是指对数字量进行的测量。用具有多个输入通道的逻辑分析仪，可同时观测许多单次并行的数据。例如，可以观测微处理器地址线、数据线上的信号，既可以显示时序波形，又可以用"0"和"1"显示其逻辑状态。

1.1.2　电子测量

电子测量是指以电子技术为基本手段的一种测量。在电子测量过程中，以电子技术理论为依据，以电子测量仪器和设备为手段，对各种电量、电信号及电路元器件的特性和参数进行测量，还可以通过各种传感器对非电量进行测量。

1. 电子测量的意义

电子测量涉及从直流到极宽频率范围内所有电量、磁量及各种非电量的测量。如今，电子测量已成为一门发展迅速、应用广泛、精确度越来越高、对现代科学技术的发展起着巨大推动作用的独立学科。

电子测量在信息技术产业中的地位尤为显著。信息技术产业的研究对象及产品无一不与电子测量紧密相连，从元器件的生产到电子设备的组装与调试，从产品的销售到维护都离不开电子测量。如果没有统一和精确的电子测量，就无法对产品的技术指标进行鉴定，也就无法验证产品的质量。所以，从某种意义上说，电子测量的水平是衡量一个国家科学技术水平的重要标志之一。

2. 电子测量的内容

通常所说的电子测量是指对电子学领域内电参量的测量，其基本内容如下所述。

① 电能量的测量，包括电流、电压、功率、电场强度等的测量。

② 电路元器件参数的测量，包括电阻、电容、电感、电子器件（电子管、晶体管、场效应管等）参数的测量。

③ 电信号特性的测量，包括波形、频率、周期、时间、相位、失真度、调制度、逻辑状态等的测量。

④ 电路性能的测量，包括增益、衰减、灵敏度、通频带、噪声系数等的测量。

⑤ 特性曲线的显示测量，包括幅频特性曲线、器件特性曲线等的显示测量。

另外，通过传感器，可将温度、压力、流量、位移等非电量转换成电信号后进行测量，但这不属于本书讨论的范围。

3. 电子测量的特点

与其他测量相比，电子测量具有以下特点。

（1）测量频率范围宽。电子测量的频率范围极宽，低至 10^{-4} Hz 以下，高至 10^{12} Hz 以上。在不同的频率范围内，电子测量所依据的原理、使用的测量仪器、采用的测量方法也各不相同。

（2）测量值范围广。电子测量的另一个特点是被测对象的量值大小相差悬殊。例如，从宇宙飞船上发射到地球的信号功率通常低于 10^{-13} W，而远程雷达发射的脉冲功率可高达 10^{8} W 以上，两者之比为 $1:10^{21}$。一般情况下，一台测量仪器是难以覆盖如此宽广的范围的。电子测量的这一特点要求电子测量仪器应具有足够的测量范围。

（3）测量准确度高。电子测量的准确度比其他测量方法高得多。例如，长度测量的准确度最高为 10^{-8} 量级；而电子测量中对频率和时间的测量，由于采用原子频标做基准，故可使其测量准确度优于 10^{-13} 量级，这是目前人类在测量准确度方面达到的最高指标。因此，为了提高测量准确度，人们往往把其他参数转换成频率或时间后再进行测量。电子测量的这一特点，是它在现代科学技术中广泛应用的原因之一。

（4）测量速度快。由于电子测量是基于电子运动和电磁波传播的原理进行的，因此，它具有其他测量无法比拟的高速度，这也是它在现代科学技术中得到广泛应用的另一个原因。例如，原子核的裂变过程、航空器和航天器的运行参数等的测量，都需要高速度的电子测量。

（5）易于实现遥测。通过各种类型的传感器，采用有线或无线的方式，可以实现对人体不便于接触或无法达到的领域（如深海、地下、卫星、高温炉、核反应堆内等）的远距离测量，即遥测。

（6）易于实现测量的自动化。由于电子测量的被测量和它所需要的控制信号都是电信号，所以非常有利于直接或通过模数转换与计算机相连接，实现自动记录、数据运算和分析处理，组成各种自动测试系统。

电子测量在具备上述优点的同时，还存在测量易受干扰、误差处理较为复杂等缺点。

4. 电子测量的分类

电子测量常见的分类方法有以下几种。

（1）根据测量手段的不同，分为直接测量和间接测量。

（2）根据测量性质的不同，分为时域测量、频域测量和数据域测量。

（3）根据测量过程的控制不同，分为人工测量和自动测量。

（4）根据被测量与测量结果获取地点的关系，分为本地测量和远地测量。

（5）根据被测量在测量过程中是否变化，分为动态测量和静态测量。

（6）根据对测量精度的要求不同，分为工程测量和精密测量。

（7）根据工作频率的不同，分为低频测量、高频测量和微波测量等。

5．我国电子测量仪器行业的发展现状

近年来，我国电子测量仪器行业发展迅速，在若干重大科技领域均取得了突破性进展，仪器的可靠性和稳定性有了很大的提高，本土仪器取得了长足的进步，特别是在通用电子测量设备和汽车电子设备的研发方面，与国外先进产品的差距正在快速缩小。模块化和虚拟技术的发展，为我国的测试测量仪器行业带来了新的发展契机，加上国家和各级政府的日益重视，为电子测量仪器产业提供了前所未有的动力和机遇。

目前，国内电子仪器行业已经形成了一批电子仪器开发、生产的骨干企业，研究和开发出了一批具有自主知识产权、达到国际先进水平的同类产品。

针对"时域""频域""数域""阻抗域""调制域"等 5 域的电子测量仪器，我国都开发了相应的产品，并已应用到了国防、科研、生产等各个领域。

1.2　测量误差分析

1.2.1　测量误差

任何物理量必然存在一个真实的数值，这个数值称为真值。真值是在研究某物理量时在所处条件下严密定义的量值，只是一个理想的概念，一般说来是不可能准确知道的。一切测量的目的都是为了尽可能准确可靠地获得真值。但由于人们对客观规律认识的局限性、测量工具的不准确、测量手段的不完善及测量过程中可能出现的疏忽和失误，都会使测量值与真值不同。测量值与被测量真值的差别就是测量误差。

1．测量误差的分类与特性

根据误差的性质和特点，测量误差可分为系统误差、随机误差和粗大误差 3 类。

（1）系统误差。是指在对同一被测量的多次测量过程中，绝对值和符号保持恒定或在条件改变时按某种确定规律变化的误差。例如，仪表标度的偏差，使用时仪器零点未调准，温度、湿度、电源电压变化，测量方法不当等造成的误差均属于系统误差。

系统误差的特点是，测量条件一经确定，误差即为一确定数值。用多次测量取平均值的方法并不能改变系统误差的大小。造成系统误差的原因很多，但也是有规律可循的。例如，对零点不准的仪器可重新调零；对受温度影响的物理量，可在大量测量、反复分析的基础上得出经验公式以对测量值进行修正，或采取相应的技术措施等都可消除或减小系统误差。

（2）随机误差。是指在对同一被测量的多次测量过程中，绝对值和符号都以不确定方式变化的误差。每次出现的误差都是偶然的，没有复现性，因此，随机误差也称偶然误差。

随机误差是由那些对测量值影响微小又互不相关的多种因素共同造成的。例如，温度及电源电压的频繁波动，测量仪器、元器件的噪声，电磁场的干扰和测量人员人为操作的偶然变化等。

一次测量的随机误差没有规律，也无法控制，但足够多次、重复测量所出现的随机误差服从统计规律，因此，可以通过对多次测量值取算术平均值的方法，来减小随机误差对测量结果的影响。

（3）粗大误差。是指在对同一被测量的多次测量过程中，测量值明显偏离实际值所形成的误差。粗大误差产生的原因可能是错误操作、仪器的不稳定乃至故障、测量条件的突然变化（如电网电压波动、强磁场、强振动）等引起仪器示值的明显偏差。

由于粗大误差是在不正常的情况下出现的，测量数据误差大，甚至是错误的，因此，粗大误差也称为差错。这样的测量数据（又称为坏值）应剔除不用。如果确认误差是由于仪器发生故障而引起的，则应对有故障的仪器进行检修和校正。

对上述 3 类不同性质的误差要用不同的方法处理。除粗大误差外，系统误差和随机误差大多同时存在于测量结果中，若经过分析发现系统误差大于随机误差，则应按系统误差的处理方式处理，如加修正值等；反之，则应按随机误差的处理方式处理。两者的影响相近时，则要分别进行误差处理。

2．处理系统误差的一般方法

测量误差是多种误差因素共同作用的结果。随机误差可在大量测量后取平均值消除，关键是要消除系统误差。对于系统误差的来源必须认真分析，从而采取相应措施，以减小其对测量结果的影响。

（1）仪器误差。即仪器的基本误差。这是由于测量仪器及其附件本身不完善而引起的误差。例如，电桥中的标准电阻、示波器的探头等都含有误差。仪器零位偏移、标度不准及非线性等引起的误差均属仪器误差。仪器误差可通过在测量结果上加修正值（包括利用修正公式或修正曲线）的方法进行修正。

（2）使用误差。又称操作误差或安装误差。这是由于在使用仪表过程中未严格遵守操作规程而引起的误差。例如，将按规定应水平放置的仪表垂直安放、仪表接地不良、测试引线太长、未考虑阻抗匹配及仪器操作方法不当等，都会产生使用误差。为了避免使用误差，必须严格遵守仪表安装工艺和操作规程。

（3）影响误差。是由于各种环境因素与要求条件不一致所造成的误差。例如，温度、湿度、电源电压、电磁场影响等所引起的误差。为了克服这种误差，应注意仪器设备使用的环境条件。要求严格时，测量应在恒温、恒湿和电磁屏蔽的专门实验室中进行。一般情况下，可对测试设备进行环境测试，确定多种外界因素的影响程度，从而对测量结果进行适当的修正。

（4）人员误差。是由测量者的分辨能力、固有习惯、心理、工作态度等因素引起的误差。为降低人员误差，测量人员要经过严格训练，熟练掌握操作技能，并要养成专心致志、一丝不苟的工作作风。

（5）方法误差。由于测量方法不合理或采用的计算公式不恰当所造成的误差称为方法误差或理论误差。例如，用普通万用表测量电路中高阻值电阻两端的电压，由于万用表电压挡内阻不高，形成分流作用而引起的误差即为方法误差。对方法误差，可通过理论分析来进行修正，或采用更科学的测量方法来消除。

3．误差极限

误差极限又称最大允许误差，它是由相关标准、技术规范等所规定的仪器仪表误差的极限。一般仪器技术说明书上所标明的误差即指误差极限。

误差极限既可采用绝对误差，又可采用各种相对误差，或者用两者结合的形式表示。误差极限是指某一类仪器不应超出的误差的最大范围，并不是指某一台确定仪器的实际误差。

一般，仪器仪表的误差有以下4种。

① 固有误差（又称基本误差）。是在规定的一组影响量（如环境温度、湿度、时间、辅助电源频率、电磁场影响等）的基准条件下给出的误差。

② 影响误差（又称附加误差）。是当一个影响量在额定使用范围内任取一值，而其他影响量均处于基准条件时所测得的误差。

③ 工作误差。是在额定工作条件下的仪器误差极限。

④ 稳定误差。是仪器的标称值在其他影响量保持恒定的情况下，在规定时间内所产生的误差极限。

4．测量结果的评定

对测量结果的评定，常采用正确度、精密度和精确度等参数。

（1）正确度。指测量值与真值接近的程度，反映系统误差的影响。

（2）精密度。指测量值相互之间接近的程度，反映随机误差的影响。

（3）精确度。又称准确度，有时也简称精度，反映系统误差与随机误差综合影响的程度。精确度高，表明测量结果既精密又正确。

以打靶为例，如果10发子弹密集地打中靶子但偏离靶心，称为精密度高，正确度低；若10发子弹均中靶但分散在靶心四周，称为精密度低，正确度高；若10发子弹密集地打中靶心，则精密度、正确度都高，也就是说精确度高。参数测量也是如此，多次测量数据很接近时称为精密度高；如果这些数据又都接近真值，则正确度也高，称为高精确度测量。

1.2.2 测量结果的数据处理

获得大量测量数据后，如何处理这些数据以减小误差并得出最佳的数据结论，是测量工作中最后的也是最重要的一项任务。数据处理包括数据整理、计算和分析等工作，有时还要把数据制成表格或图形，最后归纳出经验公式。

1．有效数字的正确表示

（1）由于测量过程中不可避免地存在误差，同时计算时还经常用到π、$\sqrt{2}$等无理数，它们只能取近似值，所以最终数据总是近似的。测量结果的位数不必太多，也不宜太少，应取得恰当，这就提出了有效数字的问题。

（2）有效数字是那些能够正确反映测量准确度的数字，是指从一个数据的左起第一个非零数字开始，直到最右边的一个数字（包括"0"在内）。有效数字的最末一位是近似数字，它可以是测量中估计读出的近似数字，也可以是按规定修正后的近似数字。

（3）有效数字的位数是根据所使用的测量仪器的准确度来确定的。例如，已知某仪器的测量误差为±0.005 V，电压测量值为3.851 V，则应取3.85 V，即取3位有效数字。通常作测量记录时，每一个数据只能最末一位数字是估计读数，而其他各位数字都必须是准确可靠的。

（4）数字"0"在数据中可能是有效数字，也可能不是有效数字。例如，0.030 80 MHz，前面的两个"0"不是有效数字，中间及末尾的"0"都是有效数字。若换成另一单位，变换为 30.80 kHz，则前面的"0"就不起作用了。数字末尾的"0"很重要。例如，30.8 的有效数字为 3 位，表示测量结果精确到十分位；30.80 的有效数字为 4 位，表示测量结果精确到百分位。

2．测量数据的舍入规则

测量数据是近似值，在计算中为了保留规定的位数，需要对多余的位数进行舍入处理。常用的"四舍五入"规则是不合理的，因为 5 是 1～9 的中间数字，也应该有舍有入才能平衡。所以，测量技术中规定，小于 5 舍，大于 5 入，等于 5 时采取偶数法则。也就是说，以保留数字的末位为基准，它后面的数字大于 5 时，末位数字加 1，小于 5 时舍去；恰好等于 5 时，若 5 后有非 0 数字，则 5 可以进位；若 5 后为 0，则将末位凑成偶数（即末位原为奇数时加 1，原为偶数时不加）。为了帮助记忆，归纳成如下口诀。

4 舍 6 入 5 待定，5 后非 0 则可进，

5 后为 0 前位定，偶则舍去奇则进。

例如，将下列数字保留 3 位。

① 13.844→13.8（因为 4<5）；
② 13.864→13.9（因为 6>5）；
③ 13.851→13.9（因为 5 后非 0）；
④ 13.850→13.8（因为 8 是偶数，5 舍）；
⑤ 13.750→13.8（因为 7 是奇数，5 入）。

1.3　电子测量仪器概述

测量仪器是用于检出或测量一个量或为测量目的供给一个量的器具。采用电子技术测量电量或非电量的测量仪器称为电子测量仪器。

电子测量仪器是信息产业的基础，伴随着信息技术的发展而发展，由最初的电子管仪器，经过晶体管仪器，再发展到集成电路仪器；由模拟仪器，经过数字仪器，再发展到智能仪器。我国的电子测量仪器产业从无到有，已形成一个具有科研、生产和经营的较完整的体系。

1.3.1　电子测量仪器的分类

电子测量仪器品种繁多，按功能分类可分为专用仪器和通用仪器两大类。专用仪器是为特定目的而专门设计制造的，只适用于特定的测量对象和测量条件。通用仪器的灵活性好，应用面广，按其功能进行分类，主要可以分为以下几类。

（1）信号发生器。用于提供测量所需的各种波形的信号，如低频信号发生器、高频信号发生器、脉冲信号发生器、函数信号发生器和噪声信号发生器等。

（2）信号分析仪器。用于观测、分析和记录各种电量的变化，包括时域、频域和数字域分析仪，如电压表、示波器、电子计数器、频谱分析仪和逻辑分析仪等。

（3）网络特性测量仪器。用于测量电气网络的频率特性、阻抗特性等，如频率特性测试

仪、阻抗测试仪和网络分析仪等。

（4）电子元器件测试仪器。用于测量各种电子元器件的各种电参数或显示元器件的特性曲线等，如电路元件（R、L、C）测试仪、晶体管特性图示仪、集成电路测试仪等。

（5）电波特性测试仪器。用于对电波传播、电磁场强度、干扰强度等参量进行测量，如测试接收机、场强测量仪、干扰测试仪等。

（6）辅助仪器。用于配合上述各种仪器对信号进行放大、检波、衰减、隔离等，以便上述仪器更充分地发挥作用，如各种放大器、检波器、衰减器、滤波器、记录仪，以及交、直流稳压电源等。

1.3.2　电子测量仪器的误差

电子测量的结果与实际值往往是不一样的，真值和测量值之间的差值定义为误差。测量值和真值的符合程度称为准确度，常用容许误差（规定某类仪器的误差不应超过的最大范围，也称极限误差）来表示。误差的产生是不可避免的，只能尽可能地减小误差。如果测量误差在许可范围之内，就认为测量结果是正确的。

误差产生的根源有多种，按产生的主、客观因素可分为人为误差和非人为误差。人为误差包括人身误差和方法误差，非人为误差主要有仪器误差、环境误差（工程误差）等。

在电子测量中，由于电子测量仪器本身性能不完善所引起的误差，称为电子测量仪器的误差，它主要包括以下几类。

1. 允许误差

技术标准、检定规程等对电子测量仪器所规定的允许的误差极限值称为允许误差。技术标准通常是指电子测量仪器产品说明书中的技术指标。允许误差可用绝对误差或相对误差表示。

2. 基本误差

电子测量仪器在标准条件下所具有的误差称为基本误差。基本误差也称固有误差。标准条件一般规定电子测量仪器影响量的标准值或标准范围［如环境温度(20±2)℃等］，它比使用条件更加严格，所以，基本误差能够更准确地反映电子测量仪器所固有的性能。

3. 附加误差

电子测量仪器在非标准条件下所增加的误差称为附加误差。当一个影响量在正常使用条件范围内取任一值，而其他影响量和影响特性均处于标准条件时，所引起的仪器示值的变化就是附加误差。只有当某一影响量在允许误差中起重要作用时才给出附加误差，如环境温度变化、电源电压变化、频率变化、量程变化等。

有些电子测量仪器的允许误差就是以"基本误差+附加误差"的形式给出的。

例如，在说明书中规定某一信号发生器的输出电压：在连续状态下，频率为 400 MHz 时，输出电压刻度的基本误差不超出±10%；输出电压在其他频率的附加误差为±7%。也就是说，输出电压刻度的允许误差为±10%（f=400 MHz）、±7%（$f \neq$400 MHz）。

1.3.3　测量系统的组成

测量系统由一些功能不同的环节所组成，这些环节保证了由获取信号到获得被测量值所必需的信号流程功能。从完成测量任务的角度来看，基本的测量系统大致可以分为两种，即对主动量的测量和对被动量的测量，如图 1-1 所示。

图 1-1　测量系统组成方框图

如图 1-1（a）所示，被测信息即为测试对象，它既可以是电信号，也可以是非电信号。在整个测量系统中，被测信号是自发的，因而是主动的。检测环节主要是针对非电量的被测信号，如温度、压力等，该环节主要由传感器组成，将非电量转换为有用的电量（如电压、电流）。若被测信息是电信号，则检测环节可以省略。

如图 1-1（b）所示，测量对象是被测网络中的某个特性参数，它只有在信号源的激励下才能产生，因而是被动的。激励信号由信号发生器提供。

转换环节用于对被测信号进行加工转换，如放大、滤波、检波、调制与解调、阻抗变换、线性化、数模或模数转换等，使之成为合乎需要，便于输送、显示或记录以及可做进一步后续处理的信号。显示环节是将加工转换后的信号变成一种能被人们所理解的形式，如模拟指示、数字显示、图形等，以供人们观测和分析。

1.4　电子测量误差的表示方法

1.4.1　电子测量误差的定义

电子测量是以确定被测对象量值为目的的全部操作。当某量能被完善地确定并能排除所有测量上的缺陷时，通过测量所得到的量值称为真值。一个量的真值，是在被观测时本身所具有的真实大小，它是一个理想的概念。但是在测量过程中，由于对客观规律认识的局限性、计量器具不准确、测量手段不完善、测量条件发生变化及测量工作中的疏忽或错误等原因，都会使测量结果与真值不同。测量结果与被测量真值之差称为测量误差。

不同的测量，对其测量误差的大小，也就是对测量准确度的要求往往是不同的。但是，随着科技的发展和生产水平的提高，对减小误差提出了越来越高的要求。对很多的测量来讲，测量工作的价值完全取决于测量的准确程度。当测量误差超过一定限度时，测量工作和测量结果不但变得毫无意义，甚至还会给工作带来很大的危害。因此，对测量误差的控制就成为衡量测量技术水平的标志之一。

无论哪种测量，都必须使用测量装置。同时，测量工作又是在某个特定的环境里，由测量人员按照一定的测量方法来完成的。因此，总体上讲，测量误差主要来自以下 5 个方面。

1．电子测量装置误差

电子测量装置本身所具有的误差称为测量装置误差。电子测量装置误差在整个测量中起主要作用。电子测量装置包括计量器具和辅助设备。

由于设计、制造、检定等的不完善，以及计量器具使用过程中元器件老化、机械部件磨损、疲劳等因素而使计量器具带有误差。计量器具的误差还可以分为读数误差（包括出厂时校准与定度不准确产生的校准误差、刻度误差、读数分辨力有限而造成的读数误差及数字式仪表的±1 个字量化误差）、计量器具内部噪声引起的稳定误差、计量器具响应滞后现象造成的动态误差等。

为电子测量创造必要条件或使测量方便地进行而采用的各种辅助设备或附件都有可能引起误差，如电子测量中转换开关接触不好、各类探头带来的误差、低阻测量中连接导线的影响等。

2．环境误差

由于实际环境条件与规定条件不一致所引起的误差称为环境误差。任何测量总是在一定的环境中进行的。环境由多种因素组成，对电子测量而言，最主要的影响因素是环境温度、电源电压和电磁干扰等。

3．测量方法误差

电子测量方法不完善引起的误差称为测量方法误差。测量方法是指根据给定的原理，概括地说明在实施测量中所涉及的一套理论运用和实际操作。由电子测量方法引起的测量误差主要表现为：测量时所依据的理论不严密、操作不合理、用近似公式或近似值计算测量结果等引起的误差。

4．人员误差

电子测量人员主观因素和操作技术所引起的误差称为人员误差。人员误差主要由测量者的分辨能力差、视觉疲劳、反应速度慢、不良的固有习惯和缺乏责任心等引起，具体有操作不当、看错、读错、听错和记错等原因。

5．被测量不稳定误差

由电子测量对象自身的不稳定变化引起的误差称为被测量不稳定误差。由于测量是需要一定时间的，若在测量时间内被测量不稳定而发生变化，那么即使有再好的其他测量条件也是无法得到正确的测量结果的。被测量不稳定与被测对象有关，可以认为被测量的真值是时间的函数，如由于振荡器的振荡频率不稳定，则测量其频率必然要引起误差。

在测量工作中，对于误差的来源要认真分析，采取相应的措施，以减小误差对测量结果的影响。

1.4.2　电子测量误差的表示方法

测量误差的表示方法有两种，即绝对误差和相对误差。

1. 绝对误差

（1）定义。测量结果与被测量真值之差称为绝对误差。测量结果是指由测量所得到的被测量值。设被测量的真值为A_0，而测量结果为Y，则绝对误差ΔY可以表示为

$$\Delta Y = Y - A_0 \qquad (1\text{-}1)$$

式（1-1）中，Y是指计量器具的示值，即由计量器具所指示的被测量值。

前面已提到，真值A_0一般无法得到，通常用约定真值（也称实际值）A来代替A_0，即

$$\Delta Y = Y - A \qquad (1\text{-}2)$$

在实际测量中，常把高一等级的计量标准所复现的量值作为约定真值。

（2）修正值。修正值C与绝对误差的大小相等，符号相反，即

$$C = -\Delta Y \qquad (1\text{-}3)$$

计量器具的修正值，可通过检定由上一级标准给出，它可以是表格、曲线或函数表达式等形式。利用修正值和计量器具示值，可得到被测量的实际值为

$$A = Y + C \qquad (1\text{-}4)$$

例如，某电流表测得的电流示值为 0.83 mA，查该电流表的检定证书得知，该电流表在 0.8 mA 及其附近的修正值都为-0.02 mA，那么被测电流的实际值为

$$A = Y + C = 0.83 \text{ mA} + (-0.02 \text{ mA}) = 0.81 \text{ mA}$$

通常通过加修正值的办法来提高测量的准确度。

绝对误差有计量单位，其大小和符号分别表示示值偏离实际值的程度和方向，但是不能用它来说明测量的准确程度。为了更确切地反映出测量工作的质量，就要用相对误差来表示。

2. 相对误差

测量的绝对误差与被测量的约定值之比称为相对误差，常用百分数来表示。约定值可以是实际值、示值或仪器的满量程值Y_m。

（1）实际相对误差γ_A，指绝对误差ΔY与被测量的实际值A的百分比，即

$$\gamma_A = \Delta Y / A \times 100\% \qquad (1\text{-}5)$$

（2）示值相对误差γ_Y，指绝对误差ΔY与被测量的示值Y的百分比，即

$$\gamma_Y = \Delta Y / Y \times 100\% \qquad (1\text{-}6)$$

对于一般的工程测量，用γ_Y来表示测量的准确度较为方便。

（3）引用误差γ_m，指计量器具的绝对误差与其特定值的百分比。特定值又称为引用值，常取计量器具的满量程值Y_m，即

$$\gamma_m = \Delta Y / Y_m \times 100\% \qquad (1\text{-}7)$$

引用误差一般用于连续刻度的仪表，特别是电工仪表。引用误差实际上是给出了仪表各量程内，绝对误差不应超过的最大值为

$$\Delta Y = \gamma_m \times Y_m \qquad (1\text{-}8)$$

比较式（1-6）和式（1-7）可知，为了减少测量中的示值误差，在选择仪表的量程时，应尽量使示值靠近满刻度值，一般应使示值指示在仪表满刻度值的 2/3 以上区域内。但这个原则对于测量电阻的模拟欧姆表（如模拟万用表的欧姆挡）就不适用了，因为在设计和检定欧姆表时，均以中值电阻为基础，其量程的选择应以电表指针偏转到最大偏转角度的 1/3～2/3 区域为宜。

电工仪表常分为 0.1、0.2、0.5、1.0、1.5、2.5、5.0 共 7 个级别，这些准确度等级就是按

照引用误差来划分的。例如，0.5 级的电表，就表明其 $\gamma_m \leqslant \pm 0.5\%$，并在表面刻度盘上标以 0.5 级的标志。若电表有几个量程，则在所有的量程上均取 $\gamma_m = \pm 0.5\%$。显然，各量程的绝对误差是不一样的。仪器的准确度等级和基本误差对照见表 1.1。

表 1.1　仪器的准确度等级和基本误差对照

仪器的准确度等级	0.1	0.2	0.5	1.0	1.5	2.5	5.0
基本误差（%）	±0.1	±0.2	±0.5	±1.0	±1.5	±2.5	±5.0

【例 1.1】　检定一个 1.5 级、满量程值为 10 mA 的电流表，若在 5 mA 处的绝对误差最大为 0.12 mA（即其他刻度处的绝对误差均小于 0.12 mA），问该表是否合格？

解：根据式（1-7），可求得该表实际引用误差为

$$\gamma_m = \Delta Y / Y_m = 0.12 \text{ mA} / 10 \text{ mA} = 1.2\%$$

因为 $\gamma_m = 1.2\% < 1.5\%$，所以该表是合格的。

【例 1.2】　有一个真值为 220 V 的电源，分别用一个量程 250 V、1.0 级和一个量程 600 V、0.5 级的电压表测量。求对应的最大相对误差。

解：$\gamma_1 = \gamma_{m1} \times A_m / A = (1.0\% \times 250)/220 = 1.14\%$

　　　$\gamma_2 = \gamma_{m2} \times A_m / A = (0.5\% \times 600)/220 = 1.36\%$

从得到的数据看，采用一个等级高（准确度高）的电表所测得的数据反而不如采用一个等级低（准确度低）的电表测得的数据更准确。之所以会产生这样的结果，是因为这两个表的满量程不一样。在测量数据时，一般要求被测量的值应大于仪器所用满量程值的 2/3。

1.5　电子测量中的干扰

1.5.1　干扰源

在进行电子测量过程中，会产生许多干扰信号，从而降低了电路的测量精度。主要的干扰源有以下几种。

（1）热电动势（直流）。热电动势是由测量电路中的接点、线绕电位器的动点、电子元件的引线和印制电路板布线等各种金属的接合点间温度差而产生的。

（2）交流电源设备及电源线。大多数测量仪器采用交流电源供电，通常交流电网的电压可能会有较大的波动，而且交流电网中的许多电感性器件会带来频率污染。因此，交流电源装置及电源线会受到这些干扰的影响，其中最主要的干扰是工频（50 Hz）及高频（调制波）干扰。

（3）电气型干扰（日光灯、焊接机等）。这些干扰源所产生的干扰信号的频带宽、强度大，并具有随机性，因此此类干扰强，测量仪器很容易受影响，且不易被克服。

（4）无线电波、无线电收发两用机（高频波）。此类电磁波感应的干扰，经非线性元件检波后，作为干扰信号影响测量仪器。

1.5.2　干扰耦合的途径及其抑制方法

在某些情况下，由于电路设计不合理，将使干扰电流流过的支路和测量电路有公共阻抗，则干扰电流在公共阻抗上的压降成为干扰源。抑制此类干扰的办法是尽量避免或减小公共阻抗，如图 1-2 所示。

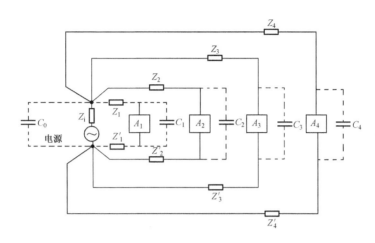

图 1-2　消除公共阻抗干扰的接线方法

1.5.3　串模（常态）干扰和共模（共态）干扰

1．干扰的分类

干扰可分为串模干扰和共模干扰两种形态。

① 串模干扰。如图 1-3 所示，v_N 串联在测量电路中，故称串模干扰或线间干扰。

② 共模干扰。如图 1-3 所示，v_C 是以大地为基准点、两线共有的干扰，故称共模干扰，也称对地干扰。

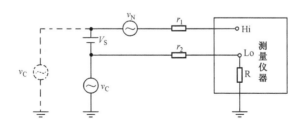

图 1-3　串模干扰和共模干扰

2．共模干扰转换为串模干扰及其减小措施

如图 1-4 所示，共模干扰 v_C 最终转换成 v_{N1}、v_{N2} 两个串模干扰，净串模干扰为

$$v_N = v_{N1} - v_{N2} \tag{1-9}$$

由式（1-9）可知，为了减小共模干扰对测量仪器的影响，应尽量使 r_1 和 r_2，r_3 和 r_4 的值相等。例如，当 $r_1 = r_2$、$r_3 = r_4$ 时，即使有 v_C，但 $v_N = 0$，即测量仪器不受共模干扰的影响。

此外，当有用信号与干扰信号的频域不同时，可通过滤波方法降低 v_N 的影响。但必须注意，使用滤波器可能引起信号的频率响应特性变坏，导致波形失真变大。

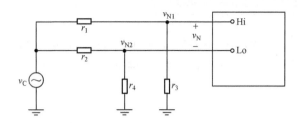

图 1-4 共模干扰转换为串模干扰

3．热电动势的影响

在测量直流电压和低频电压时，数字电压表的两引线端接触不同的金属，则不同金属两端会因温度不同而产生热电动势，从而引起测量误差。通常，热电动势为 5 V/℃～50 V/℃。

1.5.4 电子测量接地

1．接地的符号及意义

（1）接地的符号。如图 1-5 所示，接地的符号可分为接大地与接机壳或接底板两种。接机壳有时称为接地，而接大地也简称为接地，但两者是不同的，实际使用时务必注意。

（2）接地的意义。使用电子测量仪器时，测量系统的接地问题十分重要。测量系统接地的目的一是为了保障测量系统安全，二是使测量稳定。具体接地方法可分为如下几种情况。

① 形成电子电路等公共回路。如图 1-6 所示，天线接大地，以大地为基准电位，测量仪器也应接大地。

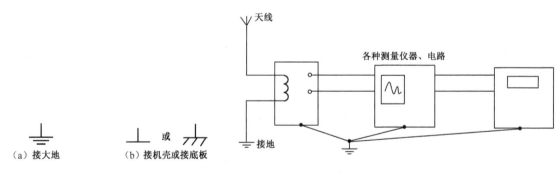

图 1-5 接地的符号　　　　　　　　　　图 1-6 接地的意义

② 在大功率电路中，因高压和低压并存，当变压器发生故障时，高压窜入低压回路，会造成低压部分对大地有异常高的电压产生，引起电击或触电等危险。为了防止这种情况出现，其接地方法应如图 1-7 所示，将低压的一条线接大地。图中的"第 2 种接地""第 3 种接地"统称为安全保护接地。

③ 为了防止因漏电使仪器外壳电位升高、造成人身事故，应将仪器外壳接大地，其方法如图 1-8 所示。

（3）被测电路、测量仪器等的接地。被测电路、测量仪器的接地除了能够保证人身安全外，还可以防止干扰或感应电压窜入测量系统，也可避免测量仪器之间相互干扰，以及消除人体感应的影响。

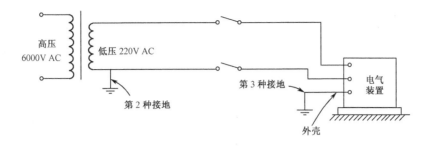

图 1-7　安全保护接地

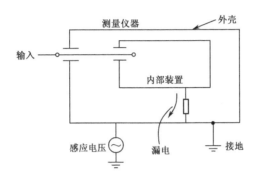

图 1-8　仪器外壳接大地

① 为了防止人身事故、感应电压的接地。测量仪器除特殊情况外，一般都应使外壳接大地，如图 1-8 所示。若测量仪器外壳不接大地，则大地和测量仪器间存在的感应电压、电流将窜入输入电路，造成测量误差。此外，当内部装置存在漏电时，外壳电压就有上升到电源电压（220 V）的危险，易造成人身事故。

② 为了防止干扰的接地。如图 1-9（a）所示的连接中，因共模干扰 v_C 造成的干扰电流 i_C 直接流经被测电路，在测量输入端 Hi、Lo（高、低）间产生 R_{i_C} 干扰电压，此电压将产生测量误差。

为了防止上述误差的产生，测量连线及接地线应如图 1-9（b）所示。测量系统采用双层屏蔽技术，在测量信号输入端 Hi、Lo 的外面，用浮地保护壳把整个测量仪器加以屏蔽，并在其上设置保护端子 G。因此，共模干扰电压 v_C 产生的电流 i_C 被保护壳、屏蔽电缆所旁路，流过被测电路的电流为 0，故其产生的影响变得非常小。测量仪器对共模干扰的抑制能力用共模抑制比 K_{CMR} 来表示。

2. 测量仪器的阻抗对测量的影响

被测电路的输出阻抗与测量仪器的输入阻抗之间如果没有合理地匹配，将造成测量误差，下面简单说明其原因。

（1）测量仪器与被测电路并联。如图 1-10 所示为用示波器或数字式电压表测量被测电路内部电压的电路原理图，被测电路的输出阻抗为 Z_s，内部电压为 $\dot{U}$。当用输入阻抗为 Z_m 的示波器或数字式电压表测量被测电路电压时，测量点 A、B 间的电压为 $\dot{U}'$。

（2）测量仪器与被测电路串联。如图 1-10 所示，当 $Z_m \gg Z_s$ 时，此时测量误差非常小；但当 $Z_m = Z_s$ 时，指示值为实际电压值的 1/2。因此，在这种情况下，必须使测量仪器的输入阻抗远远大于被测电路的输出阻抗，如图 1-11 所示。

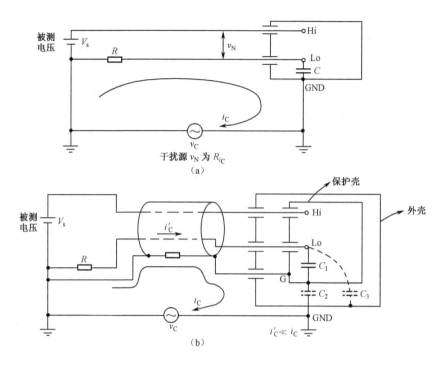

图 1-9　防干扰接地

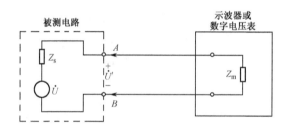

图 1-10　测量仪器与被测电路并联

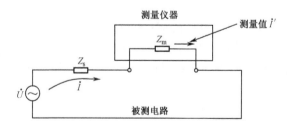

图 1-11　测量仪器与被测电路串联

3. 注意事项

使用仪器时，应注意以下事项。

（1）了解仪器的技术指标、工作原理和实验中要用到的各个旋钮开关的作用。

（2）正确选择量程和调节仪器，使得仪器处于测试被测数据的最佳状态。

（3）注意仪器的共连问题。有时需要用到多个电源，那么就存在共连的问题，共连并不总是把用到的仪器的地线连接起来。例如，实验中要用到两个电源，如果是给实验中的测试对象的两部分电路分别供电，那么这两个电源的地线就应该连起来；但如果想要用这两个电源串联起来获得更高的电压，那么只能是一个电源的地线和另一个电源的正极线连起来，所以共连问题在具体的实验中有具体的连法。

电子仪器是用来测试电路参数、产生信号、提供电能的仪器。离开了这些种类繁多的仪器，再能干的电子工程师也将束手无策，故熟悉和掌握几种基本电子测量仪器的操作和使用是非常重要的。

🛩 实训一　测量数据处理实训

一、实训目的

（1）了解测量误差的数据处理方法。
（2）熟悉测量结果与被测量真值的差别。
（3）对测量结果的数据进行处理。

二、实训内容

（1）有效数字的正确表示。
（2）测量数据的舍入规则。
（3）有效数字的运算法则。

三、实训要求：测量结果的数据处理

测量结果既可能表现为一定的数字，也可能表现为一条曲线或显示出某种图形。以数字表示的测量结果包含数值（大小和符号）以及相应的单位两部分，例如 1.5 mA、1 kΩ等。有时为了说明测量结果的可信度，在表示测量结果时，还必须同时注明其测量误差数值或范围，如 4.5±0.1 V、2.30±0.01 mA。为满足测量要求，需要对测量数据进行合理的有效位取舍，有时还需要进行运算。因此，如何进行数字的舍入及有效数字的运算法则都是我们必须要掌握的内容。

　1．测量数据的舍入规则

测量数据的舍入规则可简单地概括为：小于 5 舍，大于 5 入，等于 5 时取偶数。

例如，将下列数字保留 3 位：

10.644→10.6（因为 4<5）

10.664→10.7（因为 6>5）

10.651→10.7（因为 5 后非 0）

10.650→10.6（因为 6 是偶数，5 舍）

10.550→10.6（因为 5 是奇数，5 入）

　2．有效数字的运算法则

在测量中，经常需要测量几个数据，经过加、减、乘、除、乘方和开方等运算后，才得到欲求的结果。为保证运算过程的简便和准确，参与运算的数据其有效数字位数的保留，原则上取决于参加运算的各数据中准确度最差的那一项。

（1）加、减运算。根据准确度最差的一项，即以小数位数最少的为准，其余数据多取一位，最后结果小数位数保留仍以小数位数最少的为准。不过，当两数相减时，若两数相差不

多，有效数字的位数对结果的影响可能十分严重，就应该尽量多取几位有效数字。

（2）乘、除、乘方、开方运算。有效数字的取舍取决于其中有效数字最少的一项，而与小数点无关。最后结果的有效数字，应不超过参加运算的数据中最少的有效数字。需要注意的是，在乘方运算中，当底数远大于 1 或远小于 1 时，指数很小的变化都会使结果相差很多，对于这种情况，指数应尽可能多保留几位有效数字。

（3）对数运算。对数运算时，原数为几位有效数字，取对数后仍取几位有效数字。

四、数据分析及评价

类别	检测项目	评分标准	分值	学生自评	教师评估
知识内容	测量误差的表示方法	理解并掌握测量误差的表示方法	20		
	测量误差的分类和测量结果的评价	举例说明测量误差的分类，并能对测量结果进行正确的评价	10		
	测量数据的一般处理方法	理解有效数字的含义，掌握取舍法则，正确运算和取舍有效数字	20		
操作技能	常用测量误差的表示和计算	结合具体实训内容及要求，会计算绝对误差和相对误差，能比较测量准确度的高低	20		
	测量数据的处理	能按要求对测量数据进行运算及有效位的舍入	20		
	安全规范操作	安全用电、按章操作，遵守实训管理制度	5		
	现场管理	按企业管理体系要求，进行现场管理	5		

本章小结

1．借助于电子设备进行各种电参数的测量和检测都称为电子测量。电子测量广泛用于生产、科研的各个领域。

2．对测量结果的评定，常采用正确度、精密度和精确度等参数。测量值与真值接近的程度，反映系统误差的影响；测量值相互之间接近的程度，反映随机误差的影响。

3．电子测量是以电子技术理论为依据，以电子测量仪器为手段，对各种电量、电信号及电路元器件的特性和参数进行测量，还可以通过各种传感器对非电量进行测量。

4．测量任务确定以后，应根据被测量的特点、测量所要求的准确度、测量环境条件及现有测量设备等进行综合考虑，选择正确的测量方法和合适的测量仪器。

5．测量误差是测量结果与被测量真值之差。误差来源包括仪器、环境、方法、人员和被测量等 5 个方面。绝对误差只用来说明误差的大小和方向，相对误差还能说明测量的准确程度。误差按其性质可分为系统误差、随机误差和粗大误差 3 大类。

6．电子测量仪器按功能分，可分为专用仪器和通用仪器。其中，通用仪器的灵活性好，应用面广，是本书讨论的重点。

7．电子测量的对象是各种电物理量，如频率、带宽、波形、电压、电流等。电子测量所使用的仪器有许多种，每种仪器都有自己的使用和表示方法。用户需要掌握一定的测量方法和技巧才能正确、高效地使用这些仪器。

8．电子测量仪器的主要误差有允许误差、基本误差和附加误差。

习题 1

1．按具体测量对象来分，电子测量包括哪些内容？

2．什么是测量？什么是电子测量？

3．电子测量有哪些优点？

4．常用电子测量仪器有哪些？

5．测量误差用什么表示较好？

6．测量误差与仪器误差是不是一回事？

7．系统误差、随机误差和粗大误差的性质是什么？它们对测量结果有何影响？

8．降低系统误差的主要方法有哪些？

9．有一个 100 V 的被测电压，若分别用 0.5 级、量程为 0～300 V 和 1.0 级、量程为 0～100 V 的两只电压表测量，问哪只电压表测得更准些？为什么？

10．测量上限为 500 V 的电压表，在示值 450 V 处的实际值为 445 V，求该示值的（1）绝对误差；（2）相对误差；（3）引用误差；（4）修正值。

第2章

信号发生器

【本章要点】
1. 要求掌握低频信号发生器、高频信号发生器、函数信号发生器等的基本组成原理。
2. 会正确使用低频信号发生器、高频信号发生器、函数信号发生器等。

【本章难点】
1. 信号发生器产生各种频率的正弦波信号的原理。
2. 信号发生器的灵活应用。

2.1 信号发生器概述

信号发生器又称信号源，是在电子测量中提供符合一定技术要求的电信号的仪器。信号发生器可产生不同波形、频率和幅度的信号，为测试各种模拟系统和数字系统提供不同的信号源。

2.1.1 信号发生器的分类

1. 按输出波形分类

（1）正弦波信号发生器，产生正弦波或受调制的正弦波。

（2）脉冲信号发生器，产生脉宽可调的重复脉冲波。

（3）函数信号发生器，产生幅度与时间成一定函数关系的信号，如正弦波、三角波、方波等各种信号。

（4）噪声信号发生器，产生各种模拟干扰的电信号。

2. 按输出频率范围分类

（1）超低频信号发生器，频率范围为 0.001 Hz～1 kHz。

（2）低频信号发生器，频率范围为 1 Hz～1 MHz。

（3）视频信号发生器，频率范围为 20 Hz～10 MHz。

（4）高频信号发生器，频率范围为 200 kHz～30 MHz。

（5）甚高频信号发生器，频率范围为 30～300 MHz。

（6）超高频信号发生器，频率范围为 300 MHz 以上。

2.1.2 信号发生器的发展趋势

电子技术的迅速发展，促使信号发生器的种类日益增多，性能日益提高。随着微处理器的出现，更促使信号发生器向着自动化、智能化方向发展。现在，许多信号发生器都带有微处理器，具有自校、自检、自动故障诊断、自动波形形成和修正等功能。信号发生器总的趋势是向着宽频率覆盖、高精度、多功能、多用途、自动化和智能化方向发展。

2.2 低频信号发生器

低频信号发生器主要用来产生频率范围为 1 Hz～1 MHz 的正弦波信号。实际上，许多低频信号发生器除了产生正弦波外，也产生脉冲波信号。低频信号发生器可用来测量收音机、组合音响设备、电子仪器、无线电接收机等电子设备的低频放大器的频率特性。

2.2.1 低频信号发生器基本组成

低频信号发生器的基本组成方框图如图 2-1 所示。

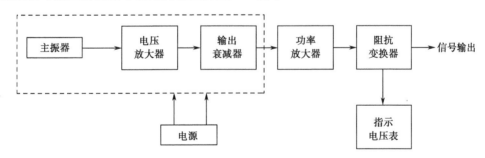

图 2-1 低频信号发生器的基本组成方框图

QF1022 型低频信号发生器原理方框图如图 2-2 所示。

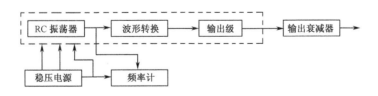

图 2-2 QF1022 型低频信号发生器原理方框图

主振器用来产生低频正弦波信号，其振荡频率范围即为信号发生器的有效频率范围。常见的电路形式有差频式和 RC 振荡器两类。

1. 差频式振荡器

差频式振荡器的原理如图 2-3 所示。由两个高频振荡器分别产生一个频率固定的振荡信

号 f_1 和另一个频率可变的振荡信号 f_2，同时进入混频器，产生低频差频信号，再经过低通滤波器去掉高频成分，最后通过低频放大器的放大，即可得到具有一定幅度的低频信号电压。

用这种方法产生的低频正弦波信号，其频率覆盖面比较宽；缺点是频率稳定性差，特别是 f_1 与 f_2 接近时，极易产生干扰，这样也就很难获得较低的差频输出。

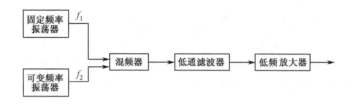

图 2-3　差频式振荡器原理框图

2. RC 振荡器

为了克服以上差频式振荡器的缺点，现代低频信号发生器普遍应用 RC 振荡器。RC 振荡器又可分为 RC 移相振荡器、RC 双 T 振荡器、RC 文氏电桥振荡器三种。由于频率特性不理想或调节不便等原因，一般不采用前两种振荡器，而用得较多的是 RC 文氏电桥振荡器，它具有输出波形好、振幅稳定、频率范围宽及频率调节方便等优点。

2.2.2　低频信号发生器工作原理

如图 2-4 所示为低频信号发生器工作原理框图。

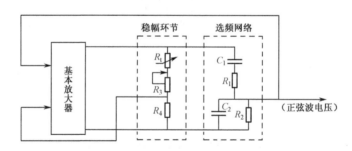

图 2-4　低频信号发生器工作原理框图

如图 2-5 所示为低频信号发生器中振荡器的原理图。RC 文氏电桥振荡器实际上是一种电压反馈式振荡器，它由两级负反馈放大器 A 及一个具有选频作用的正反馈支路组成。其中 R_1、C_1、R_2、C_2 等组成具有选频作用的串—并联正反馈支路，如图 2-6 所示。信号满足电路起振条件，确保频率稳定。由热敏电阻 R 组成的负反馈支路主要起稳幅作用。整个电路频率的调节是通过改变桥路电阻值和电容值进行的，用波段开关改变 R_1、R_2 进行频率粗调，用同轴双联可变电容器改变 C_1、C_2 进行频率细调。

1. 缓冲放大器

缓冲放大器兼有缓冲和电压放大的作用。缓冲的目的是为了隔离后级电路对主振电路的影响，保证主振频率稳定，一般采用射（源）极跟随器或运算放大器组成的电压跟随器；电压放大的目的是为了使主振级的输出电压达到预定技术指标，要求频带宽、谐波失真小、工作稳定等。

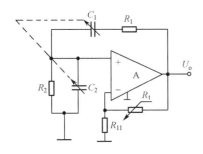

图 2-5　振荡器原理图

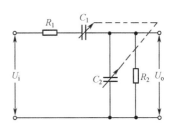

图 2-6　串—并联正反馈支路

2．衰减器

输出衰减器用于改变信号发生器的输出电压或功率，通常分为连续调节和步进调节。连续调节由电位器实现，步进调节由电阻分压器实现。如图 2-7 所示的电路是低频信号发生器中采用的输出衰减器。

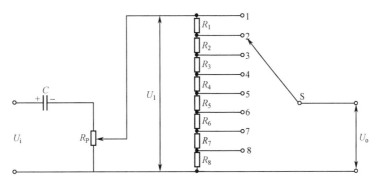

图 2-7　输出衰减器

由电位器 R_P 取出一部分信号电压加于由 R_1～R_8 组成的步进衰减器，调节电位器在不同位置，或调节波段开关 S 于不同挡位，均可使衰减器输出不同的电压。

信号发生器对步进衰减量的表示通常有两种，一种是直接用步进衰减器的输出电压 U_o 与输入电压 U_i 的比值来表示，即 U_o/U_i。例如，当 $U_o/U_i=0.1$ 时，表示为×0.1。另一种是将上述的比值取对数再乘以 20，即 $20\lg(U_o/U_i)$，单位为 dB（分贝）。由于比值总是小于 1，其对数必定为负值，故为了不造成混淆，有时也将负号省去。

另一种与图 2-7 所示的输出衰减器有区别的是文氏电桥衰减器，其原理图如图 2-8 所示。

3．功率放大器

功率放大器对衰减器送来的电压信号进行功率放大，使之达到额定的功率输出。要求功率放大器的工作效率高、谐波失真小。

4．阻抗变换器

阻抗变换器用于匹配不同阻抗的负载，以便获得最大输出功率。

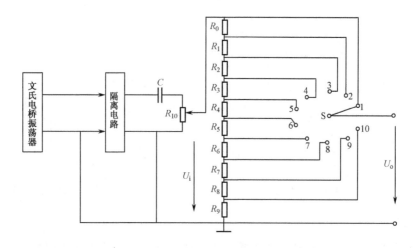

图 2-8　文氏电桥衰减器原理图

5．指示电压表

指示电压表用于指示电压放大器的输出电压幅度。

2.2.3　DF1027A、DF1027B 低频信号发生器

DF1027A、DF1027B 低频信号发生器是一种多用途的 RC 信号发生器，能产生 10 Hz～1 MHz 的低失真正弦波、方波、脉冲波和 TTL 脉冲波。输出电压的有效值由 3 位数字式电压表指示，输出信号的频率由 6 位数字频率计显示，数字频率计可外接测频。

该仪器外形设计美观，使用操作方便，性能可靠，可广泛应用于教学实验、工矿企业、科研机构等。

1．主要技术特性

（1）频率范围为 10 Hz～1 MHz，分 5 挡。
（2）波形有正弦波、方波、脉冲波、脉冲波占空比。
（3）TTL 输出（电平、上升时间、占空比、阻抗）。
（4）单脉冲输出。
（5）电压输出（幅度、衰减器、直流偏置等）。
（6）功率输出（输出功率、输出幅度、输出指示）。
（7）频率计（测量范围、输入阻抗、灵敏度、最大输入、输入衰减、测量误差）。
（8）电源适应范围（电压、频率、功率）。
（9）使用环境（温度、湿度、大气压力）。

2．工作原理

该仪器的工作原理框图如图 2-9 所示。

（1）振荡电路。DF1027A 低频信号发生器的振荡电路由放大器、RC 选频网络和自动增益平衡电路组成。

当输入到 RC 网络信号的角频率 $\omega = 1/RC$ 时，反馈系数 $F = 1/3$ 为最大，且输入/输出信号相

移为零，即只要同相放大器的电压放大倍数 $A \geqslant 3$，就可产生频率 $f=1/2\pi RC$ 的正弦振荡。

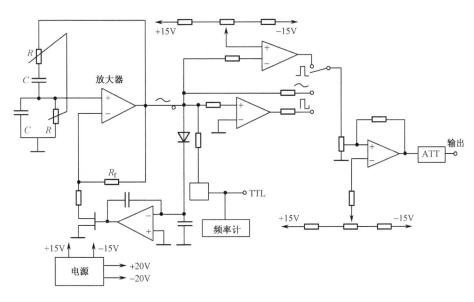

图 2-9　DF1027A、DF1027B 低频信号发生器原理框图

改变 RC 网络中 R 及 C 的数值，输出频率将随之变化。其方法是，改变网络中的电容值实现频率倍乘变换，而每一倍乘内的频率细调则通过改变电阻值来实现。

为了保持高度的振荡稳定性，用输出的正弦波经过带有积分器的整流器整流后的电平去控制 FET 的沟道电阻，这就相当于控制了反馈系数 F，从而保证幅度恒定，波形的失真也比较小。

（2）电压输出放大器。为了使输出能提供一定的功率，振荡器输出的电压需经过电压输出放大器后输出。放大器的放大倍数约为 10 倍。

（3）频率计数器。主要由宽带放大器、方波整形器、单片机、LED 显示器等组成，如图 2-10 所示。当频率计数器工作处于"外测"状态时，外来信号经放大整形后输入计数器，最后显示在 LED 数码管上；当频率计数器工作于"内测"时，信号直接输入计数器。

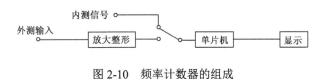

图 2-10　频率计数器的组成

（4）电源。该仪器采用 ±20 V、±15 V、±5 V 共三组电源，±15 V 为主稳压电源，供振荡电路使用；±5 V 电源供频率计数器使用；±20 V 为电压输出放大器提供电源。

3．结构

该仪器采用全塑面框、金属机壳，外形新颖美观，其主要元器件大多安装在一块印制电路板上，各调整元件均置于明显位置。当仪器需要进行维修时，拆去上、下盖板的螺钉即可。

4．使用与维护

用户在使用时，应将仪器面板上的"频率倍乘"和"衰减"开关上的所需挡位按下，否则输出将无信号。当频率倍乘开关从高倍乘转换到低倍乘时（或从低倍乘转换到高倍乘时），时间信号发生器将会出现一个稳定幅度的过程，但经过若干周期后即处于稳定。这主要是为了保证低失真。

① 低频信号发生器的操作面板如图 2-11 所示，各功能键的说明见表 2-1。

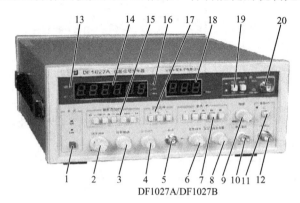

DF1027A/DF1027B

图 2-11　操作面板

表 2-1　面板说明

序　　号	功能键	作　　用
1	电源	电源开关。按下开关则电源接通，频率计亮
2	频率调节（Hz）	频率调节开关，与"3"和"15"配合调节信号频率
3	频率微调	频率微调旋钮，与"2"和"15"配合调节信号频率
4	脉宽调节	当"17"波形选择脉冲波时，调节此旋钮，可以改变输出脉冲的占空比
5	TTL 输出	TTL 脉冲波输出端，阻抗为 50 Ω
6	TTL 脉宽调节	调节此旋钮可以改变 TTL 脉冲的占空比，不用时，将电位器置于中间位置
7	衰减（dB）	信号输出衰减开关，与"9"配合可获得所需的信号电压
8	直流偏置	当此旋钮拉出时，调节此电位器，用于改变输出信号的直流电平
9	幅度	调节此旋钮，可以改变输出信号的幅度
10	电压输出 50Ω	信号波形由此输出，阻抗为 50 Ω
11	DF1027A 单脉冲按钮	每按此按钮一下，则在输出端"12"中输出一个脉冲，同时输出指示灯亮一下
11	DF1027B 功率输出	功率输出"+"端，当信号频率低于 200 kHz 时有输出，且输出指示灯亮
12	DF1027A 单脉冲输出	单脉冲信号由此输出
12	DF1027B 功率输出	功率输出"−"端
13	溢出　闸门	（1）当外测频率超过测量范围时，溢出指示灯亮 （2）闸门灯闪烁，说明频率计正在工作
14	频率显示器	数字 LED，仪器内部信号的频率及外测信号的频率均由此 6 个 LED 显示
15	频率倍乘	频率倍乘开关，与"12""3"配合选择工作频率
16	Hz、kHz、MHz	频率指示单位，灯亮有效
17	波形选择	波形选择开关，用于选择输出信号的波形
18	输出电压指示	用于指示输出电压的有效值（脉冲波除外），该值为输出端开路时的电压，负载（R_L）上的电压值（U_L）可用下式计算：$U_L = (0.1)^{(衰减\,dB)/20} \times U_o \times R_L/(R_L + 50)$，式中 U_o 为电压表上的指示值 当波形选择脉冲波时，脉冲波的峰-峰值 $U_{p\text{-}p} = 2U_o$

续表

序　号	功能键	作　用
19	计数选择	（1）频率计内测和外测（按下）频率信号选择
		（2）外测频率信号衰减选择，当外测频率信号幅度大于 $20U_{p-p}$ 时，按下此开关
20	计数输入	当用户需要外测其他信号频率时，与"19"配合，外测信号由此输入

② 使用举例。用户如要输出一个频率为 100 kHz、电压幅度为 5 V_{rms} 的正弦波信号，若输出端所连接负载较轻，则具体的调节步骤如下所述。

● 先将计数选择置于"内测"状态（开关不按下）。按下"×10k"挡，然后调节"频率调节"和"频率微调"，使频率计显示为 100.000 kHz。

● 波形选择置于"正弦波"，衰减按下"0 dB"。如在 50 Ω 负载匹配的情况下，按下式计算：

$$U_L=(0.1)^{(衰减\,dB)/20}\times U_o\times R_L/(R_L+50) \tag{2-1}$$

由式（2-1）可得，$U_L=0.5\,U_o$，为电压指示值。所以，为了使 50 Ω 负载上获得 5 V_{rms} 的正弦波信号，需将电压表指示值调至 10 V_{rms}。

③ 维护与校正。该仪器在规定条件下可连续工作（每日最长连续工作时间应不超过 8 h），为了保持良好性能，建议每三个月左右校正一次，校正的顺序如下所述。

● 校失真。将仪器的输出幅度旋至最大，输出接至失真度计，调节电位器 R_P105，使失真符合技术要求。

● 校输出幅度。先用数字万用表直流电压挡校电压输出和功率输出的零点，调节 R_P201 和 R_P301，使之小于±50 mV。然后用电压表监视电压输出，调节 R_P202 使电表指示值与电压表上的值相一致。

● 校频率计精度。将频率计置于"外接"，将外部标准振荡器的 10 MHz 信号输入到"外接计数器"端口，调整使 LED 显示为 9 999.99 kHz。

● 校频率计灵敏度。外部信号源输出一幅度为 100 nV、频率为 10 MHz 的正弦波信号到"外接计数器"端口，调节 R_P401，使 LED 稳定显示为 9 999.99 kHz。

④ 故障排除。应在熟悉仪器工作原理的情况下进行，应按照稳压电源→正弦波振荡器→功率放大器→频率计数电路→显示电路的顺序进行，逐步检查，发现哪一部分故障即更换对应集成电路或其他元器件。

【例 2.1】将低频信号发生器的"输出衰减"旋钮置于 50 dB 时，指示电压表的读数为 6 V，这时的实际输出电压是多少？

解： 查表 2-2 可知，50 dB 所对应的倍数为 316，故实际输出电压为

$$U=6/316=18.99\ (mV)$$

表 2-2　衰减分贝数与衰减倍数的对应关系

衰减分贝数	相对应的衰减倍数	实际输出电压 U_o 的调节范围
0	0	0～5 V
10	3.16	0～1.58 V
20	10	0～500 mV
30	31.6	0～158 mV
40	100	0～50 mV
50	316	0～15.8 mV

衰减分贝数	相对应的衰减倍数	实际输出电压 U_o 的调节范围
60	1 000	$0 \sim 5$ mV
70	3 160	$0 \sim 1.58$ mV
80	10 000	$0 \sim 500$ μV
90	31 600	$0 \sim 158$ μV

2.3　高频信号发生器

　　高频信号发生器是一种向电子设备和电路提供等幅正弦波和调制波的高频信号源，其工作频率一般为 100 kHz～35 MHz，主要用于各种接收机的灵敏度、选择性等参数的测量。高频信号发生器按调制类型不同可分为调幅和调频两种。

2.3.1　高频信号发生器的基本组成和原理

　　高频信号发生器主要包括主振级、内调制振荡级、调制级、输出级、监测级及电源等几大部分，如图 2-12 所示。由主振级产生的高频正弦波信号，经调制级进行幅度调制，送至输出级，由内部的衰减电路衰减后输出。

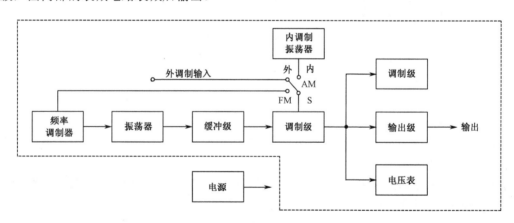

图 2-12　高频信号发生器的组成

1．主振级

　　主振级就是载波发生器，或称高频振荡器，其作用是产生高频等幅信号。振荡电路通常采用 LC 振荡器，根据反馈方式，可分为变压器反馈式、电感反馈式（也称电感三点式）及电容反馈式（也称电容三点式）等 3 种振荡器形式，如图 2-13～图 2-15 所示。通常通过切换振荡回路中不同的电感 L 来改变频段，通过改变振荡回路中的电容 C 来对振荡频率进行连续调节。

2．内调制振荡级

　　内调制振荡级，即调制信号发生器。调制信号分内调制信号和外调制信号两种。调制信号发生器就是产生内调制信号的。一般高频信号发生器产生的内调制信号有 400 Hz 和 1 kHz 两种。

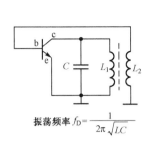

振荡频率 $f_D = \dfrac{1}{2\pi\sqrt{LC}}$

图 2-13　变压器反馈式振荡器

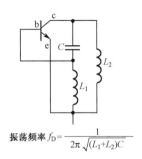

振荡频率 $f_D = \dfrac{1}{2\pi\sqrt{(L_1+L_2)C}}$

图 2-14　电感反馈式振荡器

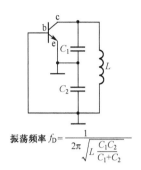

振荡频率 $f_D = \dfrac{1}{2\pi\sqrt{L\dfrac{C_1C_2}{C_1+C_2}}}$

图 2-15　电容反馈式振荡器

3．调制级

将主振级产生的高频等幅信号（载波）与调制信号发生器产生的音频调制信号（400 Hz 或 1 kHz）同时送到调制级后，从调制级输出的就是载有音频信号（400 Hz 或 1 kHz）的调制波了。

4．输出级

输出级的作用是对调制信号进行放大和滤波，在此基础上通过衰减器对输出电平进行较大范围的调节和输出阻抗的变换，以适应各种不同的需要。其电路主要由放大器、滤波器和衰减器等组成，而对输出电平的调节起主要作用的衰减器则包括细调衰减器、步级衰减器和分压电缆。

2.3.2　YB1051 高频信号发生器

1．主要性能指标

（1）频率范围：0.1～40 MHz，数显，误差 0.1%。

（2）输出幅度：最大 1 V（有效值），稳幅，数显，连续可调。

（3）输出阻抗：50 Ω。

（4）调制方式：内调 1 kHz，调频，频偏 100 kHz，连续可调；调幅，深度 0～5%，连续可调。

（5）低频输出：1 kHz，失真度小于 1%；输出幅度，最大 2.5 V（有效值），连续可调，衰减 10～40 dB。

2．使用

YB1051 高频信号发生器的面板如图 2-16 所示，各功能键的作用见表 2-3。

3．使用方法

（1）接通电源 a，预热 5 min 左右。

（2）音频信号的使用。将输入/输出开关 d 弹出，根据需要设置音频频率和幅度。选择开关 b，按进为 400 Hz，弹出为 1 kHz；选择开关 c，同时按进为 30 dB，同时弹出为 0 dB。并可同时用细调 e 输出适当幅度，插座 f 输出音频信号。

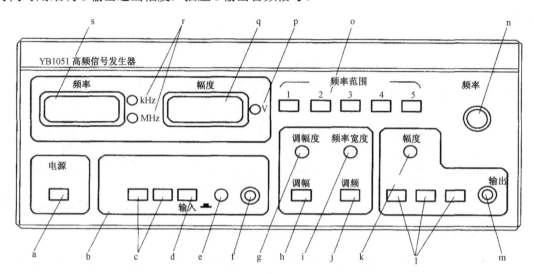

图 2-16　YB1051 高频信号发生器的面板

表 2-3　面板上各功能键的作用

代　号	作　　用	代　号	作　　用
a	电源开关	k	幅度细调
b	音频频率选择（按进为 400 Hz，弹出为 1 kHz）	l	载波输出幅度衰减
c	音频输出衰减（按进为衰减）	m	高频输出插座
d	音频输出/输入选择（按进为输入，弹出为输出）	n	频率调节旋钮
e	音频输出幅度细调	o	频率范围选择
f	低频输出插座	p	输出幅度单位
g	幅度调节	q	输出幅度显示
h	调幅选择（按进有效）	r	输出波形频率单位
i	频率宽度调节	s	输出波形频率显示
j	调频选择（按进有效）		

（3）高频信号的使用。调幅 h 及调频 j 弹出，开关 o 选择合适挡，并调节频率 n 观察频率显示 s 使其达到需要的频率。同时调节 k，观察幅度显示 q，使其达到需要的幅度，衰减开关可对输出幅度衰减，插座 m 输出高频信号。

（4）调幅信号的使用。

● 内调幅。输入/输出开关 d 弹出，调幅开关 h 按进，旋转调幅旋钮 g 可调节调幅波的深度，并可根据高频信号的使用方法，调节调幅波的载波频率和幅度，插座 m 输出已调幅的信号。

● 外调幅。输入/输出开关 d 按进，将外调幅信号输入低频输出插座 f，调幅开关 h 按进，旋转调幅旋钮 g 可调节调幅波的深度，并可根据高频信号的使用方法，调节调幅波的载波频率和幅度，插座 m 输出已调幅的信号。

（5）调频信号的使用。

- 内调频。输入/输出开关 d 弹出，调频开关 j 按进，旋转调频宽度旋钮 i 可调节调频波的频偏，并可根据高频信号的使用方法，调节调频波的载波频率和幅度，插座 m 输出已调频的信号。

- 外调频。输入/输出开关 d 按进，将外调频信号输入低频输出插座 f，调频开关 j 按进，旋转调频宽度旋钮 i 可调节调频波的频偏，并可根据高频信号的使用方法，调节调频波的载波频率和幅度，高频插座 m 输出已调频的信号。

2.4　函数信号发生器

函数信号发生器是一种多波形信号源，它能产生某些特定的周期性时间函数波形，工作频率可以从几毫赫兹（mHz）至几十兆赫兹（MHz），一般能产生正弦波、方波和三角波，有的还可以产生锯齿波、矩形波（宽度和重复周期可调）、正负脉冲等波形。它也具有调频、调幅等调制功能。函数信号发生器可在生产、测试、仪器维修和实验时作信号源使用。除工作于连续状态外，有的还能键控、门控或工作于外触发方式。

2.4.1　函数信号发生器的基本原理

产生信号的方法有三种，第一种是用施密特电路产生方波，然后经变换得到三角波和正弦波；第二种是先产生正弦波，再得到方波和三角波；第三种是先产生三角波，再转换为方波和正弦波。

1. 由方波产生三角波、正弦波

如图 2-17 所示为由方波产生三角波、正弦波的函数信号发生器的电路方案。施密特触发器用来产生方波。它可由外触发脉冲触发，也能使用由内触发脉冲发生器提供的触发信号，这时输出信号频率由触发信号的频率所决定。施密特触发器在触发信号的作用下翻转，并产生方波，方波信号送至积分器。通常积分器使用线性很好的密勒积分电路，于是在积分器输出端可得到三角波信号。调节积分器的积分时间常数 RC 的值，可改变积分速度，即改变输出的三角波斜率，从而调节三角波的幅度。

也可按如图 2-17 中虚线所示,将积分器输出的三角波信号反馈至施密特触发器的输入端，构成正反馈环，组成振荡器。这时工作频率则由反馈决定。由于将三角波引至施密特触发器的输入端作为反馈信号，而施密特的触发电平又是固定的，所以这时调节 RC 值可改变到达触发电平所需的时间，从而改变所产生的方波和三角波信号的频率，当 RC 值很大时可获得频率很低的信号。

正弦波通常是令三角波经过非线性成形网络，用分段折线逼近的方法来实现的。例如，若一个电路具有如图 2-18（a）所示的电路特性，将三角波加到该电路后，就能得到如图 2-18（b）所示的波形。由图可知，这种网络对信号的衰减会随着三角波幅度的加大而增加，产生削顶，从而使输出波形向正弦波逼近。如果折线段选得足够多，并适当选择转折点的位置，便能得到非常逼真的正弦波。

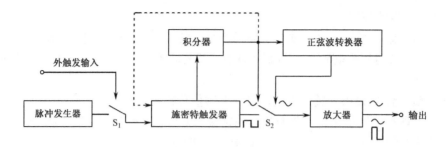

图 2-17 函数信号发生器电路及输出波形

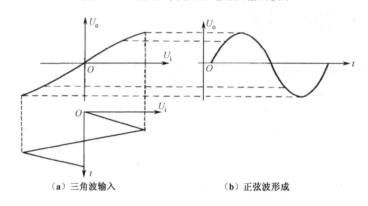

（a）三角波输入　　　　　　（b）正弦波形成

图 2-18 输出波形为正弦波

如图 2-19 所示，为实际的正弦波成形网络。电路中使用了 6 对二极管。正、负直流稳压电源和电阻 $R_1 \sim R_7$ 及 $R_1' \sim R_7'$ 为二极管提供适当的偏压，以控制三角波逼近正弦波时转折点的位置。随着输入电压的变化，6 对二极管依次导通和截止，并把电阻 $R_8 \sim R_{13}$ 依次接入电路或从电路断开。电路中每个二极管可产生一个转折点。在正半周时，1 对二极管可获得 3 段折线，在负半周时也产生 3 段折线。这样使用 1 对二极管就可获得 6 段折线。以后每增加 1 对二极管，正负半周可各增加 2 段。因此它可产生 26 段折线。由这种正弦波成形网络获得的正弦波信号失真小，用 5 对二极管时可小于 1%，用 6 对时可小于 0.25%。

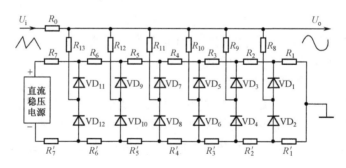

图 2-19 正弦波成形网络

2．由正弦波产生方波、三角波

也可以采用由正弦波产生方波和三角波的方案，其原理方框图如图 2-20 所示。该仪器的工作频率为 1 Hz～1 MHz。这种方案中振荡器采用通常的文氏电桥振荡电路，输出正弦波的波形很好，在 20 Hz～20 kHz 范围内，谐波失真度可小于 0.1%。

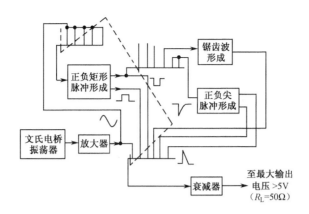

图 2-20　函数信号发生器原理一

正弦波信号送至整形电路限幅，再经微分、单稳态调宽、放大，便得到幅度可调的正、负矩形脉冲，且其宽度可在 0.1～10 000 μs 内连续调节。脉冲前沿小于 40 ns。负矩形脉冲送至锯齿波形成电路，从而得到扫描时间可连续调节的锯齿波信号。

扫描时间为 0.1～10 000 μs。负矩形脉冲再经微分、放大后，可输出宽度小于 0.1 μs 的正、负尖脉冲。

3．由三角波产生方波、正弦波

在一些新型的晶体管化和集成化的函数信号发生器中，采用正负电源对电容积分，先产生三角波，再转换为方波和正弦波。其原理方框图如图 2-21 所示。

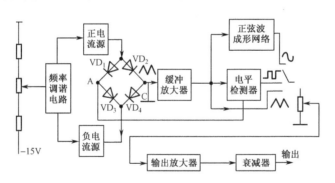

图 2-21　函数信号发生器原理二

该仪器利用正、负电流源对积分电容充、放电，产生线性很好的三角波。改变正、负电流源的激励电压，能够改变电流源的输出电流，从而改变三角波的充、放电速度，使三角波的重复频率得到改变，实现频率调谐。

正、负电流源的工作转换受电平检测器控制，它可用来交替切换送往积分器的充电电流的正、负极性，使缓冲放大器输出一定幅度的三角波信号，同时电平检测器则输出一定幅度的方波信号。三角波再经正弦波成形网络，可输出和三角波峰—峰值相同的正弦波。

三角波、方波和正弦波信号经选择开关送往输出放大器后输出。输出端接有衰减器，用于调整输出电压的大小。

2.4.2 YB1602 函数信号发生器

1．主要性能指标

（1）频率范围：0.2 Hz～2 MHz。

（2）输出波形：正弦波、方波、三角波、斜波、脉冲波。

（3）电压输出幅度：$20U_{\text{p-p}}$（1 MΩ），$10U_{\text{p-p}}$（50 Ω）。

（4）直流电平偏置：±10 V（1 MΩ），±5 V（50 Ω）。

（5）方波上升时间：100 ns。

（6）输出阻抗：50 Ω。

（7）占空比调节：20%～80%。

（8）外测频率：1 Hz～10 MHz，5 位显示。

（9）计数频率：5 位显示，最大 99 999。

（10）电压幅度显示：3 位显示。

2．操作面板

操作面板如图 2-22 所示。

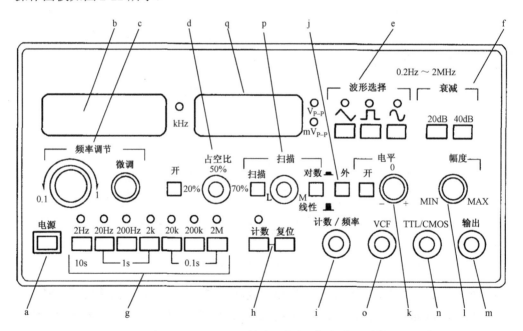

图 2-22　YB1602 函数信号发生器的操作面板

（1）面板各操作键的作用。YB1602 函数信号发生器面板的说明见表 2-4。

表 2-4　面板说明

代　　号	操　作　键	说　　　　明
a	电源开关（POWER）	将电源开关按键弹出即为"关"位置。将电源线接入，按进电源开关，电源接通

续表

代　号	操　作　键	说　　明
b	LED 显示窗口	此窗口指示输出信号的频率，当"外测"开关按入时，显示外测信号的频率。如超出测量范围，溢出指示灯亮
c	频率调节旋钮（FREQUENCY）	调节此旋钮，可改变输出信号频率，顺时针旋转，频率增大；逆时针旋转，频率减小，微调旋钮可以微调频率
d	占空比率（DUTY）	占空比开关，占空比调节旋钮。将占空比开关按入，占空比指示灯亮，调节占空比旋钮，可改变波形的占空比
e	波形选择开关（WAVE FORM）	按对应波形的某一键，可选择需要的波形
f	衰减开关（ATTE）	电压输出衰减开关，两挡开关组合为 20dB、40dB、60dB
g	频率范围选择开关（并兼频率计闸门开关）	根据所需要的频率，按其中一键
h	计数复位开关	按计数键，LED 显示开始计数；按复位键，LED 显示全为 0
I	计数/频率端口	计数、外测频率输入端口
j	外测频率开关	此开关按入，LED 显示窗显示外测信号频率或计数值
k	电平调节	按下电平调节开关，电平指示灯亮，此时调节电平调节旋钮，可改变直流偏置电平
l	幅度调节旋钮（AMPLITUDE）	顺时针调节此旋钮，增大电压输出幅度；逆时针调节此旋钮，可减小电压输出幅度
m	电压输出端口（VOLTAGE OUT）	电压由此端口输出
n	TTL/CMOS 输出端口	由此端口输出 TTL/CMOS 信号
o	VCF	由此端口输入电压，控制频率变化
p	扫描	按入扫描开关，电压输出端口输出信号为扫描信号，调节速率旋钮，可改变扫描速率，改变线性/对数开关可产生线性扫描和对数扫描
q	电压输出指示	3 位 LED 显示输出电压值，输出接 50Ω 负载时应将读数除以 2

（2）使用方法。打开电源开关之前，首先检查输入的电压，将电源线插入后面板上的电源插孔，设定各个控制键为：电源开关键弹出、衰减开关（ATTE）弹出、外测频率（COUNTER）开关弹出、电平开关弹出、扫描开关弹出和占空比开关弹出。

所有的控制键如上设定后，打开电源。函数信号发生器默认 10k 挡正弦波，LED 显示窗口显示本机输出信号的频率。

① 将电压输出信号由幅度（VOLTAGE OUT）端口通过连接线送入示波器 Y 通道输入端口。

② 三角波、方波、正弦波的产生。按下波形选择开关（WAVE FORM）中的正弦波、方波、三角波按钮，此时示波器屏幕上将分别显示正弦波、方波和三角波。

改变频率选择开关，示波器显示的波形及 LED 窗口显示的频率将发生明显变化。

将幅度旋钮（AMPLITUDE）顺时针旋转至最大，示波器显示的波形幅度将 $\geq 20U_{p\text{-}p}$；将电平开关按下，顺时针旋转电平旋钮，则示波器波形向上移动，逆时针旋转，则示波器波形向下移动，最大变化量在 ±10 V 以上（注意，信号超过 ±10 V 时被限幅）。

按下衰减开关，输出波形将被衰减。

③ 计数、复位。按复位键，LED 显示全 0。按计数键，计数/频率输入端输入信号时，

LED 显示开始计数。

　　④ 斜波产生。将波形开关置"三角波"，按下占空比开关，则指示灯亮，调节占空比旋钮，三角波将变成斜波。

　　⑤ 外测频率。按下外测开关，外测频率指示灯亮。外测信号由计数/频率输入端输入。

　　选择适当的频率范围，由高量程向低量程选择合适的有效数，确保测量精度（注意：当有溢出指示时，请提高一挡量程）。

　　⑥ TTL 输出。TTL/CMOS 端口接示波器 Y 通道输入端（DC 耦合输入），示波器将显示方波或脉冲波；该输出端可作 TTL/CMOS 数字电路实验时钟信号源。

　　⑦ 扫描（SCAN）。按下扫描开关，此时幅度输出端口输出的信号为扫描信号。

　　在扫描状态下，线性/对数开关弹出时为线性扫描，按入时为对数扫描。

　　调节扫描旋钮可改变扫描速率，顺时针调节则增大扫描速率，逆时针调节则减小扫描速率。

　　⑧ VCF（压控调频）。由 VCF 输入端口输入 1～5 V 的调制信号，此时，幅度输出端口为压控信号。

　　⑨ 调频（FM）。由 FM 输入端口输入电压为 10 Hz～20 kHz 的调制信号，此时幅度端口输出为调频信号。

　　⑩ 50 Hz 正弦波。由交流 OUTPUT 输出端口输出 50 Hz 正弦波，在扫描状态下弹出时为线性扫描，按入时为对数扫描。

　　调节扫描旋钮，可改变扫描速率，顺时针调节则增大扫描速率，逆时针调节则减小扫描速率。

2.5　合成信号发生器

　　合成信号发生器用频率合成器代替信号发生器中的主振荡器。它既有信号发生器良好的输出特性和调制特性，也有频率合成器的高稳定度、高分辨力，同时输出信号的频率、电平、调制深度等均可程控，是一种先进、高档次的信号发生器。为了保证良好的性能，合成信号发生器的电路一般都比较复杂，但其核心是频率合成器。

　　频率合成器是把一个（或少数几个）高稳定度的频率源 f_s 经过加、减、乘、除及其组合运算后，产生在一定频率范围内、按一定的频率间隔（或称频率跳步）的一系列离散频率的信号。频率合成的方法分为直接合成法和间接合成法两种。

2.5.1　直接合成法

　　直接合成法，是将基准晶体振荡器产生的标准频率信号，利用倍频器、分频器、混频器及滤波器等进行一系列四则运算以获得所需要的频率输出。如图 2-23 所示为直接式频率合成器的原理图。图中晶振产生 1 MHz 的基准信号，并由谐波发生器产生相关的 1 MHz、2 MHz、…、9 MHz 等基准频率，然后通过十进制分频器（完成"÷10"运算）、混频器和滤波器，最后产生 4.628 MHz 的输出信号。只要选取不同次的谐波进行合适的组合，就能得到所需频率的高稳定度信号，频率间隔可以做到 0.1 Hz 以下。这种方法的频率转换速度快，频谱纯度高。但它需要众多的混频器、滤波器，因而显得笨重。目前多用在实验室、固定通信、电子对抗和自动测试等领域。

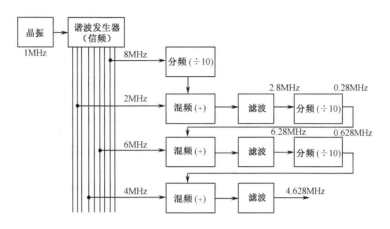

图 2-23 直接式频率合成器原理图

2.5.2 间接合成法

间接合成法也称锁相合成法，是通过锁相环来完成频率的加、减、乘、除的。锁相环有滤波作用，其通频带可以做得很窄，并且中心频率易调，又能自动跟踪输入频率，因而可以省去直接合成法中使用的大量的滤波器，有利于简化结构，降低成本，便于集成。

锁相环路是间接合成法的基本电路，它是合成两个电信号相位同步的自动控制系统。基本锁相环路由鉴相器（PD）、环路低通滤波器（LPF）和压控振荡器（VCO）组成，如图 2-24 所示。其工作原理是：输入信号和输出信号加到鉴相器上进行相位比较，其输出端的误差电压同两信号的瞬时相位差成比例。误差电压经环路低通滤波器滤除其中的高频分量和噪声以后，用以控制压控振荡器，使其振荡频率向输入频率靠拢，直至锁定为止。环路一经锁定，则压控振荡器的频率就等于输入信号的频率。此时，两信号的相位差保持某一恒定值，因而，鉴相器的输出电压自然也为一流电压，振荡器就在此频率上稳定下来。

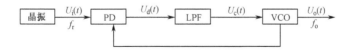

图 2-24 基本锁相环路方框图

如图 2-25 所示为频率合成器中经常使用的一些基本锁相环路。图中倍频式的倍频系数或分频式的分频系数都能在频率预置时设定，使这些锁相环路中的压控振荡器处于相环的捕捉范围内，于是在环路的输出端可得到输入信号的分频、倍频、混频（和频或差频）等信号。

实际应用的合成信号发生器往往是多种方案的组合，以解决频率覆盖、频率调节、频率跳步、频率转换时间及噪声抑制等问题。当前合成信号发生器的发展趋势仍是宽频率覆盖、高频率稳定度和准确度、数字化、自动化、小型化和高可靠性。

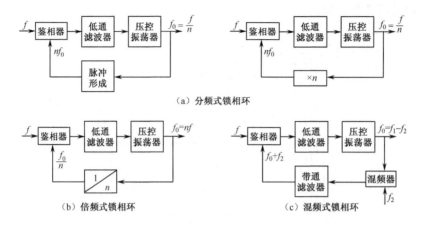

图 2-25　常用基本锁相环路

✈ 2.6　电视信号发生器

彩色/黑白电视信号发生器用于调试、检查、测试和维修彩色、黑白电视机及电视发射台、差转台的信号源。它提供了多种图像测试信号，可以对电视机的主要性能指标进行定性和定量测试。

彩色/黑白电视信号发生器的型号繁多，下面以便携式 PAL 制 CDXF—1VD 型彩色/黑白电视信号发生器为例，做一简介。

2.6.1　电视信号发生器性能简介

1．面板图

CDXF—1VD 型彩色/黑白电视信号发生器的面板如图 2-26 所示。

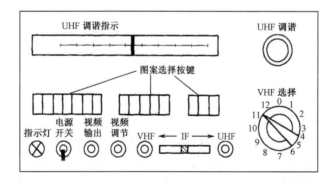

图 2-26　CDXF—1VD 型彩色/黑白电视信号发生器面板

2．基本情况

CDXF—1VD 型彩色/黑白电视信号发生器，非常适合在调试、维修电视机时使用。它可以提供 15 种测试图案（其中有 8 种是彩色的），还可以用叠加的形式组合图案，所以实际上可以产生 22 种图案。

该仪器可以从 VHF 和 UHF 输出插孔输出射频信号（1～56 频道）或中频信号（38 MHz），也可以接上天线后接收电视台的信号。它还可作为简易的 VHF、UHF 或 IF（中频）调制器使用，发送录像信号和录音信号。

3．技术性能

（1）测试图案。包括圆、棋盘、格子、点、十字、多波群、彩条、色度、灰度、红色差（R-Y）、蓝色差（B-Y）、白色面及红蓝绿单色面和黄青紫混色面。

（2）行频。15 625 Hz。

（3）场频。50 Hz；隔行扫描。

（4）伴音载频。6.5 MHz±0.3 MHz；调频。

内伴音频率：1 kHz±200 Hz，频偏 50 kHz；外伴音输入幅度<100 mV。

（5）视频输出。正或负极性全电视（彩条）信号幅度大于 3 U_{p-p}，且连续可调。

（6）射频输出。VHF：1～12 频道，输出幅度大于 50 mV；UHF：13～56 频道，输出幅度大于 10 mV。

输出阻抗：均为 75 Ω。

（7）中频输出。（38±1）MHz，幅度 U_{p-p} 大于 500 mV，输出阻抗为 50 Ω。

（8）外视频输入幅度。1U_{p-p}。

2.6.2 使用方法

1．电视信号发生器的使用

CDXF—1VD 型彩色/黑白电视信号发生器，共有 15 个基本测试图案的按键，按下按键即可得到相应的图案。其用途及使用方法见表 2-5。

表 2-5 CDXF—1VD 型彩色/黑白电视信号发生器的用途及使用方法

图　案	用　途	使 用 方 法
圆	电视整机线性，扫描几何尺寸	单独按下此键
棋盘	图像宽高比，图像位置和水平、垂直幅度，黑白"阶跃"效应	可单独使用，也可与圆组合使用，且同时按下两键
格子	彩电会聚性能，枕形失真校正，扫描线性	且同时按下两键
点	聚集特性	
十字	图像几何中心位置	
多波群	电视清晰度	单独按下此键
彩条	彩电整机性能，色同步与副载波再生电路，亮度通道延迟等	单独按下此键
色度	色通道性能，梳状滤波器调整	先按下"彩条"键，再按此键
灰度	亮度、对比度电路，白平衡调整	
红色差（R-Y）	梳状滤波器蓝色差（B-Y）通道调整，解码器调整	
蓝色差（B-Y）	梳状滤波器红色差（R-Y）通道调整，解码器调整	
白色面	亮度是否恒定、一致，显像管电子束电流置定	

续表

图　案	用　途	使 用 方 法
红、蓝、绿单色面	色纯度	先按下"彩条"和"白色面"两键，再按相应两键
黄、青、紫混色面	混色度	先按下"彩条"和"白色面"两键，再按两个构成混色的基色彩键
还原	复原	按下此键

2．射频输出

将频段选择开关"VHF←IF→UHF"拨向所需频段，调节"VHF 选择"或"UHF 调谐"至所需频道；把射频输出电缆插入相应的"VHF"或"UHF"插孔，作为向外发射（输出）的天线，电视机就可以接收信号发生器的射频信号了（15 个基本测试图案），选用哪个图案，就按哪个"图案选择"按键即可。

3．视频输出

将仪器背面的"视频选择"开关置于"内视频"处，并根据需要选择"正、负极性"选择开关，再调节面板上的"视频调节"旋钮，就可以从"视频输出"孔输出全电视信号了。这个信号对黑白电视机的预视放、视放部分及彩色电视机的色度通道部分等处的检查维修提供了方便。

4．中频输出

将频段选择开关"VHF←IF→UHF"置于"VHF"处，将"VHF 选择"置于"0"位置，这时从"VHF"插孔输出的是 38 MHz 的中频信号；串联一个 10～200 pF 的电容器后，可输入电视机的中频通道。

将频段选择开关"VHF←IF→UHF"置于"IF"处，即可从背面的"中频输出"插孔得到峰—峰值大于 500 mV 的中频信号。

5．伴音输出

将仪器背面的"伴音"开关置于"开"的位置，即可输出 1 kHz 的调频伴音信号。

6．转发外视频信号和外音频信号

将仪器背面的"视频选择"开关置于"外视频"处，外视频信号和外音频信号（录像机、录音机的输出信号）接入相应的"外视频输入"和"外音频输入"插孔，调节"频段选择"开关及"VHF 选择"和"UHF 调谐"，即可从相应的输出插孔得到转发的信号。

2.7　脉冲信号发生器

脉冲信号发生器主要是为脉冲电路和数字电路的动态特性的测试提供脉冲信号，如研究限幅器的限幅特性、钳位电路的钳位特性、触发器的触发特性、门电路的转换特性和延迟时间、开关电路的开关速度及数字集成电路和计算机电路时，均需要脉冲信号。

脉冲信号是指具有瞬变特性的电流或电压。理想的脉冲波形是矩形的，工程上的脉冲波形可以是多种多样的，如尖脉冲、三角形脉冲、钟形脉冲、编码脉冲和随机脉冲串等。因为各种形状的脉冲信号之间可通过整形电路进行波形变换，所以一般标准的脉冲信号源以提供各种重复频率和宽度的矩形脉冲波为主。脉冲信号源产生的信号，其重复频率（或重复周期）、脉冲宽度、输出幅度等，在较大的范围内均可调节，且能准确读数；还能输出极性可变的主脉冲和时间上超前于主脉冲的同步脉冲（有的还能输出双脉冲）。根据脉冲信号产生过程的不同，脉冲信号发生器可分为射频脉冲信号发生器和视频脉冲信号发生器两种，而一般常用的是视频脉冲信号发生器。

2.7.1　脉冲信号发生器的基本组成

脉冲信号发生器的基本组成如图 2-27 所示。

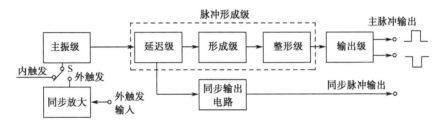

图 2-27　脉冲信号发生器的基本组成

1．主振级

主振级的作用是形成一个频率稳定度高、调节性能良好的周期信号，作为下一级电路的触发信号。主振级一般由多谐振荡器组成，其特点是电路简单，频率连续可调，可工作在外触发状态。当"内触发"时，主振级是一个多谐振荡器；当"外触发"时，主振级就相当于一个单稳态电路了。

2．延迟级

脉冲信号发生器除了具有主脉冲输出外，一般还要求有"同步"外部设备或仪器的同步脉冲输出，而主脉冲和同步脉冲之间需要有一定的延迟。延迟级就是为完成这种延迟作用而设置的。

3．脉冲形成级

脉冲形成级的作用是形成脉冲宽度稳定性好、具有良好宽度调节性能的矩形脉冲波。其宽度一般为 2.5 ns～1 s。脉冲形成级的电路一般采用单稳态触发器和脉冲加、减电路。

4．放大整形级

为了使输出的脉冲波形更趋近于矩形，通常要求脉冲波形的前、后沿要陡峭，而放大整形级能充分改善矩形脉冲的形状，并具有电流放大作用。放大整形级由电流开关电路组成。而延迟级、形成级、整形级又构成脉冲形成级。

5．主脉冲转换级

通过倒相器和极性选择开关，控制输出脉冲的极性。

6. 输出级

输出级的作用是对输出脉冲信号进行幅度放大，并通过衰减器输出各种脉冲波形。通常包括脉冲放大器、倒相器等，输出信号的幅度、极性在输出级进行调节。

2.7.2　主要技术指标

（1）重复频率：10 Hz～1 MHz（即重复周期为 100 ms～1 μs）。

（2）脉冲宽度：0.1～1 000 μs，共分 4 挡。

（3）双脉冲延迟时间：0.3～3 000 μs，共分 4 挡。

（4）脉冲前后沿：正脉冲≤45 ns；负脉冲≤35 ns。

（5）输出幅度（内接或外接 50 Ω 负载）：150 mV～20 V，连续可调，最大输出幅度为 20 V 时，误差≤±20%。

（6）占空系数≤80%。

（7）脉冲种类和极性。

① 种类：A 脉冲（即前脉冲）；B 脉冲（即后脉冲）；（A+B）脉冲（即双脉冲）。

② 极性。有正或负脉冲输出。

（8）波形失真。输出幅度最大时，前冲、后过冲及顶部倾斜等脉冲波形失真均小于 5%。

（9）同步输出。直流耦合输出负脉冲时，外接 50 Ω 负载，输出幅度≥1.2 V，重复频率 10 Hz～1 MHz。

（10）外触发输入。

① 直流耦合触发输入时，输入阻抗约为 1 kΩ，触发幅度为 1.2～20 V，频率范围为 10 Hz～1 MHz。

② 每按一次【单次】按钮，即输出一个单脉冲（脉冲选择开关置"A"或"B"时）或双脉冲［脉冲选择开关置"（A+B）"时］。

2.7.3　使用方法

该仪器对脉冲信号的周期、延迟、脉宽三个参数均以时间表示，读数一致，便于比较。但当分析脉冲信号的频率时，则要进行换算。

由于占空系数≤80%，所以在使用双脉冲或 B 脉冲输出时，应注意调节，使脉冲的延迟时间加上脉宽时间小于脉冲周期；在使用 A 脉冲输出时，应使脉冲宽度小于脉冲周期，否则将产生分频或无输出现象。

1. 脉冲重复周期（频率）的调节

调节范围为 1 μs～100 ms（即重复频率为 1 MHz），共分 1～10 μs、10～100 μs、100 μs～1 ms、1～10 ms、10～100 ms 五挡，由周期波段开关实现粗调，由面板上方与之对应的电位器实现细调。细调旋钮顺时针旋转时周期增大，顺时针旋转到底时，其周期值为高一挡的周期；细调旋钮逆时针旋转时周期减小，逆时针旋转到底时，其周期值为粗调挡刻度所指周期。

例如，周期波段开关置于 10 μs 挡，当细调旋钮顺时针旋到底时，其周期值为 100 μs；逆时针旋到底时，其周期值为 10 μs。通过细调旋钮可使周期在 1～100 μs 之间连续覆盖。

2．延迟时间的调节

延迟时间是指 B 脉冲前沿相对 A 脉冲前沿的延迟时间。

调节范围为 0.3～3 000 μs，共分 0.3～3 μs、3～30 μs、30～300 μs、300～3 000 μs 四挡，分粗调、细调两种调节。

3．脉冲宽度的调节

调节范围为 0.1～1 000 μs，共分 0.1～1 μs、1～10 μs、10～100 μs、100～1 000 μs 四挡。也分粗调、细调两种调节。

A、B 脉冲的宽度近似相等，其相对误差≤±10%。

4．输出幅度及极性选择

正、负脉冲由极性开关选择，从同一插孔输出，输出幅度的范围为 150 mV～20 V。衰减器以 1、2、4、8、16 倍衰减输出幅度。幅度细调旋钮顺时针旋转时，幅度增大。当衰减器置"1"、负载开关置"内"、幅度细调旋钮顺时针旋到底时，输出幅度最大为 20 V，误差≤±20%。输出端具有 50 Ω内负载，也可外接负载，由负载开关选择。

5．脉冲选择

输出脉冲有三种，即 A 脉冲（前脉冲）、B 脉冲（后脉冲）、(A+B) 脉冲（双脉冲），通过脉冲选择开关选择。

选择 A 脉冲时，延迟时间应小于脉冲周期的 80%；选择 B 脉冲时，延迟时间加上脉冲宽度应小于周期的 80%。

6．注意事项

（1）仪器输入、输出的全部插口均为直流耦合。

（2）输出端必须接有 20 Ω负载，不允许长时间短路或开路（指"内""外"都不接负载）。

目前 XCIGA 型脉冲信号发生器的应用也较广，它除了能输出大幅度的单脉冲、双脉冲信号外，还能输出方波和占空比的脉冲序列或方波序列等各种脉冲信号，而且正、负脉冲信号可分两路同时输出。XCIGA 型脉冲信号发生器的面板和产生的波形分别如图 2-28 和图 2-29 所示。

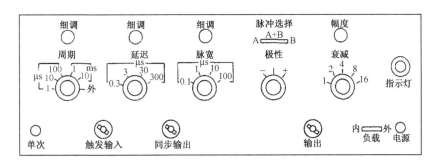

图 2-28　XCIGA 型脉冲信号发生器的面板

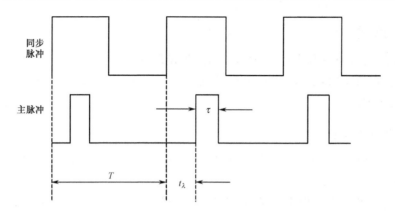

图 2-29　XCIGA 型脉冲信号发生器产生的波形

实训二　低频信号发生器的使用

一、实训目的

（1）掌握低频信号发生器的基本使用方法。
（2）利用低频信号发生器进行实际测量。

二、实训器材

（1）XD—22A 型低频信号发生器。
（2）DA—16 型电子电压表。
（3）500 型万用表。

三、实训内容及步骤

1．XD—22A 型低频信号发生器的基本使用

（1）将 XD—22A 型低频信号发生器的输出端与 DA—16 型电子电压表的输入端相连，再调节输出频率分别为 50 Hz、100 Hz、1 kHz、100 kHz、500 kHz（以上均为正弦波），同时用 DA—16 型电子电压表的输入端相连。

（2）将 XD—22A 型低频信号发生器的输出衰减开关置于"0 dB"处，并调节输出细调旋钮，使指示电表的表针指到 6 V（实际过程中）。

（3）再把 XD—22A 型低频信号发生器的衰减开关置于 10 dB、20 dB、30 dB、40 dB、50 dB、60 dB、70 dB、80 dB、90 dB。重复上面的测试过程，填写表 2-6。

表 2-6　XD—22A 型低频信号发生器的基本使用

衰减分贝值/dB		0	10	20	30	40	50	60	70	80	90
XD—22A 输出 6V/衰减倍数/V											
DA—16 型电子电压表读数	50 Hz										
	100 Hz										
	1 kHz										
	100 kHz										
	500kHz										

2．利用 XD—22A 型低频信号发生器测试 500 型万用表交流 5 V 挡的频率特性

将 XD—22A 型低频信号发生器、500 型万用表和 DA—16 型电子电压表按图 2-30 所示的方法连接好。

（1）将 500 型万用表置于交流 5 V 挡。

（2）将 XD—22A 型低频信号发生器的衰减开关置于"0 dB"处，调节输出旋钮，使之维持 5 V 输出，并用 DA—16 型电子电压表监测。

（3）调节 XD—22A 型低频信号发生器的输出频率，填写表 2-7，同时读出 500 型万用表的读数。

表 2-7　输出频率

输入信号频率	50 Hz	100 Hz	500 Hz	1 kHz	5 kHz	10 kHz	50 kHz	100 kHz	500 kHz
交流 5 V 挡读数									

（4）以 500 型万用表的交流电压读数为纵轴，以 XD—22A 型低频信号发生器的输出频率为横轴，作出 500 型万用表的 5 V 交流挡的频率特性曲线，画在图 2-31 上。

图 2-30　连接方法　　　　　　　　图 2-31　频率特性曲线

四、实训报告

填表写出 10 dB、20 dB、30 dB、40 dB、50 dB、60 dB、70 dB、80 dB、90 dB 的对应数值，校验输出频率。

实训三　高频信号发生器的使用

一、实训目的

（1）掌握高频信号发生器的组成和原理。
（2）掌握高频信号发生器的基本使用方法。

二、实训仪器和器材

（1）高频信号发生器。
（2）SR—8 型示波器 1 台。

三、实训内容及步骤

1．高频信号发生器操作规程

（1）选择输出调制波形，有"调频""调幅"和"载波"3 种模式。

（2）选择输出频率，根据所使用的频率范围，调节"频率范围"旋钮选择波段，再调节

"频率调节"旋钮，将频率调到所需频率。

（3）输出电压调节，可选择"高""中"和"低"3 种输出幅度。

（4）仪器使用完毕后，应关掉电源。整理附件，清点检查各开关位置后，摆放整齐。

2．输出音频信号，并用示波器观察波形

将频段选择开关置于"1"，调制开关置于"载频（等幅）"位置，音频信号由音频输出插座输出，根据需要选择信号幅度开关的"高、中、低"挡位置。

3．输出调频立体声信号，并用示波器观察

将频段选择开关置于"1"，调制开关置于"载频"。注意：千万不要置于"调频"，否则会影响立体声发生器的分离度。音频信号仍由音频输出插座输出，根据需要选择信号幅度开关的"高、中、低"挡位置。

4．输出调频调幅高频信号，并用示波器观察

将频段选择开关置于选定频段，调制开关根据需要置于调幅、载频（等幅）或调频，高频信号由高频输出插座输出，高频信号输出幅度调节由电平选择开关置于"高"或"低"，由"高频输出调节"进行调节。

（1）将脉冲信号发生器的输出接至被测脉冲放大器的输入端。将脉冲放大器的输出接至示波器的 Y：输入端。

图 2-32　测试波形

（2）将示波器扫描速度置于 0.1 s/DIV，垂直灵敏度选择置于 2 V/DIV。为了便于观测脉冲放大器输出脉冲的前沿，示波器可采用外触发，其外触发信号取自脉冲信号发生器的同步输出。

（3）从 Y 显示波形读出前沿上升时间。

（4）在图 2-32 上绘出测试波形并标出各项参数。

四、实训报告

总结高频信号发生器的基本功能和使用方法。

✈ 本章小结

1．低频信号发生器产生 1 Hz～1 MHz 的正弦波信号。一般用文氏电桥振荡电路作主振级产生正弦波信号，通过电压和功率放大，再配以衰减器和阻抗匹配器，以适应不同负载及不同幅度输出信号的需要。

2．高频信号发生器既可以产生频率较高的正弦波信号，又可以对此正弦波信号加以调制，使之成为已调波，为高频电子线路调试提供所需的各种模拟射频信号。高频信号发生器用 LC 振荡电路作主振级，可进行内调制，也可进行外调制。信号经放大后由分压器衰减后输出。

3．函数信号发生器是一种能产生宽频率范围、多波形信号的通用仪器。其输出频率可低至 mHz，高至 MHz，输出信号波形有方波、三角波、正弦波、锯齿波等。通常先产生一种波形，然后用适当的电子线路对其进行转换，产生新的信号波形。仪器内部对较高频率的信号进行调制，可以调幅、调频，也可以扫频；可以内调制，也可以外调制。

另外，很多函数信号发生器还带有频率计，用数字方式显示仪器的输出信号频率，也可测量一定频率范围的输入信号频率，使仪器具有广泛的用途。

4．合成信号发生器是利用频率合成技术而组成的正弦波信号发生器。在频率准确度要求较高的场合，用晶振产生的基准信号合成新的所需频率的信号，一般采用间接合成即锁相合成，再配以内插振荡器，产生一定频率范围内连续可调的与晶振频率具有相同稳定度的正弦波信号输出。整个频率合成器相当于普通正弦波信号源的主振级。

5．彩色/黑白电视信号发生器，是用来调试、检修彩色与黑白电视机及电视发射台、差转台的专用信号源。它可提供多种图像测试信号，可以对电视机、电视发射台、差转台的主要性能指标进行定性和定量测试。

6．脉冲信号发生器由主振级产生频率可调的方波脉冲，在形成级形成宽度可调的矩形脉冲，通过输出级的脉冲放大器、倒相器等对输出信号的幅度、极性进行调节。

习题 2

1．简述直流电桥测量电阻的基本方法。

2．低频信号源中的主振器常用哪些电路？为什么不用 LC 正弦振荡器直接产生低频正弦振荡？

3．高频信号发生器主要由哪些电路组成？各部分的作用是什么？

4．高频信号发生器中的主振级有什么特点？为什么它总是采用 LC 振荡器？

5．函数信号发生器的设计方案有几种？简述函数信号发生器由三角波转变为正弦波的二极管网络的工作原理。

6．对测量信号源的基本要求是什么？

7．如何合理选择和正确使用测量用信号源？

8．高频电流表的量程扩大可采用什么方法？

9．用正弦有效值刻度的均值电压表测量正弦波、方波和三角波，读数都为 1 V，三种信号波形的有效值为多少？

10．欲测量失真的正弦波，若手头无有效值电压表，只有峰值电压表和均值电压表可选用，问选哪种表更合适些？为什么？

第3章

电子示波器

【本章要点】
1. 掌握波形显示原理。
2. 掌握电子示波器电路构成及工作原理。
3. 学会智能示波器的使用方法。

【本章难点】
1. 扫描发生器与触发控制原理；示波器的使用。
2. 智能 DSO401 示波器的使用。

3.1 概述

电子示波器是一种常用的电子仪器，它可以观察电信号的波形，通过屏幕直接显示测量信号的幅度参数、频率参数和相位参数，还可以测量脉冲信号的前后沿、脉宽、上冲、下冲等参数，这是其他测量仪器很难做到的。电信号大都是时间的函数 $f(t)$。在示波器屏幕上，可用 X 轴代表时间，用 Y 轴代表 $f(t)$，用电子束扫描的方法描绘出被测信号随时间的变化过程。研究信号随时间变化的测试称为时域测试或时域分析。示波器是时域分析的典型仪器。示波器又是一台 X—Y 图示仪，只要能把两个有关系的变量转化为电参数，分别加至示波器的 X、Y 通道，就可以在荧光屏上显示这两个变量之间的关系。

由于示波器具有直观和快捷的优点，所以电子测量的几个基本领域都要用到示波测量技术。其他非电物理量也可经过各种传感器转换成电量使用示波器进行观测，因此，示波器是一种广泛应用的电子测量仪器，它普遍地应用于国防、医学、生物科学、地质和海洋科学、力学、地震科学等多种学科中。

根据不同测试领域的特点，已制造出多种不同用途的示波器。从性能和结构特点出发，可分为通用示波器、多束示波器、取样示波器、记忆示波器、数字存储示波器和特种示波器。

电子示波器的基本特点是：

（1）输入阻抗高，对被测信号影响小；能显示信号波形，可测量瞬时值，具有直观性。

（2）测量灵敏度高，并有较强的过载能力。目前示波器的最高灵敏度可达 10 μV/DIV。

（3）工作频带宽，速度快，便于观察高速变化的波形的细节。目前示波器的工作频带最宽可达 1 000 MHz。

3.2 示波管及波形显示原理

3.2.1 示波管的构造及工作原理

1. 阴极射线示波管（CRT）

阴极射线示波管（CRT）是示波器的主要器件。示波管主要由电子枪、偏转系统和荧光屏 3 部分组成。它们都被密封在真空的玻璃壳内，其基本结构如图 3-1 所示。

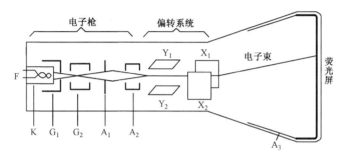

图 3-1 示波管基本结构示意图

电子枪由灯丝 F，阴极 K，栅极 G_1 和 G_2，阳极 A_1、A_2 和 A_3 组成。当灯丝加热阴极后，涂有氧化物的阴极发射大量的电子。控制栅极 G_1 对 K 的负电位是可变的，起着调节电子密度进而调节光点亮度的作用。G_1 负电位的绝对值越大，打到荧光屏上的电子数越少，图形越暗。调节 G_1 电位的电位器称为"辉度"旋钮。G_2、A_1、A_2 的电位均高于 K，它们与 G_1、K 共同组成聚焦系统，对电子束进行聚焦和加速。通常第二栅极 G_2 与第二阳极 A_2 相连，对阴极来说，它们具有相同的高电位，这个电位一般接近地电位，这样可以避免在 A_2 和偏转板间形成电场，造成散焦。A_1 的电位通常低于 A_2，所以电子在离开聚焦系统时的速度主要由 A_2 决定。

示波管中有一对 X 偏转板和一对 Y 偏转板，X 偏转板水平放置，Y 偏转板垂直放置，每对偏转板都由基本平行的金属板构成。两板之间相对电压的变化将影响电子运动的轨迹。Y 偏转板上电位的变化只能影响光点在荧光屏上的垂直位置，X 偏转板上电位的变化只影响光点的水平位置；两对偏转板共同配合，决定了任一瞬间光点在荧光屏上的坐标。

荧光屏可以显示波形，它的形状有圆形和矩形两种。在示波管的内壁上涂有荧光物质，靠近荧光物质有一层透明铝膜，荧光物质决定发光颜色，铝膜可使热量较快散发。此外，这层铝膜还能吸收荧光物质发出的二次电子和光束中的负离子，对荧光有反光作用，使显示的图形更加清晰。电子束从荧光屏上移去后，光点仍能保留一段时间才消失，这段时间称为余辉时间，不同荧光材料的余辉时间不同，小于 10 s 的为极短余辉，10 s～1 ms 的为短余辉，1 ms～0.1 s 的为中余辉，0.1～1 s 的为长余辉，大于 1 s 的为极长余辉。示波器的工作频率越高，要求示波管的余辉时间越短，反之余辉时间越长。使用示波器时，应避免高亮度光点长时间停留在一个位置，这会降低荧光屏的发光效率，严重时还可能烧成一个黑点。

2．电子束聚焦原理

在电子枪中，由 G_2、A_1、A_2 之间的非均匀电场形成主聚焦电场，由 K、G_1、G_2 之间的非均匀电场形成辅助聚焦电场。下面以主聚焦电场为例说明聚焦原理，如图 3-2 所示。

（1）点①的电场力 F_1 分解为 F_1' 和 F_1''，F_1' 使电子发散，F_1'' 使电子减速。

（2）点②的电场力 F_2 分解为 F_2' 和 F_2''，F_2' 使电子会聚，F_2'' 使电子减速。

（3）点③的电场力 F_3 分解为 F_3' 和 F_3''，F_3' 使电子会聚，F_3'' 使电子加速。

（4）点④的电场力 F_4 分解为 F_4' 和 F_4''，F_4' 使电子发散，F_4'' 使电子加速。

由于减速作用，电子在点②的速度小于其在点①的速度，速度越小受电场力的偏转作用越显著，所以，由 F_2' 产生的会聚作用大于由 F_1' 产生的发散作用。同理，由于加速作用，电子在点③的速度小于其在点④的速度，所以由 F_3' 产生的会聚作用大于由 F_4' 产生的发散作用。

这样，电子以一定的发散角穿过非均匀电场后，将得到会聚力，并以一定的会聚角向轴线靠拢。以不同的发散角进入非均匀电场的电子，将得到不同的会聚力，并以不同的会聚角向轴线靠拢，最终会聚到荧光屏的一点上。

调整"聚焦"电位器，可改变非均匀电场的强弱，从而改变焦距。示波器在出厂前，先将"聚焦"电位器放中间位置，调整"辅助聚焦"电位器使扫描线清晰，用户在使用过程中，发现扫描线变粗、模糊，可微调"聚焦"电位器使其清晰。

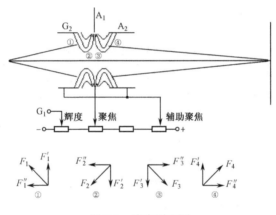

图 3-2 聚焦原理图

3．电子束偏转原理

在一定范围内，荧光屏上光点偏移的距离与偏转板上所加电压成正比，这是用示波管观测波形的理论根据。下面以 Y 偏转板为例说明偏转原理，如图 3-3 所示。

在偏转电压 U_y 的作用下，Y 方向的偏转距离 y 可表示为

$$y = \frac{LS}{2bU_a}U_y \tag{3-1}$$

式中，L 是偏转板的长度；S 是偏转板中心到屏幕中心的距离；b 是偏转板之间的距离；U_a 是第二阳极电压。

式（3-1）表明，偏转板间的相对电压 U_y 越大，造成的偏转电场越强；偏转板长度 L 越长，偏转电场作用距离越长，两者都使偏转距离加大。偏转板到荧光屏之间的距离 S 越大，偏转距离越大。对于同样的偏转电压 U_y，若板间距离 b 越大，则电场强度和偏转距离都变小。同时，若第二阳极电压 U_a 越高，电子在轴线方向的运动速度越高，穿过偏转板所用的时间就

越少，电场对它的作用减小，偏转距离也会减少。

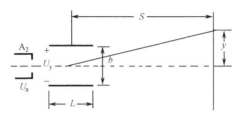

图 3-3　偏转原理图

当示波管确定之后，L、b、S 均固定，第二阳极的电压 U_a 也基本不变，所以 Y 方向的偏转距离 y 正比于偏转板上的电压 U_y，即

$$y = h'_y U_y \tag{3-2}$$

式中，比例系数 h'_y 称为示波管的偏转因数，单位为 cm/V，它的倒数 $D'_y = 1/h'_y$ 称为示波管的偏转灵敏度，单位为 V/cm。偏转灵敏度是示波管的重要参数，其值越小，示波管观察微弱信号的能力越强，通常 X 偏转灵敏度为 60～20 V/cm，Y 偏转灵敏度为 40～10 V/cm。在一定范围内，荧光屏上光点偏移的距离与偏转板上所加电压成正比，这是用示波管观测波形的理论根据。

4．加速阳极的作用

由偏转公式（3-1）可知，要想提高示波管的偏转灵敏度，可以考虑增加偏转板的长度 L 和偏转板到荧光屏的距离 S，也可减小偏转板间的距离 b 或降低第二阳极上的电压 U_a。但是，增加 L 必将加大电子穿越偏转板的渡越时间，而在电子渡越时间内，偏转板上的电压应基本不变，这样才能使电子的偏转与被观测波形上的某一点有确定的对应关系。L 的长度应保证远小于被观测信号的波长，因此加长 L 必然影响示波器的高频工作。增大 S 的方法也不可取，它不但会使示波管过长，还会造成散焦。减小偏转板间距离 b 必然限制电子束的偏转角度。最后一个可考虑的办法是降低第二阳极电压 U_a。但是 U_a 的下降影响电子的运动速度，最终造成亮度下降。为此，在偏转板至荧光屏之间再设一个后加速阳极 A_2，它能使穿过偏转板的电子束沿轴向得到较大的速度。这种降低第二阳极电压并采用后加速阳极的系统称为先偏转后加速系统。

加速阳极放置在靠近荧光屏的位置上，通过金属卡座与高压电源相连，A_2 电压通常在数千伏甚至上万伏，使用中应注意安全。

3.2.1　波形显示原理

1．扫描

将一个线性锯齿波电压加在 X 偏转板上，根据偏转原理，电子束在 X 方向的位置就会随锯齿波电压的幅度变化。由于锯齿波是线性的，所以光点在荧光屏上形成一条反映时间变化的直线，称为时间基线。当锯齿波电压达到最大值时，光点达到最右端，然后锯齿波电压迅速返回起始点，光点也迅速返回最左端。光点在锯齿波作用下扫动的过程称为扫描，能实现扫描的锯齿波电压叫扫描电压，光点自左向右的扫动称为扫描行程，光点自右端返回起点称为扫描回程。在扫描电压作用的同时，将一定幅度的被测信号 $f(t) = V_m \sin \omega t$ 加到 Y 偏转板上，电子束就会在沿水平方向运动的同时，在 Y 方向上按信号规律变化，任一瞬间光点的 X、Y

坐标分别由这一时刻的扫描电压和信号电压共同决定。扫描电压与信号电压同时作用到 X、Y 偏转板的情形如图 3-4 所示。

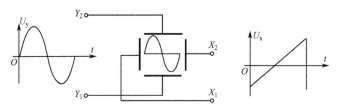

图 3-4　扫描电压与信号电压共同作用

2. 扫描电压与信号的同步

当扫描电压的周期（T_n）是被观察信号周期（T_s）的整数倍时，即 $T_n = NT_s$（$N=1,2,3,\cdots$）时，扫描的后一个周期描绘的波形与前一周期完全重合，荧光屏上得到稳定的波形，此时扫描电压与信号同步。同步时的波形如图 3-5 所示。

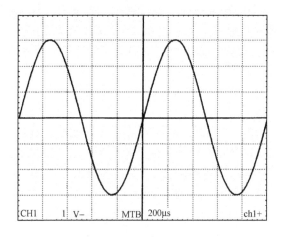

图 3-5　同步时的波形

当扫描电压的周期（T_n）不等于被测信号周期（T_s）的整数倍时，扫描的后一个周期描绘的波形与前一周期不重合，荧光屏上看到的是一个移动的波形，此时扫描电压与信号不同步。不同步时的波形如图 3-6 所示。

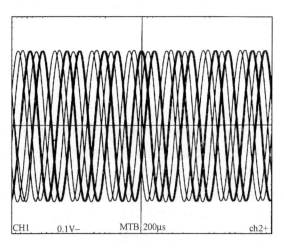

图 3-6　不同步时的波形

3. 连续扫描和触发扫描

以上分析是观测连续信号的情况，这时扫描电压也是连续的，这种扫描方式称为连续扫描。连续扫描时，扫描电压发生器处于自激状态，不用触发信号也可以自动形成扫描线。当观测占空比（τ/T_s）很小的脉冲信号时，使用连续扫描就不能正常观测信号了。这种情况可用图 3-7 所示说明。

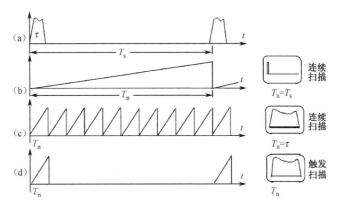

图 3-7　连续扫描和触发扫描波形

若选择扫描周期等于信号周期（$T_n=T_s$），则脉冲信号被按比例压缩到屏幕左端，如图 3-7（b）所示，无法观测脉冲波形的细节（上升时间、下降时间、脉冲宽度等）。若选择扫描周期等于脉冲宽度（$T_n=\tau$），则在一个脉冲周期内，光点在水平方向进行多次扫描，其中只有一次是扫描脉冲信号，其他多次扫描只在水平基线上往返运动，结果在屏幕上显示的脉冲波形本身非常暗淡，而时间基线却很明亮，无法正常观测，如图 3-7（c）所示。

利用触发扫描可解决上述困难。触发扫描的特点是，只有在被测脉冲到来时才形成一次扫描，如图 3-7（d）所示。此时的扫描发生器工作在单稳状态，无触发信号时处于等待状态。只有加入触发脉冲时才产生一个扫描电压。只要选择扫描电压的持续时间等于或稍大于脉冲底部的宽度，则脉冲波形就可展宽到整个屏幕。同时由于在两个脉冲间隔时间内没有扫描，故不会产生很亮的时间基线。

实际上，现代通用示波器的扫描电路一般均可调节在连续扫描或触发扫描两种方式下工作。

4. 扫描过程的增辉和隐熄

上面的分析都假定扫描回程时间为零，实际上回扫是需要一定时间的，为了在荧光屏上不显示回扫过程，可采用增辉行程或隐熄回程的办法，将电子束在回程期间关闭。

增辉对应扫描行程，隐熄则对应扫描回程。若增辉行程，应在示波管的控制极加正方波，正方波宽度对应了扫描电压的行程。若隐熄回程，应在示波管的控制极加负方波，负方波宽度对应了扫描电压的回程。实现增辉或隐熄的电平为相对值，应保证高电平期间 U_{GK} 小于零，且高低电平差的绝对值大于示波管的截止电压。增辉与隐熄的波形关系如图 3-8 所示。

5. X—Y 显示方式

在示波管中，电子束同时受 X 和 Y 两个偏转板的作用，由两个偏转板上的电压共同决定光点在荧光屏上的位置。所以，示波器又是一个 X—Y 图示仪。

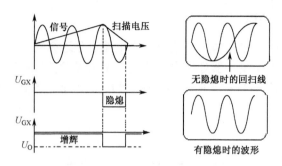

图 3-8 增辉与隐熄的波形关系

将两个同频率、同幅度的正弦波信号分别加到 X、Y 偏转板上，如果 X、Y 两个通道具有相同的灵敏度，改变两信号的相位差，则荧光屏上会出现不同形状的图形。当相位差取 0°、45°、90°、135°、180° 几个典型值时，荧光屏上则显示出不同倾斜度的直线、椭圆和圆，这种图形叫李沙育图形，可用来测量频率或相位差。如图 3-9 所示，第一行给出了两个同频信号不同相位差时的图形，第二行给出了 $F_y=2F_x$ 不同相位差时的图形。

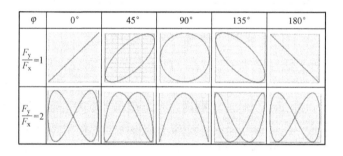

图 3-9 不同频率比和相位差的李沙育图形

3.3 电子示波器电路构成及原理

3.3.1 电子示波器组成框图及主要技术指标

通用双踪示波器由垂直系统、水平系统、校准信号及电源组成，如图 3-10 所示。垂直系统由衰减器、前置放大、门电路、电子开关及混合放大、延迟线、输出放大等电路组成。水平系统由触发电路、时基发生器、X 轴输出放大 3 部分组成。

通用示波器的主要技术性能指标如下。

（1）频率响应（频带宽度）。频带宽度是指 Y 通道上限频率 f_H 和下限频率 f_L 之差。示波器在测量直流时，频带宽度就是上限频率 f_H。

（2）时域响应（瞬态响应）。表示 Y 通道在输入方波脉冲情况下的过渡特性，常用参数上升时间 t_r 表示。

Y 通道的频带宽度 f_H 和上升时间 t_r 有确定的内在关系，可用下式表示。

$$f_H t_r = 0.35（\mu s \cdot MHz）$$

可见，带宽越大，上升时间越短。

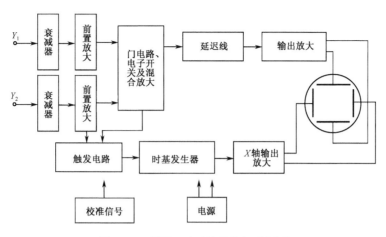

图 3-10 通用双踪示波器的组成框图

（3）Y 通道偏转灵敏度。指输入信号在无衰减的情况下，亮点在屏幕上偏转 1cm（或 1格、DIV）所需信号电压的峰—峰值，单位为 V/cm。偏转灵敏度反映示波器观察微弱信号的能力。例如，SS—5702 示波器的最高偏转灵敏度为 5 mV/cm。

（4）输入阻抗。Y 通道输入阻抗包括输入电阻和输入电容，输入电阻越大越好，输入电容越小越好，通用示波器的输入电阻在 1 MΩ左右，输入电容约为几十 pF。

（5）扫描速度（时基因数）。即亮点在 X 方向移动 1cm（或 1 格、DIV）所经过的时间，单位为 s/cm。时基因数越小（扫描速度越高），表示展开高频信号或窄脉冲信号的能力越强。例如，SS—5702 示波器的最高扫描速度为 0.2 μs/cm。

3.3.2 垂直通道

示波器的垂直通道通常包括输入衰减器、Y 前置放大器、门电路与电子开关、延迟线、Y 输出放大器等部分。

1．输入衰减器

示波器的偏转灵敏度是基本固定的，为扩大可观测信号的幅度范围，Y 通道设置了衰减器，它可使示波器的偏转灵敏度 D_y 在很大范围内调节。

对衰减器的要求是输入阻抗高，同时在示波器的整个通频带内衰减的分压比均匀不变。要达到这个要求，仅用简单的电阻分压是达不到目的的。因为在下一级的输入及引线部分都存在分布电容，这个分布电容的存在，对于被测信号高频分量有严重的衰减，造成信号的高频分量的失真（脉冲上升时间变慢）。为此，必须采用如图 3-11（a）所示的阻容补偿分压器。图中 R_1、R_2 为分压电阻（R_2 包括下一级的输入电阻），C_2 为下一级的输入电容和分布电容，C_1 为补偿电容。衰减器的衰减量为 R_1C_1 的并联阻抗 Z_1 与 R_2C_2 的并联阻抗 Z_2 的分压比 $\dfrac{U_o}{U_i}$。

其中

$$Z_1 = \frac{R_1}{1 + j\omega C_1 R_1} \; ; \; \; Z_2 = \frac{R_2}{1 + j\omega C_2 R_2} \tag{3-3}$$

则

$$\frac{U_o}{U_i} = \frac{Z_2}{Z_1 + Z_2} = \frac{R_2(1 + j\omega C_1 R_1)}{R_1(1 + j\omega C_2 R_2) + R_2(1 + j\omega C_1 R_1)} \tag{3-4}$$

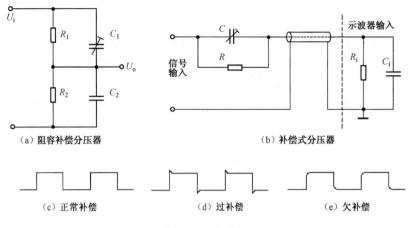

（a）阻容补偿分压器   （b）补偿式分压器

（c）正常补偿   （d）过补偿   （e）欠补偿

图 3-11　衰减器

调节 C_1，当满足 $R_1C_1=R_2C_2$ 时，Z_1、Z_2 表达式中的分母相同，则衰减器的分压比为

$$\frac{U_o}{U_i} = \frac{Z_2}{Z_1+Z_2} = \frac{R_2}{R_1+R_2} \tag{3-5}$$

此时，分压比在整个通频带内是均匀的，与频率无关。通常用一个波段开关换接不同的 R_2、C_2 来改变衰减量。在面板上，直接标注与各挡衰减量对应的偏转灵敏度，单位为 V/cm。例如，SS—5702 示波器的垂直偏转灵敏度在 5 mV/cm～10 V/cm 范围内，分 11 挡可调。

用示波器测量信号时，通常使用同轴电缆做成的探头作为输入引线，探头内设计为可调电容 C（5～10 pF）和电阻并联的形式，再与示波器输入电容、输入电阻组成补偿式分压器，如图 3-11（b）所示，调整可调电容，可实现最佳补偿，即正常补偿。如图 3-11（c）所示为正常补偿波形，如图 3-11（d）所示为过补偿波形，如图 3-11（e）所示为欠补偿波形。

2．延迟线

在触发扫描状态下，只有当被观察的信号到来时扫描发生器才工作，也就是说开始扫描需要一定的电平，因此扫描开始时间总是滞后于被测脉冲起点，如图 3-12 所示。其结果是脉冲信号的上升过程无法完整地显示出来。延迟线的作用就是把加到垂直偏转板的脉冲信号也延迟一段时间，使信号出现的时间滞后于扫描开始时间，这样就能够保证在屏幕上可以观察到包括上升沿在内的脉冲全过程了。

对延迟线的要求是，它只起延迟时间的作用，而脉冲通过它时不能产生失真。目前延迟线有分布参数和集中参数两种，前者可采用螺旋平衡式延迟电缆，如 SBM—10 型示波器就采用这种形式；后者由多节 LC 延迟网络组成，如 SBE—7 型示波器就采用这种集中参数的延迟线。延迟线的延迟时间通常在 50～200 ns 之间。

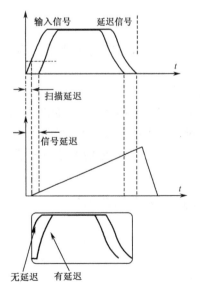

图 3-12　信号延迟原理

3．显示方式控制电路

双踪示波器使用单枪示波管，以交替或断续的方式将两路信号显示在荧光屏上。通常设置"交替""断续""Y_1""Y_2"

"$Y_1\pm Y_2$" 5 个工作状态。工作状态的切换由电子开关电路的显示方式转换开关控制。显示方式控制电路由门电路、电子开关及混合放大电路组成。其电路及波形如图 3-13 所示。

（1）"交替"工作方式。电子开关是由方式开关控制的触发器电路，"交替"方式下，触发器工作在双稳状态。在扫描方波的控制下，电子开关输出 A、B 两路极性相反的方波，分别加到 Y_1 通道的 A 门和 Y_2 通道的 B 门。A、B 门电路受方波控制，方波为高电平时，门电路处于开路状态，Y 信号可以通过，经混合电路输出到垂直偏转板进行波形显示；方波为低电平时，门电路处于短路状态，Y 信号不能通过。从如图 3-13（b）所示的波形关系可以看出，A、B 方波极性是相反的，当 A 方波高电平使 Y_1 信号通过时，B 方波是低电平，Y_2 信号不能通过。而 B 方波高电平使 Y_2 信号通过时，A 方波是低电平，Y_1 信号不能通过。这样就形成一个扫描周期显示 Y_1、另一个扫描周期显示 Y_2 的"交替"工作方式。

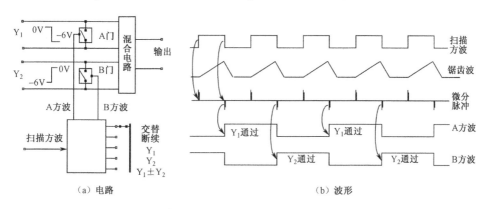

图 3-13　显示方式控制电路及波形

（2）"断续"工作方式。"断续"方式下，触发器工作在自激状态。电子开关不受扫描方波控制，自动输出频率固定（通常为 200 kHz）、极性相反的方波，分别加到 Y_1 通道的 A 门和 Y_2 通道的 B 门。在一个扫描周期内，Y_1、Y_2 以 200 kHz 的频率轮流通过 A、B 门进行显示。由于转换频率较高，一个信号周期通常由许多点组成，故称为"断续"工作方式。

（3）"Y_1"工作方式。"Y_1"方式下，电子开关不受扫描方波控制，A 方波输出稳定的高电平，Y_1 信号通过 A 门输出并显示。B 方波输出稳定的低电平，Y_2 信号不能通过。

（4）"Y_2"工作方式。"Y_2"方式下，B 方波输出稳定的高电平，Y_2 信号通过 B 门输出并显示。A 方波输出稳定的低电平，Y_1 信号不能通过。

（5）"$Y_1\pm Y_2$"工作方式。"$Y_1\pm Y_2$"方式下，A、B 方波均输出稳定的高电平，Y_1、Y_2 信号分别通过 A、B 门同时输出并显示。当 Y_2 为正极性时，显示波形为 Y_1+Y_2；当 Y_2 为负极性时，显示波形为 Y_1-Y_2。利用此工作方式，可以实现两路模拟信号的加减运算。

4．Y 放大器

被测信号经探头检测引入示波器后，微弱信号必须通过放大器放大后才能加到示波器的垂直偏转板上，使电子束有足够大的偏转能量。Y 放大器具有以下特点。

（1）Y 放大器具有稳定的放大倍数，而且在校准状态下是一个确定值。在示波管灵敏度（S_V）及示波器灵敏度（S）一定的情况下，Y 放大器的放大倍数 K 可由下式计算。

$$K=S_V/S \tag{3-6}$$

例如，采用 S_V=20 V 的示波管，示波器灵敏度 S=20 mV 时，Y 通道的放大倍数 K=1 000 倍。

（2）Y 放大器应具有足够的带宽。放大器的低频截止频率受耦合电容或射极旁路电容的限制，必须加大这些电容以降低低频截止频率或采用直接耦合（直流放大器）。高频截止频率受两个因素限制，其一是晶体管放大倍数随频率升高而下降，其二是晶体管输出端分布电容 C_o（集电结电容和引线分布电容之和）及负载电容 C_L 对高频的分流使高频增益下降。为此，要设计优良的高、低频补偿电路。

（3）具有较大的输入电阻和较小的输入电容，大多数示波器的输入电阻在 1 MΩ左右，输入电容约为几十 pF。

（4）Y 放大器的输出级常采用差分电路，以使加在偏转板上的电压能够对称。差分电路还有利于提高共模抑制比，若在差分电路的输入端设置不同的直流电位，差分输出电路的两个输出端的直流电位也会改变,进而影响 Y 偏转板上的相对直流电位和波形在 Y 方向的位置。这种调节直流电位的旋钮称为"Y 轴位移"旋钮。

（5）Y 放大器通常设置"倍率"开关。通过改变负反馈，使放大器的放大倍数扩大 5 倍或 10 倍，以利于观测微弱信号或看清波形某个局部的细节。

（6）设置增益调整旋钮，可使放大器增益连续改变。此旋钮右旋到极限位置时，示波器灵敏度为"校准"状态。此时，可用面板上的灵敏度标注值读、测信号幅度。

3.3.3 水平通道

示波器的水平通道主要由触发电路、时基发生器和 X 放大器组成。其中，时基发生器和触发电路用来产生时基扫描信号，X 放大器用来放大扫描信号。

1. 时基发生器

时基发生器由扫描门、积分器、比较和释抑电路组成，如图 3-14 所示。

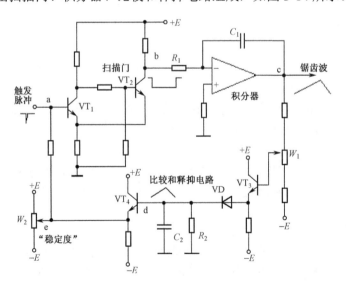

图 3-14　时基发生器电路

（1）积分器。积分器由运算放大器、积分电容 C_1 和积分电阻 R_1 组成。它在扫描门的控制下产生线性锯齿电压。

在 b 点负方波作用期间，c 点正电源通过 R_1 给 C_1 充电，C_1 得到线性锯齿电压。在理想情况下（运算放大器放大倍数 $A \to \infty$，输入电阻 $R_i \to \infty$，输出电阻 $R_o \to 0$），输出电压 U_o 可写成

$$U_o = \frac{1}{R_1 C_1} \int E \mathrm{d}t = \frac{E}{R_1 C_1} t \tag{3-7}$$

式中，E 为 c 点至 b 点的直流电压。

由式（3-7）可见，U_o 与时间 t 成线性关系，改变时间常数 $R_1 C_1$ 或微调电源 E 都可改变 U_o 的变化速率。在示波器电路中，通过时基开关切换不同的电容来改变锯齿波斜率，从而实现扫描速度调整。通过扫描速度微调旋钮改变充电电阻，实现扫描速度微调。当此旋钮右旋到极限位置时为"校准"状态，此时可通过面板上的扫描速度标度值读、测信号波形的周期和脉冲参数。

当 b 点负方波结束时，电容上的电荷通过电阻放电，U_o 回到起始值，形成锯齿波的回扫。这样就形成一个完整周期的扫描电压。

（2）扫描门。扫描门又叫时基闸门，用来产生扫描控制方波。示波器有连续扫描和触发扫描两种工作状态。在连续扫描状态，即使没有触发信号，扫描门也应有扫描控制方波输出。在触发扫描状态，只有在触发脉冲作用下才能产生扫描控制方波。不论连续扫描还是触发扫描，扫描锯齿波都应与被测信号同步。扫描门由 VT_1、VT_2 组成，它是一种射极耦合的双稳触发电路，扫描门输入端接有来自三个方面的信号，首先由一个称为"稳定度"旋钮的电位器提供一个直流电位，此外还接有从触发电路来的触发脉冲和由释抑电路来的释抑信号。这三个信号共同决定扫描门的工作状态。

VT_3、VT_4 射极耦合双稳触发器是一种电平控制的触发电路。该电路的最大特点就是具有滞后特性，如图 3-15 所示。图中假设 VT_1 的静态输入电压介于 E_1 和 E_2 之间，电路处于 VT_1 导通、VT_2 截止的第一稳态。当触发信号使 U_{b1} 下降到触发电平 E_2 时，电路从第一稳态翻转到第二稳态，即 VT_1 截止、VT_2 导通，输出电压 U_o 由高电位跳到低电位。此时即使触发信号消失，U_{b1} 回到 E_1 和 E_2 之间，电路并不再翻转。只有当从释抑电路来的信号使 U_{b1} 上升至上触发电平 E_1 时，电路才返回第一稳态，输出电压才从低电位跳回高电位。上、下触发电平之间存在滞后电平 U_D，其数值可达 10 V 左右。

（3）比较和释抑电路。如图 3-14 所示，由 VT_3、VT_4、C_2、R_2 组成比较和释抑电路，它把积分器输出的锯齿波电压经延迟后回送给扫描门左管 VT_1 基极，与扫描门、积分器共同构成一个闭合的扫描发生器环路。在扫描过程中，积分器输出的锯齿波电压经 W_1 加到 VT_3 基极，经 VD 延迟后对 C_2 充电，C_2 电压通过 VT_4、W_2 加到 VT_1 基极，VT_1 基极电压在 E_0 的基础上上升，当升至上触发电平 E_1 时，电路重新回到 VT_1 导通、VT_2 截止的第一稳态，此后进入恢复期，积分电容放电，C_1 电压恢复到起始状态。与此同时，释抑电容 C_2 通过释抑电阻 R_2 放电，VT_1 基极电位恢复到 E_0。下一个触发脉冲到来时，电路重复上述过程。

（4）触发扫描状态工作波形。触发扫描状态工作波形如图 3-16 所示。

① 电路由第一个脉冲触发启动扫描，由释抑电压达到 E_1 结束扫描。

② 电路被第一个脉冲触发后，VT_1 已截止，第二、三脉冲已失去作用，扫描结束后，释抑电容正在放电，第四个脉冲与释抑电压叠加仍达不到下触发电平 E_2，故不能使电路翻转，当第五个脉冲到来时，释抑电容放电已结束，触发电路再次翻转形成第二个周期扫描。电路能被触发时（如第一、五脉冲）为释放状态，而对于第二、三、四脉冲，电路为抑制状态。

③ 为保证电路工作稳定，释抑电路时间常数要大于积分电路时间常数，积分电容放电快于释抑电容，以确保第五个脉冲触发时积分电容电荷已释放干净。

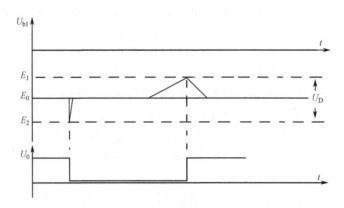

图 3-15　射极耦合双稳触发电路波形

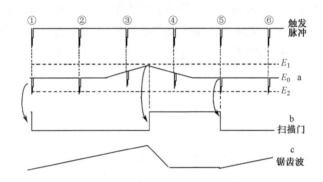

图 3-16　触发扫描状态工作波形

（5）连续扫描状态工作波形。连续扫描状态工作波形如图 3-17 所示。

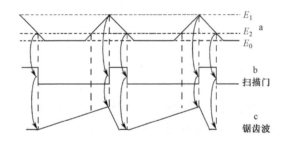

图 3-17　连续扫描状态工作波形

在触发扫描状态，通过微调稳定度电位器，可改变 E_0 的位置，使叠加在 E_0 上的触发脉冲能可靠地达到下触发电平 E_2，使电路工作稳定。

当 E_0 调到 E_2 以下时，扫描发生器由触发状态变为连续扫描状态。由触发扫描工作原理可知，扫描起点是靠触发脉冲达到下触发电平使电路翻转来实现的，而 E_0 下调到 E_2 以下的过程就完成一次触发，随后由释抑电路输出电压达到上触发电平形成扫描终点。由于释抑电容放电趋向值是 E_0，而 E_0 又位于 E_2 以下，这就保证了每次释抑电容放电都能使扫描电路被触发。所以，即使没有触发脉冲，电路也能自动产生扫描电压，形成连续扫描。在连续扫描状态，也可以加入触发脉冲，此时触发脉冲对扫描电路起强制同步作用。

2．触发电路

触发电路用来产生扫描门需要的触发脉冲，触发脉冲的幅度和波形均应达到一定的要求。触发电路及其在面板上的对应开关如图 3-18（a）所示。

在触发电路中，由比较整形电路把触发信号加以整形，产生达到一定要求的触发脉冲，例如，SBM—10A 示波器中此脉冲幅度为 3 V，脉宽为 30 ns。

触发比较电路常采用双端输入的差分电路，其中一个输入端接被测信号，另一个输入端接一个可调的直流电压，在比较点电路状态发生突变形成比较方波，此方波经微分整形电路产生触发脉冲送扫描门电路，由负脉冲触发扫描。

（1）触发极性与触发电平的控制。当触发极性为"+"时，比较方波下降沿对应 Y 信号的上升过程，由于下降沿对应的负脉冲启动扫描，所以扫描起点也就对应了信号的上升过程。此时调整"电平"电位器，可以改变比较点，将扫描起点调整到一个确定的相位上。

当触发极性为"−"时，比较方波下降沿对应 Y 信号的下降过程，扫描起点也就对应了信号的下降过程。此时调整"电平"电位器，可将扫描起点调整到一个确定的相位上。对应波形如图 3-18（b）和图 3-18（c）所示。

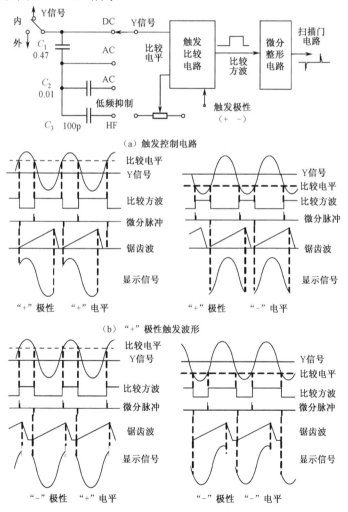

图 3-18　触发电路及其工作波形

（2）耦合方式控制。耦合方式开关为触发信号提供了不同的接入方式。若触发信号中含有直流或缓慢变化的交流分量，应用直流耦合（DC）方式；若用交流信号触发，则置交流耦合（AC）方式，这时电容 C_1 起隔直流作用。AC 低频抑制方式利用 C_1、C_2 串联后的电容，抑制信号中大约 2 kHz 以下的低频成分，主要目的是滤除信号中的低频干扰；HF 是高频耦合方式，C_1、C_3 串联后只允许通过频率很高的信号，这种方式常用来观测 5 MHz 以上的高频信号。

3．X 放大器

与 Y 放大器类似，X 放大器也是一个双端输入、双端输出的差分放大器。改变 X 放大器的增益可以使光迹在水平方向上得到若干倍的扩展，或对扫描速度进行微调，以校准扫描速度。改变 X 放大器有关的直流电位也可使光迹产生水平位移。

3.4　SS—5702 双踪示波器

3.4.1　SS—5702 双踪示波器主要性能指标

1．垂直系统

（1）频率响应：0～20 MHz（−3 dB）。

（2）上升时间：小于 17.5 ns。

（3）偏转因数：5 mV/DIV～10 V/DIV，按 1、2、5 步进分 11 挡，误差小于±4%。

（4）输入阻抗：电阻为 1 MΩ±3%；电容为(30±3)pF。

（5）最大允许输入电压：250 V（探头×1）、600 V（探头×10）。

（6）工作方式：CH1、CH2、DUAL（双踪）、ADD（相加）。

2．水平系统

（1）扫描方式：自动扫描，触发扫描。

（2）扫描速度：0.5 μs/DIV～0.2 s/DIV，按 1、2、5 步进分 18 挡，误差小于±5%；可扩展×5。

3．触发系统

（1）触发源：CH1、CH2、外触发。

（2）触发极性：正极性、负极性。

（3）耦合方式：AC、DC、TV-V。

4．X-Y 工作方式

CH1 驱动 Y 轴，CH2 驱动 X 轴。

5．校准信号源

输出方波：1 kHz、0.3 V。

3.4.2 SS—5702 双踪示波器前面板及开关旋钮

SS—5702 双踪示波器的前面板示意图如图 3-19 所示。

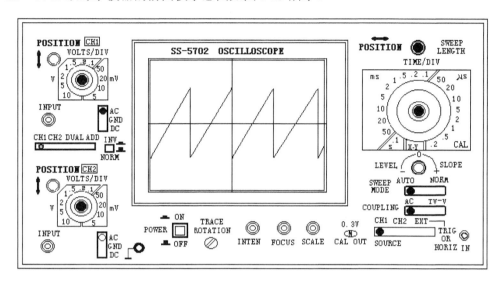

图 3-19 SS—5702 双踪示波器的前面板示意图

1. 垂直系统开关旋钮

垂直系统由衰减器、前置放大器、主放大器和延迟线组成，其中衰减器和前置放大器由两套完全相同的电路构成两个独立的信号输入通道。被测信号通过衰减器加至前置放大器，在前置放大器中被转换成推挽输出信号，经延迟后送往主放大器，最后加至垂直偏转板。

（1）垂直通道工作方式。垂直通道有 CH1、CH2、DUAL（双踪）、ADD（相加）4 种工作方式，通过 Y 方式（MODE）选择开关控制。Y 方式开关置于 CH1、CH2 时，通道 1 或通道 2 单独显示；Y 方式开关置于 DUAL（双踪）时，两通道的信号以双踪的形式同时显示，在这一方式下，扫描速度大于或等于 0.5 ms/DIV 时为交替显示，小于或等于 1 ms/DIV 时为断续显示。Y 方式开关置于 ADD（相加）时，荧光屏显示通道 1 和通道 2 信号的代数和，通道 2 极性（POLARITY）开关可改变 CH2 极性，以实现 CH1+CH2 或 CH1−CH2。

（2）垂直位移控制。通过 Y 位移（POSITION）旋钮可控制波形在垂直方向的移动。顺时针旋转波形上移，逆时针旋转波形下移；此旋钮也用做控制灵敏度扩展控制开关。拉出时增益×5 倍。

（3）偏转灵敏度控制。要精确地测量信号波形，应使显示的波形置于一个易于观察的幅度范围。V/格（VOLTS/DIV）开关按 1—2—5 序列分 11 挡选择垂直偏转灵敏度。要获得校正的偏转灵敏度，微调（VARIABLE）旋钮必须置于校正（CAL）位置。

（4）耦合方式选择。通过耦合方式开关可选择 Y 信号的接入方式。

AC：在此方式时，信号经电容器输入，输入信号的直流分量被隔离，只有交流分量被显示。

GND：在此方式时，垂直放大器输入端接地。

DC：在此方式时，输入信号（包括直流成分）直接送至垂直放大器输入端。

2. 水平系统开关旋钮

水平系统由触发电路、时基发生器、水平放大器组成。Y 通道信号被分出一路经触发放大后送至触发脉冲形成电路，经极性转换和整形处理送至时基发生器，时基发生器产生锯齿波，通过水平放大后加到水平偏转板，控制电子束进行水平扫描。

（1）扫描速度控制。为了正确测量信号，必须根据信号的重复频率选择适当的扫描速度。扫描速度由 T/格（TIME/DIV）控制。TIME/DIV 开关以 1—2—5 顺序分 18 级，要得到校正的扫描速度，微调（VARIABLE）旋钮必须置于校正（CAL）位置。

（2）水平位移控制。通过水平位移（POSITION）旋钮可控制波形在水平方向的移动。顺时针旋转则波形右移，逆时针旋转则波形左移；此旋钮也用做扫描长度扩展开关。拉出时扫描线扩展 5 倍。

（3）扫描方式控制。通过扫描方式（SWEEP MODE）开关可实现自动（AUTO）扫描和常规（NORM）扫描的转换。

① 自动扫描。扫描可由重复频率为 50 Hz 以上和在"耦合方式"开关确定的频率范围内的信号所触发。当"电平"旋钮旋至触发范围以外或无触发信号加至触发电路时，扫描发生器自动产生扫描电压。

② 常规扫描。扫描可由"耦合方式"开关所确定的频率范围内的信号触发。当"电平"旋钮旋至触发范围以外或无触发信号加至触发电路时，扫描停止。

（4）触发源转换。触发源（SOURCE）开关可选择触发信号。

① SOURCE 开关置于 CH1/CH2 时为内触发，当"垂直方式选择"开关置于"双踪"时，下列信号被用于触发。

● 当触发源开关处于 CH1 位置时，连接到 CH1 INPUT 端的信号用于触发；

● 当触发源开关处于 CH2 位置时，连接到 CH2 INPUT 端的信号用于触发。

● 当"垂直方式选择"开关置于 CH1 或 CH2 时，SOURCE 开关的位置也应相应置于 CH1 或 CH2。

② SOURCE 开关置于 EXT 时，触发信号来自外触发插座。

（5）耦合方式（COUPLING）。选择触发信号的耦合方式。

AC（EXT DC）：选择内触发时为交流耦合，选择外触发时为直流耦合。

TV-V：这种耦合方式通过积分电路选出全电视信号的场同步脉冲，适合测量全电视信号。

（6）触发极性与触发电平（SLOPE/LEVEL）。此旋钮通过调节触发极性与触发电平来确定扫描波形的起始点，旋钮处于推入状态时，为正极性触发，在信号上升段启动扫描；旋钮处于拉出状态时，为负极性触发，在信号下降段启动扫描。不论在正极性或负极性状态，通过转动旋钮均可调整触发电路的比较电平，从而连续改变扫描的初始相位。

3.4.3 SS—5702 双踪示波器的使用

下面介绍 SS—5702 双踪示波器在电压测量、时间间隔测量、频率和相位测量过程中的操作方法，其面板如图 3-20 所示。

1. 电压测量

（1）直流电压测量。在测量直流电压时，该仪器具有高输入阻抗、高灵敏度、快速响应直流电压表的功能。测量过程如下所述。

① 置"扫描方式"开关于"AUTO"，选择扫描速度使扫描不发生闪烁现象。

② 置"交流—地—直流"开关于"GND"。调节垂直"位移"使该扫描线准确地落在水平刻度线上，以用做读取信号电压时的基准。

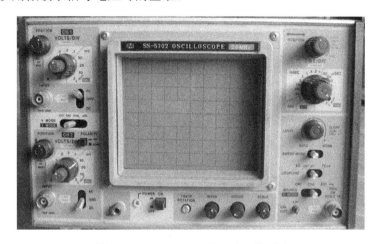

图 3-20　SS—5702 双踪示波器的面板

③ 置"交流—地—直流"开关于"DC"，并将被测电压加至输入端，扫描线相对于基准线的垂直位移即为直流电压幅度。

电压（V）= "V/DIV"（灵敏度设定值）×被测信号显示高度（DIV）

如果扫描线上移，则被测电压相对于地的电位为正；如果扫描线下移，则该电压为负。

例如，将探头衰减比置于"×10"，垂直偏转因数 V/DIV 置于"0.5 V/DIV"，"微调"旋钮置于校准位置，若所测得的扫描线偏高 5 DIV，则被测电压为 0.5 V/DIV×5 DIV×10=25 V。

（2）交流电压测量。

① 置"交流—地—直流"开关为 AC，并将被测电压加至输入端。

② 置"扫描方式"开关为"AUTO"，调节"时基开关"触发极性与触发电平，使信号波形稳定，如图 3-21 所示。

③ 按半周期波形高度计算信号振幅为：

电压峰值（V）= "V/DIV"（灵敏度设定值）×被测信号半周期显示高度（DIV）

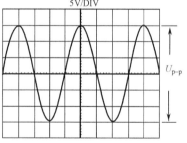

图 3-21　交流电压波形的测量

当测量叠加在直流电上的交流波形时，将"交流—地—直流"开关置于"DC"，就可测出包括直流分量的值。如仅测量交流分量，则将该开关置于"AC"。按这种方法测得的值为峰—峰值（U_{p-p}）。

正弦波信号的有效值（U_{rms}）可用下式求出：

$$U_{rms}=(U_{p-p})/2\sqrt{2} \tag{3-8}$$

例如，将探头衰减比置"×1"，垂直偏转因数 V/DIV 置于"5 V/DIV"，"微调"旋钮置于校正校准 L 位置，并将"交流—地—直流"开关置于"AC"，所测得的波形峰值为 6DIV，则峰—峰值电压为

$$U_{p-p}=5 \text{ V/DIV}×6DIV=30 \text{ V}$$

有效值电压为

$$U_{\text{rms}} = 30 \text{ V}/2\sqrt{2} = 10.6 \text{ V}$$

2. 时间间隔测量

信号波形两点间的时间间隔可用下述方法算出。

置 "T/DIV" 微调旋钮于校准位置，读取 "时间/格" 以及 "×5 扩展" 开关的设定值，用下式计算：

时间间隔（s）= "T/DIV" 设定值×被测时间间隔长度（DIV）× "5 倍扩展" 设定值的倒数

此处 "5 倍扩展" 设定值的倒数在扫描未扩展时为 1，在扫描扩展 5 倍时为 1/5。

（1）脉冲宽度测量。脉冲宽度基本测量方法如下所述。

① 调节脉冲波形的垂直位置，使脉冲波形的顶部和底部距刻度水平中心线的距离相等，如图 3-22 所示。

② 调整 "T/DIV" 开关，使信号易于观测。

③ 读取上升和下降沿中点间的距离，即脉冲沿与水平刻度线相交的两点间的距离，用公式计算脉冲宽度。

例如，在未使用扫描扩展时，测一脉冲电压信号，调整 "T/DIV" 开关，并设定在 20 μs/DIV，读上升和下降沿中点间的距离为 2.5DIV，则该电压信号的脉冲宽度为

$$20 \text{ μs/DIV}×2.5\text{DIV}=50 \text{ μs}$$

（2）上升（或下降）时间的测量。

① 调节脉冲波形的垂直与水平位置，方法与脉冲宽度测量规程相同。

② 如图 3-23 所示，读取上端 10%点至下端 10%点之间的距离为 T，则上升时间=1DIV×50 μs/DIV=50 μs，按公式计算时间即可。

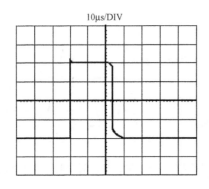

图 3-22　脉冲波形

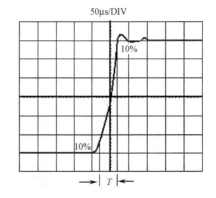

图 3-23　上升（或下降）时间的测量

3. 频率和相位测量

（1）频率的测量。对于频率测量，有下列两种方法。

① 先求出输入信号一个周期的时间，然后用下式求出频率：

$$频率（Hz）=1/周期（s）\quad 即 f=1/T$$

② 数出有效区域中 10DIV 内的重复周期数 N，然后用下式计算频率：

$$频率 f（Hz）= N/（\text{"T/DIV" 设定值}×10 \text{ DIV}）$$

当 N 很大（30～50）时，第二种方法的精确程度比第一种方法更高。这一精度大致与扫

描速度的设计精度相等。但 N 很小时，由于小数点以下难以数清，故会导致显著的误差。

例如，示波器的"T/DIV"设定在"10 μs/DIV"的位置上，测得的波形如图 3-24 所示，10DIV 内重复周期 $N=40$，则该信号的频率为

$$频率 f=40/（10\ μs/DIV×10DIV）=400（kHz）$$

（2）相位的测量。利用双踪显示功能可测量两个信号间的相位差。如图 3-25 所示，给出了一个具有相同频率的超前和滞后正弦波双踪显示的例子。在此情况下，"触发源"开关必须置于连接超前信号的通道，同时调节"T/DIV"开关，使所显示的正弦波一个周期的长度为 6DIV。此时，1DIV 刻度代表波形相位为 60°（1 周期=2π=360°），则两个信号之间的相位差 ϕ 可由下式计算出来：

$$相位差（度）=T×60° \quad 即 \phi=T×60°$$

这里，T 是超前和滞后信号与刻度水平中心线相交的两点间的距离。

对于如图 3-25 所示的波形，其相位差 $\phi=1.5×60°=90°$

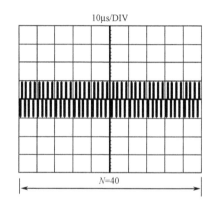

图 3-24 频率的测量波形

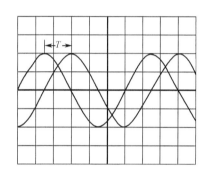

图 3-25 相位的测量波形

4．示波器使用注意事项

（1）根据被测波形选择合适的示波器。

选择示波器时要考虑其特性指标应满足对信号观测的需要，主要考虑示波器的频带宽度，如果观测脉冲信号的示波器的频带不够宽，易造成失真。通常为了使信号的高频成分能够基本不衰减地显示出来，示波器的带宽应为被测信号中最高频率的 3 倍左右。

此外，根据观测信号的不同，对示波器有不同的要求。例如，对于微弱信号要选择 Y 通道灵敏度高的示波器；当观测窄脉冲或高频信号时，除了示波器的通带要宽外，还要求有较高的扫描速度（每格代表的时间小）；观测缓慢变化的信号时，要求示波器能低速扫描和具有长余辉，或者具有记忆存储功能；观测两个独立的信号时可选双踪示波器；观测多路相关信号时可选多踪示波器；当需要在观测信号列的同时还要仔细观察某部分细节时，可选双扫描示波器；当需要把被观测信号保留一定时间时，应选记忆存储示波器。

（2）正确合理地使用探头。示波器通常使用探头输入信号，常见的探头有以下几种。

① 低电容探头。低电容探头是一种采用 RC 补偿分压的探头，它的输入阻抗较大，输入电容较小，由于探头 10 倍的衰减，使示波器的灵敏度也下降了 10%。

② 电阻分压器探头。电阻分压器探头具有较大的分压比，一般分压比为 100∶1，甚至更大。这种探头一般都用来测量低频高压电路，其特点是具有非常高的输入电阻。由于没有考虑高频补偿，故这种探头不可用于测量高频电路。

使用示波器探头时应注意下面几点。

① 必须根据测试的具体要求来选用探头类型，否则将得到相反的效果。例如，误用电阻分压器探头去测量高频或脉冲电路，那么由于这种探头的高频响应很差，将使脉冲波形产生严重失真。

② 一般说来，探头和示波器应配套使用，不能互换，否则将会导致分压比误差增加或高频补偿不当。特别是低电容探头，如果示波器 Y 通道的输入级放大管更换而引起输入阻抗改变，或探头互换，都有可能造成高频补偿不当而产生波形失真。

③ 低电容探头的电容器应定期校正，以达到最佳补偿效果。

（3）测试操作中的几个问题。示波器应定期送计量部门检定和在实验室进行校准，以保证准确可靠地测试。此外，在测试操作中主要还应注意以下几点。

① 要充分利用示波器的"灵敏度""扫描速度""衰减探头""增益微调"及"倍乘""扩展"等开关或旋钮，使波形大小适中；要既能充分利用荧光屏的有效面积，又不因波形过大而产生失真。

② 在用到示波器的"灵敏度"和"扫描速度"开关做定量测量时，要先用标准信号对这些量程开关进行校准。在测量中，灵敏度和扫描速度"微调"旋钮应放在校正位置。"倍乘"或"扩展"开关置于"×1"时，计算测量结果时不需换算；若为"×5"，则波形被扩大了 5倍，需要换算。如果信号是经过衰减探头接入示波器的，它的幅度测量值应该乘上衰减倍数。

③ 要善于调整出一个清晰而稳定的所需波形。这往往需要反复调整扫描电路中的 "扫描微调""电平"和"极性"旋钮，使扫描信号和被测信号稳定同步，并使扫描信号在对应波形适当的位置开始扫描。

3.5 双扫描示波器

双扫描示波器有两个独立的触发和扫描电路，两个扫描电路的扫描速度可以相差很多倍。这种示波器特别适用于在观察一个脉冲序列的同时，仔细观察其中一个或部分脉冲的细节。

双扫描示波器的组成如图 3-26（a）所示，它在通用示波器触发扫描电路的基础上增加了一套 B 扫描电路，由电压比较电路确定 B 扫描的延迟时间。两路扫描电压由电子开关通过 X门电路转换输出，两路 Y 信号通过 Y 门电路转换输出，其工作波形如图 3-26（b）所示。用 A 扫描观测一个脉冲列，同时用 B 扫描去展开第 2 个脉冲，在同一荧光屏上从两个时间段同时显示一个脉冲信号。调整 A 扫描的扫描速度，使扫描电压略大于脉冲信号的两个完整周期。A 扫描电压与电位器 R_P 提供的直流电位在比较器中进行比较，调整比较电平，使比较点位于第 2 个脉冲信号的前沿起点，由比较点形成 B 触发脉冲并触发 B 扫描发生器，调整 B 扫描速度使扫描电压周期略大于脉冲宽度。此时，B 扫描所显示的是第 2 个脉冲包括前后沿、平顶的详细情况，由于扫描电压幅度没变，所以 B 扫描显示的波形被展宽了。

在扫描正程期间，扫描门可以提供增辉脉冲。把 A、B 扫描门产生的增辉脉冲叠加起来，形成合成增辉信号，用它来给 A 通道增辉，则 A 通道所显示的脉冲列中，对应 B 扫描期间的脉冲 2 被加亮，这称为 B 加亮 A。用这种方法可以清楚地表明 B 显示的波形在 A 显示中的位置。

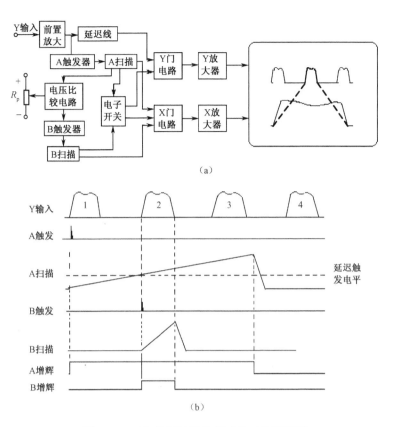

（a）

（b）

图 3-26 双扫描示波器的组成及工作波形图

3.6 取样示波器

由示波器显示波形的过程可知，在一个扫描正程时间内，被测信号按照实际变化规律实时地显示在荧光屏上，称为实时测量法，这种示波器称为实时示波器。

实时示波器的上限工作频率受到示波管的上限工作频率、Y 通道放大器带宽、时基电路扫描速度等因素的限制。

当前，高速计算机和其他的高速信息系统要求观测脉冲信号的瞬变过程，因此必须寻找新的途径来扩展示波器的工作频率。取样技术在示波测量中的应用是目前扩展示波器频带的一种行之有效的方法。

欲测量一个波形，可以把这个波形在示波器上连续显示，也可以在这个波形上取很多的取样点，把连续波形变换成离散波形。只要取样点数足够多，显示这些离散点也能够反映原波形的形状。这种取样方法是在信号经历的实际时间内对一个信号波形进行多次取样，故叫"实时取样"。实时取样的特点是，取样一个波形所得脉冲列的持续时间等于输入信号实际经历的时间，所以取样信号的频谱比原信号还要宽。由此可知，实时取样并不能解决示波器在观测高频信号时所遇到的频带限制问题。

取样示波器采用非实时取样技术。与实时取样的主要区别在于，非实时取样不是在一个信号波形上完成全部取样过程，其取样点分别取自若干个信号波形的不同位置，如图 3-27 所示。

在时间 t_1 进行第一次取样，对应于第一个信号波形上为取样点 1；第二次取样在时间 t_2 进行，$t_1 \sim t_2$ 可以相隔很多个信号周期（为作图方便，图中只相隔一个信号周期），重要的是相对于前一次取样时间 t_1，第二次取样延迟了 Δt，这样可得取样点 2。很明显，只要每取样一次，取样脉冲比前一次延迟时间 Δt，那么取样点将按顺序 1，2，3…取遍整个信号波形。

　　从图 3-27 可见，取样信号是一串脉冲列，这串脉冲列的持续时间被大大拉长了，因为在非实时取样的情况下，两个取样脉冲之间的时间间隔变为 $mT + \Delta t$，其中 m 为两个取样脉冲之间的被测信号的周期个数（图中，$m = 1$）。

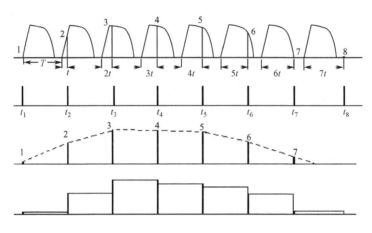

图 3-27　非实时取样波形图

　　由此可知，采用非实时取样所得到的取样信号脉冲列，其包络波形同样可以重现原信号波形，而且由于包络波形的持续时间变长了，这就有可能用一般低频示波器来显示。由于显示一个取样信号包络波形所需时间（称测量时间）远远大于被测信号波形实际经历的时间，故这种示波方法称非实时取样方法。利用非实时取样方法组成的取样示波器，在屏幕上显示的信号波形是由一系列的不连续光点构成的。

✈ 3.7　数字存储示波器

　　数字存储示波器先将输入信号进行 A/D 转换，将模拟波形变成离散的数字信息，存储在存储器中；需要显示时，再从存储器中读出，通过 D/A 转换器，将数字信息变换成模拟波形显示在示波管上。

3.7.1　数字存储示波器的工作原理

　　数字存储示波器的组成框图如图 3-28 所示。输入的被测信号通过 A/D 转换器转换成数字信号，由地址计数脉冲选通存储器的存储地址，将该数字信号存入存储器，存储器中的信息每 256 个单元组成一页。当显示信息时，给出页面地址，地址计数器则从该页面的 0 号单元开始，读出数字信息，送到 D/A 转换器，转换成模拟信号送往垂直放大器进行显示，同时地址信号经过 X 方向 D/A 转换器，送入水平放大器，以控制 Y 信号显示的水平位置。

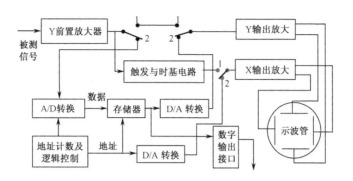

图 3-28　数字存储示波器组成框图

　　数字存储示波器的工作波形如图 3-29 所示。当被测信号接入时,首先对模拟量进行取样,如图 3-29(a)所示的 $a_0 \sim a_7$ 点即对应于被测信号 U_y 的 8 个取样点,这种取样是"实时取样",是对一个周期内信号不同点的取样,8 个取样点得到的数字量分别存储于地址从 00 开始的 8 个存储单元中,地址号为 00~07,其存储的内容为 $D_0 \sim D_7$;在显示时,取出 $D_0 \sim D_7$ 数据,进行 D/A 转换,同时存储单元地址号从 00~07 也经过 D/A 转换,形成如图 3-29(d)所示的阶梯波,加到水平系统,控制扫描电压,这样就将被测波形 U_y 重现于荧光屏上,如图 3-29(e)所示。只要 X 方向和 Y 方向的量化程度足够精细,图 3-29(e)所示的波形就能够准确地代表图 3-29(a)所示的波形。

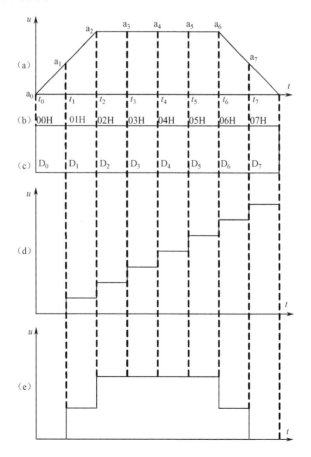

图 3-29　数字存储示波器的工作波形

3.7.2　数字存储示波器的特点

（1）可以长期保存信息，反复读出数据，反复在荧光屏上再现波形信息。

（2）由于信息是在存储器中存储的，所以在动态分析之后，即可更新存储器的内容。

（3）可以进行负延迟，即能观测触发前的信息。数字存储示波器的触发点只是一个参考点，而不是获取的第一个数据点。因而，它可以用来检修故障，记录故障发生前后的情况。

（4）便于观察单次过程和缓慢变化的信号。由于数字信号可以多次显示，并且取样存储和读出显示速度可以在很大范围内调节，因此，这种示波器便于捕捉和显示瞬变信号和缓慢变化的信号。

（5）可用数字显示测量结果。

（6）便于数据处理。

数字存储示波器的迅猛发展与新的数据采样技术的发展密切相关，实时采样技术和非实时采样技术及 CCD 技术（电荷耦合器件）的运用，使转换速率大大提高。例如，美国 Tek 公司的 2430 型数字存储示波器，采用"实时取样"和"顺序取样"相结合的办法，可达到 150 MHz 的带宽；HP 公司的 5410 型示波器采用"随机取样"技术，使有效带宽达到 1 GHz。

3.8　智能数字 DSO401 示波器

DSO401 是一种集智能和数字示波器于一体的新型数字示波器。智能示波器免去各种繁杂的操作，自动检测被测波形，用最合适的时间、电压挡位显示在屏幕上，一目了然，操作简便，还拥有跟数字示波器一样的所有功能。

3.8.1　按键说明

（1）▶Ⅱ运行/暂停/选择/确认键，无任何菜单选中时，按下 ▶Ⅱ 为运行或暂停功能。

（2）Ⓜ选择菜单键，按下此键可以选择所需的菜单。

（3）⊕ 或 ⏭ 为向上选择键，⊖ 或 ⏮ 为向下选择键。

3.8.2　操作说明

图 3-30　开机界面

（1）智能数字 DSO401 示波器的开机界面如图 3-30 所示，按 ⊕ 或 ⏭ 向左选，按 ⊖ 或 ⏮ 向右选，选好英文或中文后，按下 ▶Ⅱ 确认并直接进入系统。

（2）英文版主菜单如图 3-31（a）所示，中文版主菜单如图 3-31（b）所示。在无任何菜单选中时，按 ⊕ 或 ⏭ 增大电压挡位，按 ⊖ 或 ⏮ 减小电压挡位，按 ▶Ⅱ 运行或暂停波形，按Ⓜ向下选中菜单。

（3）当选中 Type（类型）菜单（为橙色状态）时，按 ⊕ 或 ⏭ 向上选择子菜单，按 ⊖ 或 ⏮ 向下选择子菜单，按下 ▶Ⅱ 确选子菜单并退出子菜单，再按下 ▶Ⅱ 恢复到无任何菜单选中状态，按 Ⓜ 确选子菜单并选中下一个菜单。当 Type（类型）选择 Time（时间）子菜单，并退出到无任何菜单选中状态时，按 Ⓜ 或 ⏭ 增大时间挡位，按 ⊖ 或 ⏮ 减小时间挡位。

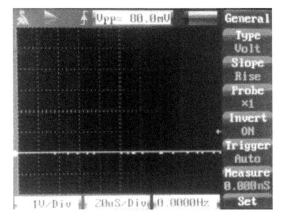

（a）主菜单（英文版）

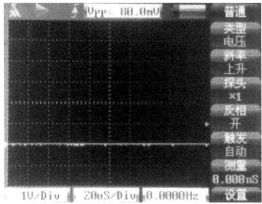

（b）主菜单（中文版）

图 3-31　主菜单

（4）选中 Slope（斜率）菜单时，按 ⊕ 或 ⏭ 选择上升沿触发，按 ⊖ 或 ⏮ 选择下降沿触发。选择好后，同上操作，按下 ⏯ 确选子菜单并退出子菜单，再按下 ⏯ 恢复到无任何菜单选中状态，按 Ⓜ 确选子菜单并选中下一个菜单。

Probe（探头）菜单下，选择×1 或×10 探头衰减倍数。

Invert（反相）菜单下，选择开，则启动波形反相显示；选择关，则关闭波形反相显示。

（5）在 Trigger（触发）菜单下，按 ⊕ 或 ⏭ 向上移动触发电平线，按 ⊖ 或 ⏮ 向下移动触发电平线，按下 ⏯ 进入"触发"设置菜单，按 Ⓜ 退出并选中下一个菜单。

（6）在 Measure（测量）菜单下，按下 ⏯ 进入"测量"设置菜单，按 Ⓜ 退出并选中下一个菜单。

（7）在 Set（设置）菜单下，按下 ⏯ 进入"设置"菜单，按 Ⓜ 退出到无任何菜单选中状态。

3.8.3　"触发"设置菜单

（1）"触发"设置菜单英文版如图 3-32（a）所示，"触发"设置菜单中文版如图 3-32（b）所示。无任何菜单选中时，按 ⊕ 或 ⏭ 增大电压（时间）挡位，按 ⊖ 或 ⏮ 减小电压（时间）挡位，按 ⏯ 运行或暂停波形，按 Ⓜ 向下选中菜单。

（2）在 Channel（触发源）菜单下，目前只有一通道，不可选。

（3）在 Coupler（耦合）菜单下，选择耦合类型：直流耦合、交流耦合、接地、取平均值。

（4）在 Mode（模式）菜单下，选择触发模式：自动触发、正常触发、单次触发。"自动"为自动同步扫描模式，不管输入信号能不能满足触发条件，都能显示信号波形；"正常"为普通扫描模式，当输入信号不能满足触发条件时，不显示信号波形；"单次"为单次扫描模式，信号被触发扫描采样显示后，自动进入暂停状态，按 ⏯ 重新采样显示。

（5）在 Agile（灵敏值）菜单下，按 ⊕ 或 ⏭ 增大灵敏值（减小触发灵敏度），按 ⊖ 或 ⏮ 减小灵敏值（增大触发灵敏度），按 Ⓜ 退出并选中下一个菜单。

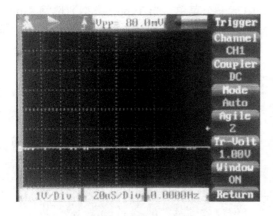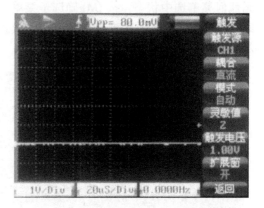

（a）"触发"设置菜单（英文版）　　　　　　　（b）"触发"设置菜单（中文版）

图 3-32　"触发"设置菜单

（6）在 Tr-Volt（触发电压）菜单下，按 ⊕ 或 ⏭ 向上移动触发电平线，按 ⊖ 或 ⏮ 向下移动触发电平线，按 Ⓜ 退出并选中下一个菜单。

（7）在 Window（扩展窗口）菜单下，暂无功能。

（8）在 Return（返回）菜单下，按 ⏯ 退出"触发"设置菜单，进入首菜单，按 Ⓜ 恢复到无任何菜单选中状态。

3.8.4　"测量"设置菜单

（1）"测量"设置菜单英文版如图 3-33（a）所示，"测量"设置菜单中文版如图 3-33（b）所示。无任何菜单选中时，按 ⊕ 或 ⏭ 增大电压（时间）挡位，按 ⊖ 或 ⏮ 减小电压（时间）挡位，按 ⏯ 运行或暂停波形，按 Ⓜ 向下选中菜单。

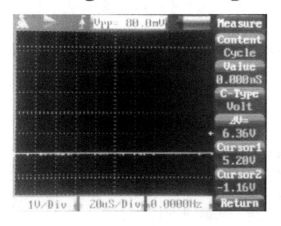

（a）"测量"设置菜单（英文版）　　　　　　　（b）"测量"设置菜单（中文版）

图 3-33　"测量"设置菜单

（2）在 Content（测量源）菜单下，选择测量内容：周期、占空比、高电平、低电平、DC有效值、AC有效值、最大值、最小值、平均值（目前只有一通道）。

（3）在 Value（测量值）菜单下，不可选，只显示选择测量内容的数值。

（4）在 C-Type（类型）菜单下，选择电压差测量（ΔV），时间差测量（ΔT），只显示电压差测量值或时间差测量值。

（5）在 Cursor1（测量线 1）菜单下，电压差测量时，按 ⊕ 或 ⏭ 向上移动电压测量线 1，按 ⊖ 或 ⏮ 向下移动电压测量线 1，按 Ⓜ 退出并选中下一个菜单；时间差测量时，按 ⊕ 或 ⏭ 向右移动时间测量线 1，按 ⊖ 或 ⏮ 向左移动时间测量线 1，按 Ⓜ 退出并选中下一个菜单。

（6）在 Cursor2（测量线 2）菜单下，电压差测量时，按 ⊕ 或 ⏭ 向上移动电压测量线 2，按 ⊖ 或 ⏮ 向下移动电压测量线 2，按 Ⓜ 退出并选中下一个菜单；时间差测量时，按 ⊕ 或 ⏭ 向右移动时间测量线 2，按 ⊖ 或 ⏮ 向左移动时间测量线 2，按 Ⓜ 退出并选中下一个菜单。

（7）在 Return（返回）菜单下，按 ⏯ 退出"触发"设置菜单，进入主菜单，按 Ⓜ 恢复到无任何菜单选中状态。

3.8.5 "设置"菜单

（1）"设置"菜单英文版如图 3-34（a）所示，"设置"菜单中文版如图 3-34（b）所示。无任何菜单选中时，按 ⊕ 或 ⏭ 增大电压（时间）挡位，按 ⊖ 或 ⏮ 减小电压（时间）挡位，按 ⏯ 运行或暂停波形，按 Ⓜ 向下选中菜单。

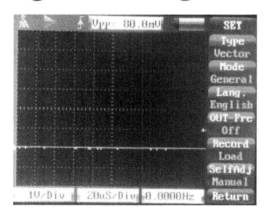
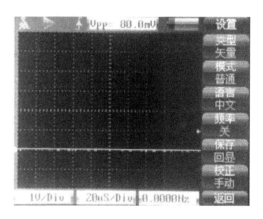

（a）"设置"菜单（英文版）　　　　　　　（b）"设置"菜单（中文版）

图 3-34　"设置"菜单

（2）在 Type（类型）菜单下，波形类型显示：矢量或点。矢量：波形的直观图；点：原始的波形采样点。

（3）在 Mode（模式）菜单下，可选择普通模式或智能模式。普通模式：传统的示波器操作模式，要手动调各个挡位；智能模式：智能全自动操作，根据波形的大小自动调节合适的挡位。

（4）在 Lang（语言设置）菜单下，可选中文或英文。退出"设置"菜单后，菜单语言将会变成所选的语言。

（5）在 OUT-Fre（输出频率）菜单下，输出自测波形频率。OFF：关闭波形输出；10Hz：输出 10Hz 的波形；20Hz：输出 20Hz 的波形；50Hz：输出 50Hz 的波形；100Hz：输出 100Hz 的波形；200Hz：输出 200Hz 的波形；500Hz：输出 500Hz 的波形。

（6）在 Record（保存）菜单下，选择保存或回放波形。

（7）在 SelfAdj（校正）菜单下，按 ⊕ 或 ⏭、按 ⊖ 或 ⏮ 选择手动校正或自动校正，按 ▶Ⅱ 确认选择。如果选择手动校正，按 ⊕ 或 ⏭ 向下移动基线，按 ⊖ 或 ⏮ 向上移动基线，按 ▶Ⅱ 确认将保存调节好的基线校正参数，按 Ⓜ 退出并选中下一个菜单。如果选择自动校正，按 ▶Ⅱ 确认进入全自动校正状态，直到校正完毕才自动退出，按 Ⓜ 退出并选中下一个菜单。

（8）在 Return（返回）菜单下，按 ▶Ⅱ 退出"设置"菜单，进入主菜单，按 Ⓜ 恢复到无任何选中状态。

注：系统开机时，进入语言选择界面，选择好语言类型，按【确认】按钮直接进入系统。否则要等待 10 s 后，选择默认的语言直接进入系统。

在"设置"菜单下，设置好的参数及选项，按【保存】按钮后，下次开机将会采用保存好的参数开机，这可以使用户无须每次开机都设置模式及参数。

在"智能"模式下，用户不需要调节任何挡位，系统会根据波形的大小自动调节合适的挡位，以最佳的挡位显示波形。

实训四　示波器的应用

一、实训目的

在了解通用电子示波器工作原理的基础上，学会正确使用示波器测量各种电参数的方法。

二、实训设备

（1）函数信号发生器 1 台，型号为 SG1645。
（2）双踪示波器 1 台，型号为 SS—5702、YUANLONG V—252C 等；频率：20 MHz。
（3）电子电压表 1 台。

三、实训内容与步骤

1．测量前的准备工作

调整亮度、聚焦，使扫描线清晰，亮度适中。将校准信号接入通道 1，观测显示是否正确。

2．正弦波信号的测量

（1）将 SG1645 函数信号发生器的输出端与示波器 Y_B 相连。

（2）调节信号发生器，使其输出正弦波信号的频率和电压值如表 3-1 所示，使用 DA-16 晶体管毫伏表进行监测，同时调整示波器，测出相应的幅度和周期，并填入表 3-1 中。

表 3-1　测量结果

SG1645 函数信号		50 Hz	100 Hz	1 kHz	10 kHz	100 kHz
发生器的输出		1 V	2 V	3 V	4 V	5 V
电子电压表测量值						
电压测量	"U/DIV" 值					
	读数（格）					
	$U_{p\text{-}p}$（V）					
	U（有效值）					

续表

频率测量	"T/DIV" 值					
	读数（格）					
	周　期					
	频　率					

3．脉冲信号的测量

（1）将 SG1645 函数信号发生器的输出端与 SS—5702 示波器 Y_B 相连。

（2）调节信号发生器，使其输出脉冲信号的频率和脉宽值如表 3-2 所示。

（3）调整示波器，测出相应的频率和脉宽值，并填入表 3-2 中。

4．显示波形的观测

（1）选择不同的触发极性。

（2）选择不同的扫描速度。

（3）观察交替扫描度。

（4）观察波形叠加。

（5）观察任意两种波形的 X—Y 合成图形。

表 3-2　测量结果

SG1645 信号 发生器输出		50 Hz	100 Hz	1 kHz	10 kHz	100 kHz
		5 ms	3 ms	0.3 ms	20 μs	2 μs
频率 测量	"T/DIV" 值					
	周　期					
	频　率					
脉冲 参数	"T/DIV" 值					
	上升时间					
	下降时间					
	脉　宽					

四、实训报告

整理实验数据，完成实验报告。

本章小结

1．示波管及波形显示原理，主要介绍了示波管的构造、聚焦与偏转原理，波形显示原理，连续扫描与触发扫描，扫描过程的增辉和隐熄。

2．电子示波器电路的组成及原理，主要介绍了垂直通道衰减器、延迟线和放大器的工作原理，水平通道扫描发生器、触发电路的工作原理。

3．示波器使用，主要介绍了直流电压、交流电压、时间间隔、频率、相位的测量方法。

4．取样示波器介绍。

5．数字存储示波器介绍。

6. 智能数字示波器 DSO401 的介绍。

习题 3

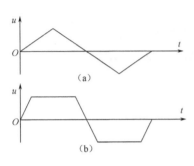

图 3-30　输入波形

1. 解释扫描和同步的概念。要稳定显示重复波形，扫描锯齿波与被测信号间应具备怎样的关系？

2. 示波器的主要技术指标有哪些？各表示什么意义？

3. 在示波器 Y 偏转板加入如图 3-30（a）所示的波形，在 X 偏转板加入如图 3-30（b）所示的波形，试绘出荧光屏显示的图形。

4. 示波器输入为同一信号，如图 3-31 所示。当扫描电压由 a 变到 b 时，显示的波形将发生什么变化？将变化情况画在空格内。

5. 被测信号和显示波形如图 3-32 所示，试分析在图 3-32（a）、图 3-32（b）两种情况下，示波器的"触发极性"和"触发电平"如何设置？

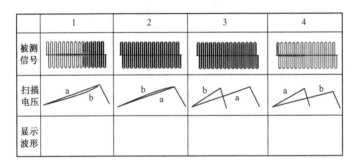

图 3-31

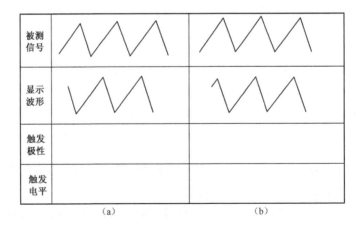

图 3-32

6. 延迟线的作用是什么？内触发信号可否在延迟线后引出，为什么？

7. 试说明下列开关、旋钮的作用和调整原理。

① 偏转灵敏度粗调 （示波器面板上标 "V/cm"）；② 偏转灵敏度微调；③ 扫描速度粗调（示波器面板上标 "t/cm"）；④ 扫描速度微调。

8．什么是连续扫描和触发扫描？如何选择扫描方式？

9．两个周期相同的正弦波，在屏幕上显示周期为 6DIV。当两波形间的相位间隔分别如下值时，求两波形间的相位差。

（1）0.5DIV；（2）2DIV；（3）3DIV；（4）1.5DIV；（5）1.6DIV；（6）1.8DIV。

10．某示波管的 Y 偏转灵敏度为 10 V/DIV，用其构成一示波器，要求该示波器 Y 通道最小灵敏度为 10 mV/DIV，试估算 Y 通道放大器的放大倍数。假如荧光屏的有效高度为 10DIV，则 Y 通道末级放大器的输出电压幅度为多少？

11．某示波器的带宽为 DC 20 MHz，示波管 X 偏转灵敏度为 10 V/DIV，屏幕长度为 10DIV，X 通道末级放大器的单边放大倍数 $A_x=5$，试估算该示波器扫描发生器的输出幅度及最高扫描速度（提示：按 10DIV 范围内容纳 4 MHz 信号、5 个完整周期计算）。

12．用示波器测量三角波信号时显示如图 3-33 所示的波形，若 Y 轴偏转置 1 V/DIV，扫描速度置 100 μs/DIV，示波器使用 1∶10 探头，Y 输入为 DC 耦合，则

（1）计算该信号的重复周期和频率。

（2）求该信号的平均值、峰值和有效值（$K_F=1.15$，$K_P=1.73$）。

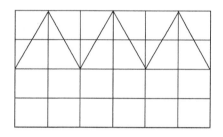

图 3-33　三角波波形

第4章

电子计数器

【本章要点】

1. 理解电子计数器的基本电路组成和主要技术参数。

2. 掌握电子计数器的测频、测周和测量时间间隔的工作原理，掌握电子计数器测频误差和测周误差的减小方法。

3. 掌握电子计数器的正确使用方法。

【本章难点】

1. 电子计数器的测频、测周和测量时间间隔的工作原理。

2. 减小电子计数器测频误差和测周误差的办法。

频率和时间是电子技术领域中两个非常重要的基本参量，在实际工作中经常要通过测量获知周期性信号的频率和周期大小。其他许多电参量的测量方案、测量结果也都与频率有着非常密切的关系。在自动检测技术中，也常常将一些非电量或其他电参量转换成频率进行测量，如电容式传感器可以将位移的变化转换为电容量的变化，再通过调频电路转换为频率的变化，因此频率的测量是相当重要的。目前频率的测量方法有很多，按照其工作原理可分为电桥法、谐振法、比较法、示波法和电子计数器法等。其中，电子计数器法因其测量方便、速度快、测量精确度高、可直接显示数字、便于与计算机结合实现测量过程自动化等而最为常用。本章将重点介绍电子计数器测量频率、周期和时间间隔的测量方法，并对测量误差的来源及减小误差的办法进行分析。

4.1 电子计数器简介

随着集成电路、微机技术的普及使用，采用电子计数方式测频的仪器发展很快，已逐渐替代了过去使用的其他类型的频率计。电子计数器作为一种最常见、最基本的数字化测量仪器，它的基本原理是利用数字电子技术对一定时间间隔内输入的脉冲计数，并以数字形式显示出计数结果。随着现代科学技术的发展，尤其是微电子学的发展，电子计数器广泛采用了大规模集成电路、微处理器和 FPGA 技术，使仪器在小型化、微功耗、可靠性和测量范围等方面大为改善，实现了智能化。

4.1.1　电子计数器分类

按照其测试功能的不同，通常电子计数器分为以下几类。

（1）通用电子计数器。即多功能电子计数器。一般具有测量频率、周期、时间间隔、频率比及累加计数等功能，通常还具有自检功能。如果配上相应的附件，还能测相位和电压等。通用电子计数器的基本测量功能就是测频和测周两种。

（2）频率计数器。一般指专门用于测量高频和微波频率的电子计数器，通常只具有测频和计数功能，具有较宽的频率范围。

（3）智能型计数器。指的是一种带有微处理器、能进行数学运算、求解较复杂方程等功能的电子计数器。这类计数器通常配有 GPIB 或 RS-232 等多种接口，易于与计算机连接实现自动测量。

（4）特种计数器。指具有特殊功能的电子计数器。如可逆计数器、程序计数器和预置计数器等，它们主要用于工业生产自动化控制和自动测量方面。

4.1.2　电子计数器主要技术指标

（1）测量功能。电子计数器所具备的测量功能，一般包括测量频率、周期、时间间隔、频率比、累加计数和自检等功能。

（2）测量范围。电子计数器的有效测量范围，如测量频率时指频率的上、下限（如 0.1 Hz～100 MHz），测量周期时指周期的最小值、最大值（如 100 ns～10 s），测量频率比和累加计数时指计数器的最大计数容量（如 $1～10^8-1$）等。

（3）输入特性。电子计数器一般有 2～3 个输入通道，需分别给出各个通道的特性。

① 输入灵敏度。指电子计数器正常工作时所需输入的最小电压。

② 输入耦合方式。有 DC 和 AC 两种方式，DC 耦合即直接耦合，被测信号直接输入，在低频和脉冲信号输入时宜采用这种耦合；AC 耦合时，被测信号经隔直电容输入，选择输入端交流成分输入到电子计数器。

③ 触发电平及其可调范围。用于控制门控电路的工作状态。只有被测信号达到所设置的触发电平时，门控电路的状态才能翻转。要求触发电平连续可调，并具有一定的可调范围。

④ 触发极性选择。用于选择触发方式。置"+"时，选择上升沿触发；置"–"时，选择下降沿触发。

⑤ 最高输入电压。即电子计数器允许输入的最大电压，若输入信号幅度太大，有可能损坏仪器。

⑥ 输入阻抗。包括输入电阻和输入电容，通常分为高阻抗（1 MΩ/25 pF）和低阻抗（50 Ω）两种。对于低频测量，使用 1 MΩ 输入阻抗较为方便；测量高频信号时为满足阻抗匹配要求，则采用 50 Ω 输入阻抗。

（4）测量准确度。常用测量误差来表示，主要由标准频率误差和计数误差（量化误差）决定。关于电子计数器的测量误差及其减小方法将在本章后面讨论。

（5）主门时间和时标。由机内时标信号源所能提供的时间标准信号决定。根据测频和测周的范围不同，可提供的主门时间和时标信号有多种选择，如常用的主门时间有 10 ms、100 ms、1 s、10 s 等。

（6）显示及工作方式。包括显示位数、显示时间、显示方式和显示器件等。

① 显示位数。可以显示的数字位数，如常见的 8 位。显示结果位数与主门时间的选择有关，较长的主门时间可以获得较多的测量结果位数，相应的测量精确度也就较高。

② 显示时间。两次测量之间显示结果的持续时间，一般是可调的。

③ 显示方式。有记忆和不记忆两种显示方式。记忆显示方式只显示最终计数结果，不显示正在计数的过程；不记忆显示方式时，还可显示正在计数的过程。多数计数器采用记忆显示方式。

④ 显示器件。用于显示测量结果或测量状态，小数点自动定位。常用的有数码管显示器和液晶显示器。

（7）输出。包括仪器可输出的标准时间信号的种类、输出数据的编码方式及输出电平等。

🔧 4.2　电子计数器工作原理

4.2.1　电子计数器基本组成

电子计数器的基本组成框图如图 4-1 所示，它主要由输入通道、主门、计数显示电路、时基形成电路和逻辑控制电路等组成。

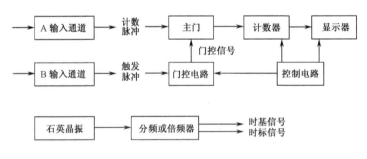

图 4-1　电子计数器的基本组成框图

1. 输入通道

一般设置 2～3 个，记做输入通道 A、B、C。其作用是接收被测信号，并将被测信号进行放大（或衰减）、整形，变换为标准脉冲。

A 输入通道是主通道，频带较宽，它输出的脉冲用做计数器的计数脉冲，在门控信号作用时间内通过主门计数。A 通道常用于测量频率和累加计数等。

B 输入通道是辅助通道，它输出的脉冲用做控制门控电路的时基信号，以控制门控信号的作用时间。B 通道常用于测量周期，A、B 通道一起测量频率比或测量时间间隔。

有的计数器还设有 C 输入通道，主要用来测量 100 MHz 以上输入信号的频率或用来与 B 输入通道配合进行时间间隔的测量。

2. 主门

主门又称闸门或信号门，其作用是在门控电路的控制下，控制计数脉冲进入计数器计数。

主门电路是一个双输入端逻辑与门。如图 4-2 所示，它的一个输入端接收来自控制单元中门控电路产生的门控信号，另一个输入端则接收计数脉冲信号。在门控信号作用下，计数脉冲被允许通过主门进入计数器计数。

图 4-2　主门电路

3．计数显示电路

计数显示电路包括十进制计数器、寄存器、译码器和数字显示器等，其作用是对主门输出的脉冲（即计数脉冲）进行计数，并以十进制数字显示测量结果。

4．时基形成电路

时基形成电路包括石英晶体振荡器（简称石英晶振）、分频器、倍频器等，其作用是产生标准时间信号。测频时，标准时间信号经放大、整形、分频后，用做控制门控电路的时基信号，以触发门控电路形成门控信号；测周时，标准时间信号经放大、整形、倍频（或分频）后，作为计数脉冲，称为时标信号。

5．逻辑控制电路

逻辑控制电路包括时序脉冲产生控制电路和门控电路，其作用是用于产生各种控制信号，控制和协调各单元电路的工作，使整机按一定的工作程序完成测量任务。

其中，门控电路是一个双稳态电路，简称门控双稳，它受时基信号触发，输出门控方波信号，以控制主门的开启与关闭。在触发脉冲作用下，双稳电路发生翻转，通常以一个输入脉冲开启主门，以随后的一个脉冲关闭主门，两个脉冲的时间间隔就是主门的开启时间。

4.2.2　电子计数器测频原理

频率定义为周期性信号在单位时间内重复变化的次数，即 $f_x = N/T$。因此在一定的时间间隔（主门开启时间）T 内，对这个周期性信号的变化次数进行累加计数，即可求出频率。

电子计数器测量频率就是严格按照频率的定义进行的，其原理框图如图 4-3 所示。

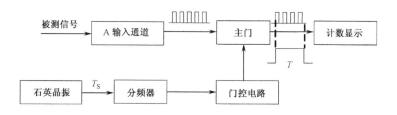

图 4-3　电子计数器测频原理框图

被测信号经过放大整形后，转换成方波计数脉冲，加至主门；石英晶体振荡器（简称晶振）产生高稳定度的振荡信号 f_S，经分频（设分频系数为 K_F）后产生时间间隔为 T 的时基信号，触发门控双稳电路产生门控信号，去控制主门的开启或关闭；在主门开启时间 T 内，计数脉冲通过主门，由计数器对通过主门的计数脉冲的个数进行计数；主门关闭时，计数器停止计数，并由译码显示电路将测量结果显示出来。即

$$f_x = \frac{N}{T} = \frac{N}{K_F T_S} \tag{4-1}$$

式中，$T = K_F T_S$ 为主门开启时间，单位为 s。N 为脉冲的个数计数值。

为了使计数值 N 能够直接表示被测信号的频率 f_x，通常把主门开启时间 T 的选择设计为 10^n s（n 为整数），并且使主门开启时间的改变与计数器显示屏上小数点位置的移动同步进行，而无须对计数结果进行换算。例如，频率为 100 kHz 的被测信号输入给电子计数器，显示结果的读数随主门时间的不同而不同，见表 4-1。

表 4-1　主门开启时间与显示

主门开启时间	10 ms	100 ms	1 s	10 s
计数值	1 000	10 000	100 000	1 000 000
显示结果	100.0 kHz	100.00 kHz	100.000 kHz	100.000 0 kHz

由表可知，测量同一信号频率时，不论选择哪种主门开启时间，测量的结果都相同，只是显示的测量结果位数不同。主门开启时间增加，测量结果的有效数字位数也增加，测量精确度得以提高。

4.2.3　电子计数器测周期原理

周期是频率的倒数，因此测量周期时，只要把测量频率时的计数脉冲信号和时基信号的来源相调换即可实现。测量周期的原理框图如图 4-4 所示。

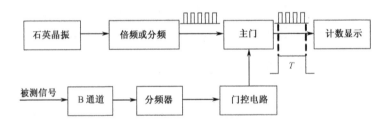

图 4-4　电子计数器测周期原理框图

测量周期时，被测信号经过放大整形转换成方波脉冲，形成时基信号，触发门控电路产生门控信号，使主门开启时间等于被测信号周期 T_x；晶体振荡器产生的标准振荡信号 f_S 经倍频（设倍频次数为 m）输出频率为 mf_S、周期为 T_S/m 的时标脉冲，加至主门；时标脉冲在主门开启时间内进入计数器，计数器对通过主门的脉冲个数进行计数，若计数值为 N，则

$$T_x = N\frac{T_S}{m} \tag{4-2}$$

式（4-2）中，由于 T_S/m 通常设计为 10^n s（n 为整数），所以可以直接用计数值 N 表示被测信号的周期 T_x。改变 T_S/m 大小的旋钮称为"时标选择"旋钮。

在实际测量中，为了减小测量误差，提高测量精确度，常采用多周期测量法（又称周期倍乘），即在 B 通道后加设分频器（设分频系数为 K_F），将被测信号的周期扩大 K_F 倍，即使主门开启时间扩大 K_F 倍，则

$$T = K_F T_x = N\frac{T_S}{m} \tag{4-3}$$

即

$$T_x = \frac{N T_S}{m K_F} \tag{4-4}$$

式中，K_F 又称为周期倍乘率，通常选用 10^n，一般有×1、×10、×10^2、×10^3 等几种。K_F 的改变与显示屏上小数点位置的移动同步进行，测量者无须对计数结果进行换算。

4.2.4 电子计数器测时间间隔原理

时间间隔包括同一信号任意两点间的时间差（如脉冲宽度、脉冲上升或下降时间等）和两个同频信号之间的时间差（如两个同频脉冲串之间的时间间隔等）。时间间隔的测量也是测量信号的时间，因此与测量周期的原理基本相同，所不同的是测量时间间隔需要 A、B 或 B、C 两个通道分别产生起始和停止信号去触发门控双稳电路，产生门控信号，以控制主门开启时间。测量时间间隔的原理框图如图 4-5 所示，下面分别介绍它们的测量方法。

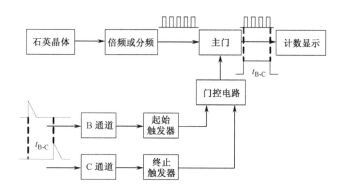

图 4-5 电子计数器测量时间间隔的原理框图

1. 测量两信号间的时间间隔

时标信号作为计数脉冲，B 通道输入的信号（设时间超前）产生起始触发脉冲，用于开启主门，此时时标脉冲通过主门进入计数显示电路；C 通道输入的信号（设时间滞后）则产生终止触发脉冲以关闭主门，停止计数。这样主门开启的时间正好等于两个被测信号的时间间隔，若计数器在主门开启时间内计得脉冲值为 N，两信号的时间间隔为 t_{B-C}，则

$$t_{B-C} = N \frac{T_S}{m} \tag{4-5}$$

2. 测量同一信号（脉冲）的时间间隔

为适应测量需要，在 B、C 通道内分别设有极性选择开关和触发电平调节开关，通过触发极性和触发电平的选择，可以选取输入信号的上升沿或下降沿上的某两个电平点，作为时间间隔的起点和终点，即可测量同一信号任意两点之间的时间间隔。

如要测量某正脉冲的脉宽 τ，将 B 通道触发极性选择为"+"，C 通道触发极性选择为"–"，调节两通道触发电平均为脉冲幅度的 50%，主门开启时间内计数脉冲值为 N，则

$$\tau = N \frac{T_S}{m} \tag{4-6}$$

如要测量脉冲的上升时间 t_r，则将两通道触发极性均选择为"+"，调节 B 通道的触发电平为脉冲幅度的 10%，调节 C 通道的触发电平为脉冲幅度的 90%，则计数显示结果就是该脉冲的上升时间，即

$$t_r = N \frac{T_s}{m} \qquad (4\text{-}7)$$

测量频率比和累加计数的原理与频率、周期、时间间隔的测量原理类似，都是依据主门开启时间等于计数脉冲周期与主门开启时间内通过的计数脉冲个数之积，然后根据被测量的定义进行推导计算而得出的。详细说明可参阅有关文献，请自行分析。

4.3 电子计数器的测量误差

4.3.1 测量误差的来源

电子计数器的测量误差来源主要包括量化误差、标准频率误差和触发误差等。

1. 量化误差

量化误差是数字化测量仪器所特有的误差，是不可避免的，是在将模拟量转化为数字量的量化过程中产生的误差。其产生的原因是由于主门开启时间和计数脉冲的到达时间是随机的、不确定的，这样，在相同的主门开启时间内，计数器对同一脉冲串进行计数所得到的结果不一定相同，因而产生了误差。当主门开启时间 T 接近甚至等于被测信号周期 T_x 的整数（N）倍时，此项误差为最大。如图 4-6 所示，主门开启时间都为 T（设 T 为计数信号脉冲周期的 7.4 倍），但因为主门开启时刻不一样，一个主门开启较晚，计数值为 8；另一个主门开启较早，计数值为 7，两次测量计数值相差为 1。

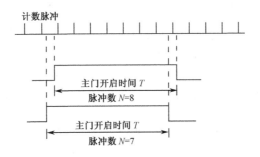

图 4-6　量化误差的形成

通过以上分析可得量化误差的特点是，无论脉冲计数值 N 最终为多少，每次计数器有可能多计一个脉冲，也可能少计一个脉冲，每次的计数值总是相差±1，即其绝对误差为 $\Delta N = \pm 1$。因此，量化误差又称为±1 误差或±1 字误差。又因为量化误差是在十进制计数器的计数过程中产生的，故又称为脉冲计数误差。

量化误差的相对误差为

$$\gamma_N = \frac{\Delta N}{N} = \pm \frac{1}{N} \qquad (4\text{-}8)$$

由式（4-8）可知，计数值 N 不同，量化误差也不同，计数值 N 越大，量化误差越小。因此在实际测量中，要求尽量增大主门开启时间，以增加读数的有效数字位数，减小量化误差。

2. 标准频率误差

电子计数器在测量频率和时间时都是以石英晶振产生的各种标准时间信号作为基准的。如果标准时间信号不稳定，则会产生测量误差，这种误差就称为标准频率误差。其产生原因为石英晶振信号的不稳定。由于石英晶振产生的标准时间信号在测频和测周时所起的作用不同，所以测频时晶振信号作为时基信号，标准频率误差也称为时基误差；测周时晶振信号作为时标信号，标准频率误差也称为时标误差。

通用电子计数器内部的晶振都采用优质石英晶体，且多置于恒温槽内工作，稳定度很高，使得标准频率误差较小，故可以不考虑其影响。

3. 触发误差

触发误差又称转换误差。将被测信号转换为计数脉冲信号或时基信号的整形过程中，用做整形的施密特电路本身的触发电平产生抖动或漂移，以及被测信号受各种干扰和噪声等影响，使得整形后的脉冲周期不等于被测信号的周期，由此而产生的误差称为触发误差。

触发误差是输入信号受到噪声干扰而引起的误差，是一种随机误差。在测量输入信号频率时，输入信号经施密特触发器整形后形成的是计数脉冲，如果输入信号没有叠加噪声干扰，或虽然叠加了干扰但干扰并不大，则输入信号经触发器整形后形成的计数脉冲周期与输入信号的周期相同，对测量结果是没有影响的；如果输入信号叠加了较大的噪声干扰，干扰信号的存在可能会使输入信号在一个周期内的信号电平多次在触发电平之间摆动，从而产生宽度不等的多个脉冲输出，最终导致产生额外的计数脉冲，而出现了测量误差。通过提高输入信号的信噪比或降低信号通道的增益来减小叠加在输入信号上的噪声幅度，从而减小额外触发，这样触发误差对测量频率的影响较小，可以不予考虑。下面着重介绍触发误差对测量信号周期的影响。

如图 4-7 所示，设被测信号为正弦波，周期为 T_x，振幅为 U_m，在无干扰情况下，正弦波在 A_1 点和 A_2 点被触发，获得主门开启的时间也为 T_x，无触发误差。若被测信号在 A_1 点处受到正向噪声信号干扰，干扰信号的振幅为 U_n，则主门提前了 ΔT_1 时间开启；同样，若在 A_2 点处受到干扰使得触发滞后，则主门推迟了 ΔT_2 时间关闭。这样主门开启时间为 $T_x + (\Delta T_1 + \Delta T_2)$，显然不等于被测信号的周期，它比原主门开启时间 T_x 延长了 $\Delta T = \Delta T_1 + \Delta T_2$，$\Delta T$ 即为触发误差。

经推导可知，触发误差的相对误差为

$$\frac{\Delta T_n}{T_x} = \pm \frac{U_n}{\sqrt{2}\pi K_F U_m} \tag{4-9}$$

式中，$\Delta T_n / T_x$ 为噪声干扰信号引起的主门开启时间误差；U_m 为被测信号的振幅；U_n 为噪声或干扰信号的振幅；K_F 为 B 通道分频器的分频次数。

触发误差对测量周期的影响较大，而对测量频率的影响较小，所以测频时一般不考虑触发误差的影响。

由此可知，触发误差只发生在一次周期测量的起点和终点，即主门开启和关闭的时刻，与中间过程无关。因此，采用多周期测量法（即增大 B 通道分频器的分频次数）可以减小触发误差。同时在测量中，尽量提高被测信号的信噪比 U_m/U_n，也可以减小触发误差。

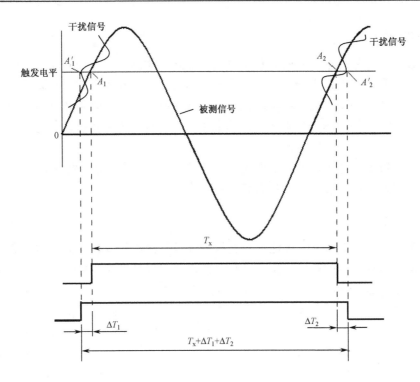

图 4-7 触发误差的产生

4.3.2 测频误差分析

由测频原理公式 $f_x=N/T$，根据误差合成理论 $\gamma_f = \gamma_N - \gamma_T$ 可知，测频误差的来源主要有两个方面：一是计数值 N 存在的误差即量化误差，二是主门开启时间存在的误差即时基误差。

1. 测频量化误差

由前面的分析可知，测频量化误差的大小为：

$$\gamma_N = \frac{\Delta N}{N} = \pm \frac{1}{N} = \pm \frac{1}{Tf_X} = \pm \frac{1}{K_F T_s f_X} \tag{4-10}$$

由式（4-10）可见，要减小量化误差对测频的影响，应设法增大计数值 N。即当被测信号频率 f_x 一定时，通过增大分频系数，使主门开启时间延长，则量化误差就减小；当主门开启时间一定时，直接测量高频信号的频率，或在 A 通道中选用倍频次数 m 较大的倍频器，将输入的被测信号频率倍频至 mf_x，使计数脉冲周期减小至 T_x/m，即选用短时标信号，以增大计数值 N，减小量化误差。当 f_x 较低时，直接测频会产生较大测量误差，可采用间接测量法，先测出周期，再计算出频率。

2. 时基误差

测频时的标准频率误差也称为时基误差。主门时间不准，造成主门启闭时间或长或短，显然要产生测频误差。主门开启时间的误差主要由晶振产生的标准频率误差引起，其大小取决于石英晶体振荡器的频率稳定度和准确度。

主门开启时间 T 由晶振信号分频而得。设晶振频率为 f_s（周期为 T_s），分频系数为 K_F，则有

$$T = K_F T_s = \frac{K_F}{f_s} \tag{4-11}$$

对式（4-11）求微分，可得

$$\gamma_T = \frac{\Delta T}{T} = -\frac{\Delta f_s}{f_s} \tag{4-12}$$

式（4-12）表明：测频时基误差在数值上等于晶振频率的相对误差。因此，可以采用稳定度和准确度都很高的石英晶体振荡器，以减小此项误差。

一般情况下，因晶振较稳定，使得晶振频率误差较小，所以这部分误差对频率的影响可以忽略不计，测频误差主要由量化误差决定。

综合以上分析可知，测频误差为

$$\gamma_f = \gamma_N - \gamma_T = \pm\frac{1}{N} + \frac{\Delta f_s}{f_s} = \pm\frac{1}{Tf_x} + \frac{\Delta f_s}{f_s} \tag{4-13}$$

由于 Δf_s 有可能大于零，也有可能小于零，若按最不利的情况考虑，可得测量频率时的最大相对误差为

$$\gamma_f = \pm\left(\frac{1}{Tf_x} + \left|\frac{\Delta f_s}{f_s}\right|\right) = \pm\left(\frac{1}{K_F T_s f_x} + \left|\frac{\Delta f_s}{f_s}\right|\right) \tag{4-14}$$

4.3.3 测周误差分析

由测周原理公式 $T_x = N T_s / m$，根据误差合成理论 $\gamma_T = \gamma_N + \gamma_{T_s}$ 可知，测周误差也由两项组成，一是计数值 N 引起的量化误差，二是时标误差。同时，在测量周期时，被测信号要通过 B 通道的放大整形转换为时基信号，在转换过程中会受到噪声干扰或本身触发电平抖动的影响，从而产生触发误差。

1. 测周量化误差

$$\gamma_N = \frac{\Delta N}{N} = \pm\frac{1}{N} = \pm\frac{T_s}{m K_F T_x} = \pm\frac{f_x}{m K_F f_s} \tag{4-15}$$

由式（4-15）可见，要减小测周量化误差，应设法增大计数值 N。因而可在 A 通道中选用倍频次数 m 较大的倍频器对晶体基准频率进行倍频，即选用短时标信号；增大分频系数 K_F，将被测信号进行分频，使 T_x 增大至 $K_F T_x$，即延长主门开启时间，该方法也称为多周期测量法，直接测量低频信号的周期。当 f_x 较高时，为减小测周量化误差，可采用间接测量法，先测出频率，再换算为周期。

2. 时标误差

测周时的标准频率误差也称为时标误差。因 $T_s = 1/f_s$，所以有

$$\gamma_{T_s} = \frac{\Delta T_s}{T_s} = -\frac{\Delta f_s}{f_s} \tag{4-16}$$

由于晶振频率误差 $\Delta f_s / f_s$ 的符号可能为正，也可能为负，考虑最不利的情况，取

$$\gamma_{T_s} = \frac{\Delta T_s}{T_s} = \pm\left|\frac{\Delta f_s}{f_s}\right| \tag{4-17}$$

式（4-17）表明：测周时标误差在数值上等于晶振频率的相对误差。同样可以采用稳定

度和准确度都很高的石英晶体振荡器，来减小此项误差。

一般情况下，因晶振采取了稳频措施，稳定度很高，故时标误差较小，可以忽略不计。测周误差主要由量化误差和触发误差决定。

3．测周触发误差

由式（4-9）可知，通过提高被测信号的信噪比，或采用多周期测量法，即增大分频系数，可以减小触发误差对测量周期的影响。

综合以上分析可知，测周误差为

$$\gamma_{\mathrm{T}} = \frac{\Delta T_{\mathrm{x}}}{T_{\mathrm{x}}} = \pm\left(\frac{1}{N} + \left| \frac{\Delta f_{\mathrm{s}}}{f_{\mathrm{s}}} \right| + \frac{U_{\mathrm{n}}}{\sqrt{2}\pi K_{\mathrm{F}} U_{\mathrm{m}}} \right) \tag{4-18}$$

4．中界频率的确定

通过以上分析可知，直接测频和测周法测频的量化误差是不一样的。被测信号频率 f_{x} 越高，用电子计数器测量频率的误差就越小，所以采用直接测频法可以测量高频信号的频率；反之，被测信号频率 f_{x} 越低（即周期 T_{x} 越大），用电子计数器测量周期误差就越小，所以采用测周法测频可以测量低频信号的频率。所谓的高频或低频，是相对于电子计数器的中界频率而言的。中界频率指的是，电子计数器测量某信号的频率时，若采用直接测频法和测周法的量化误差大小相等，则该信号的频率就称为中界频率。

根据中界频率的定义，令 $\gamma_{f\mathrm{N}}=\gamma_{T\mathrm{N}}$，并将上式中 f_{x} 换为中界频率 f_0，根据公式（4-10）和公式（4-15），可得到中界频率的计算公式：

$$f_0 = \sqrt{\frac{m K_{\mathrm{F}} f_{\mathrm{s}}}{T}} \tag{4-19}$$

式中，f_0——中界频率；m——倍频次数；K_{F}——分频次数，即周期倍乘；f_{s}——标准晶振的振荡频率；T——（$T=K_{\mathrm{F}}T_{\mathrm{S}}$）标准晶振分频后形成的主门开启时间。

若倍频次数 m、分频次数 K_{F} 均为1，则中界频率为

$$f_0 = \sqrt{\frac{f_{\mathrm{s}}}{T}} \tag{4-20}$$

说明：实际使用的电子计数器面板上，一般有可变的 m 和 K_{F} 旋钮，改变 m 和 K_{F} 旋钮的位置，则中界频率也会随之改变。在实际测量中要注意这一点。

【例 4.1】 用电子计数器测量 $f_{\mathrm{x}}=5$ kHz 的信号频率，分别采用测频（主门时间为 1s）和测周（晶振频率 $f_{\mathrm{s}}=10$ MHz）两种测量方法。试比较这两种方法由于量化误差引起的相对误差，并求出中界频率。

解：（1）测频时，量化误差为：$\gamma_N = \frac{\Delta N}{N} = \pm\frac{1}{T f_{\mathrm{x}}} = \pm\frac{1}{1 \times 5 \times 10^3} = \pm 2 \times 10^{-4}$

（2）测周时，量化误差为：$\gamma_N = \frac{\Delta N}{N} = \pm\frac{1}{N} = \pm\frac{T_{\mathrm{S}}}{T_{\mathrm{X}}} = \pm\frac{f_{\mathrm{x}}}{f_{\mathrm{s}}} = \pm\frac{5 \times 10^3}{10 \times 10^6} = \pm 5 \times 10^{-4}$

（3）中界频率：$f_0 = \sqrt{\frac{f_{\mathrm{s}}}{T}} = \sqrt{\frac{10 \times 10^6}{1}} = 3.16$（kHz）

因为被测频率 f_{x} 大于中界频率 f_0，所以采用测频法测频比采用测周法测频的量化误差要小，上面的计算结果也证明了这一点。

4.3.4 智能数字单片机电子计数器的发展

1. 内部结构的变化

单片机电子计数器在内部集成了丰富的部件，这些部件包括一般常用的电路，如定时器、比较器、A/D 转换器、D/A 转换器、串行通信接口、Watchdog 电路和 LCD 控制器等。

有的单片机电子计数器为了构成控制网络或形成局部网，内部含有局部网络控制模块 CAN。例如，Infineon 公司的 C505C、C515C、C167CR、C167CS-32FM 和 81C90。因此，这类单片机十分容易构成网络。特别是在控制系统较为复杂时，构成一个控制网络十分有用。

在这些单片机电子计数器中，脉宽调制电路有 6 个通道输出，可产生三相脉宽调制交流电压，其内部含死区控制等功能。

特别引人注目的是，现在有的单片机电子计数器已采用所谓的三核（TrCore）结构。这是一种建立在系统级芯片概念上的结构。这种单片机电子计数器由三个核组成：一个是微控制器和 DSP 核，一个是数据和程序存储器核，最后一个是外围专用集成电路（ASIC）。这种单片机的最大特点在于把 DSP 和微控制器同时做在一个片上。把它和传统单片机结合集成，大大提高了单片机电子计数器的功能。

2. 功耗、封装及电源电压的发展

现在新的单片机的功耗越来越小，特别是很多单片机都设置了多种工作方式，这些工作方式包括等待、暂停、睡眠、空闲、节电等工作方式。

现在单片机的封装水平已大大提高，随着贴片工艺的出现，单片机也大量采用了各种符合贴片工艺的封装方式，以大幅减小体积。扩大电源电压范围及在较低电压下仍然能工作是单片机发展的目标之一。

3. 以单片机为核心的嵌入式系统

单片机的另外一个名称是嵌入式微控制器。目前，把单片机嵌入式系统和 Internet 连接已是一种趋势。要实现嵌入式设备和 Internet 连接，就需要把传统的 Internet 理论和嵌入式设备的实践都颠倒过来。为了使复杂的或简单的嵌入式设备，如单片机控制的机床、单片机控制的门锁，能切实可行地和 Internet 连接，要求专门为嵌入式微控制器设备设计网络服务器，使嵌入式设备可以和 Internet 相连，并通过标准网络浏览器进行过程控制。EmWare 公司提出嵌入式系统入网的方案——EMIT 技术。这个技术包括三个主要部分：即 emMicro、emGateway 和网络浏览器。

基于单片机构成的自动计数器产品研究的主要内容包括：如何构成检测电路、MCS-51 单片机用何种方式对外部计数脉冲进行计数显示控制、LED 显示驱动模块的选择、MCS-51 单片机的扩展等。

✈ 4.4 电子计数器的使用

4.4.1 自检

在使用电子计数器测量之前，应对电子计数器进行自检（也称为自校）。通过自检可以检验电子计数器的逻辑功能是否正常，检验电子计数器能否准确地进行定量测量。只有通过自检确定电子计数器电路正常后，才能进行测量。

电子计数器自检的原理框图如图4-8所示。

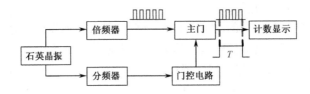

图4-8 电子计数器自检原理框图

自检时，石英晶体振荡器经过倍频器（倍频次数为 m）形成时标信号，用做计数脉冲加至主门，同时石英晶体振荡器经过分频电路（分频次数为 K_F）形成时基信号，触发门控电路产生门控信号。在电子计数器正常工作时，时基、时标都是已知的，因此计数结果 N 也是确定的。依据电子计数器工作原理，有

$$N = \frac{T}{T_s'} = \frac{K_F T_s}{\dfrac{T_s}{m}} = mK_F \tag{4-21}$$

这样，根据计数器的显示结果，便可判定电子计数器的工作是否正常。

4.4.2 电子计数器的使用方法

电子计数器的种类、型号很多，但基本测试功能却大同小异，下面仅以 E312B 型电子计数器为例说明电子计数器的正确使用方法。

1. E312B 型通用电子计数器简介

E312B 型通用电子计数器是一种频率时间测量的仪器，它以 89C52 单片机为核心进行功能转换、测量控制和数据处理及显示，因而仪器体积、重量、耗电量等都大为减小，可靠性高。它采用倒数技术，实现了全频带范围的等精度测量。

E312B 型通用电子计数器的主要技术参数如下。

（1）A、B 输入通道特性。

① 测量频率范围（A、B 通道）。DC 耦合：0.1 Hz～10 MHz/100 MHz；AC 耦合：100 Hz～10 MHz，可扩展到 100 MHz。

② 测量周期范围：100 ns～10 s。

③ 输入阻抗：输入电阻为 1 MΩ，输入电容为 45 pF。

④ 输入幅度范围为×1 挡。

正弦波：30mVrms～2Vrms（≤80 MHz）、50mVrms～2Vrms（>80 MHz）。

脉冲波：90mV$_{P-P}$～6V$_{P-P}$（≤80 MHz）、150mV$_{P-P}$～6V$_{P-P}$（>80 MHz）。

若被测信号的信噪比大于 40 dB，当噪声幅度大于触发灵敏度时，可以使用衰减挡×20 或配用 EE47101 型低通滤波器。

⑤ 主门时间：10 ms、0.1 s、1 s、10 s。

⑥ 触发电平：±1.5 V 步进 30 mV 递增（或递减）可调。

（2）C 通道输入特性。测量频率范围：100 MHz～1 GHz；输入幅度范围：30 mVrms～1.5 Vrms；输入阻抗：50 Ω。

（3）频率比测量（B/A 通道）。测量范围：1～10^8-1；频率：0.1 Hz～10 MHz（$f_B>f_A$）。

（4）时间间隔测量（A 或 A/B 通道）。测量范围：200 ns～100 s。

（5）累加计数（仅 A 输入通道）。最大计数容量：10^8-1；输入频率：≤10 MHz。

（6）石英晶体振荡器。标称频率为 5 MHz，晶振倍频 10 MHz；稳定度：<10^{-8}/日（预热 1 h 后）；频率准确度为±5×10^{-8}。

（7）标准频率输出。标称频率：10 MHz；输出幅度：≥0.5 Vrms；输出波形：正弦波。

（8）显示：八位数字显示测量数据、测量功能及符号。

2. 电子计数器的正确使用方法

（1）在仪器使用前，应先检查电源电压是否符合仪器的额定电压，仪器使用三芯电源线，电源插座要接地良好，严禁使用两芯电源线。仪器外壳和所有的外露金属均已接地。

（2）和其他电子仪器一样，在使用仪器前一定要仔细阅读使用说明书，要弄清仪器面板上各开关旋钮的作用。

（3）经过检查后，仪器即可通电。按下"POWER"电源开关，仪器接通电源，即开始进入初始化，并显示仪器型号。初始化结束后，仪器进入"CHK"自校状态。因仪器的主门时间是由前面板"GATE TIME"电位器控制连续可调的，所以进入自校状态后，显示器首先显示此时的主门时间，然后显示自校测量结果，显示位数由主门时间决定。如 E312B 型电子计数器主门时间为 1 s 时，显示应为 10.000 000 MHz。通过显示数值判断仪器工作正常后，可进一步进行测量。

（4）根据被测对象及频率大小选择输入通道。频率和周期测量时的被测信号、时间间隔测量时的启动信号及 A/B 测量时的 A 输入信号均由 A 输入通道输入；时间间隔测量时的停止信号及 A/B 测量时的 B 输入信号均由 B 输入通道输入。当被测信号频率在 100 MHz 以上时，输入信号应从 C 输入通道输入（有的计数器无此功能）。

A、B 输入通道可对输入信号进行衰减，以保证被测信号的大小必须在电子计数器允许的范围之内，否则，输入信号太大有可能损坏仪器。一般衰减开关有 0 dB 和 20 dB 两挡。

（5）根据被测对象选择测试功能键。功能键主要包括："测频（FREQ）""测周（PER）""测量时间间隔（T1）""测量频率比（A/B）""累加计数（TOT）"和"自检（CHK）"等，每个按键对应一种测量功能。

（6）根据测量准确度的要求，合理选择测量时间。测量频率时，用于选择主门时间；测量周期时，用于选择周期倍乘。在不使计数器产生溢出的前提下，应尽量增大主门开启时间，以减小量化误差的影响，提高测量的准确度。

（7）测量时间间隔时，应根据测量需要设定触发极性和触发电平。触发选择方式键用来选择输入波形的上升沿触发或下降沿触发。触发方式键置于"+"时，为上升沿触发；置于"−"

时，为下降沿触发。触发电平键通过调整电位器来完成触发电平值的设置，触发电平应连续可调，并具有一定的可调范围。

例如，用 E312B 型电子计数器测量时间间隔时，应根据测量需要设置触发电平。在测量之前，按"CH"键，显示 CHA 或 CHB。CHA 表示 A 输入通道的触发电平设置，CHB 表示 B 输入通道的触发电平设置。按"↑"键，表示触发电平步进递增 30 mV；按"↓"键，表示触发电平步进递减 30 mV。按"#"键，进行触发电平的选择，若设置电平指示灯"亮"，表明预置电平状态；若指示灯"灭"，则表示设置进入预置"0"电平状态。

4.4.3　电子计数器测量频率范围的扩大

电子计数器测量频率时，其测量的最高频率主要取决于计数器的工作速率，而这又取决于数字集成电路器件的速度。一般电子计数器 A 输入通道直接测量频率的范围为 0.1 Hz～10 MHz，如果要求测量几十兆赫兹甚至几百兆赫兹的频率，就必须采取频率扩展技术，以扩大计数器的测量频率范围。通常采取的方法有预定标分频法和外差降频变换法。

1. 预定标分频法

电子计数器预定标分频法扩展频率的原理框图如图 4-9 所示。

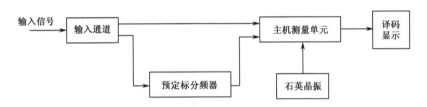

图 4-9　电子计数器预定标分频法扩展频率原理框图

主机测量单元直接测量频率的范围为 10 MHz。如果被测信号频率在 10 MHz 以下，可直接通过输入通道输送到主机单元进行测量；如果输入信号频率在 10～100 MHz 范围内，需要设定预定标分频器的分频次数为 10，这样被测信号经过十分频后，再送入主机进行测量。例如，使用预定标分频法频率扩展技术，可使 E312B 型通用电子计数器 A 输入通道的测频上限范围由 10 MHz 扩展至 100 MHz；增大分频次数，可使 C 输入通道的测频上限范围达到 1 GHz。

2. 外差降频变换法

提高测频上限也可采用将被测信号与已知标准信号混频后取其差频，然后再送入计数单元进行测量，其原理框图如图 4-10 所示。

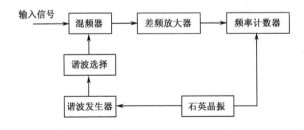

图 4-10　外差降频变换法扩展频率的原理框图

标准频率源采用高稳定度的石英晶体振荡器（设频率f_s为 10 MHz），产生的信号经谐波发生器和谐波选择电路，输出 Nf_s 的标准频率信号。每次测频时，根据被测信号频率大小，选择一个适当的 Nf_s 信号，使它与被测信号f_x混频后产生的差频信号Δf落在电子计数器可以测量的范围之内。因此，通过计数器测量频率Δf，即可得到被测信号的频率大小。

例如，某一台电子计数器直接测量频率的上限值为 10 MHz，晶振频率也为 10 MHz，若已知被测信号频率在 40～50 MHz，此时选取 $N=4$，则谐波 Nf_s 为 40 MHz，经与被测信号混频后取差频，测得频率为 5.14526 MHz，因此根据谐波选择开关的位置可得被测信号频率为 $f_x=Nf_s+\Delta f=40+5.14526=45.14526$ MHz。

4.4.4　基于单片机构成产品的自动计数器

1．设计原理

单片机计数器的方式控制寄存器 TMOD 中的 GATE 位为 1 时，可以很方便地进行 INT0 引脚的外部输入信号的时间间隔测量。且单片机的控制电路很容易实现扩展，如语音模块、测温 I^2C 模块、时钟模块、A/D 模块等。

利用 AT89S51 单片机来制作一个手动计数器，在 AT89S51 单片机的 P3.7 引脚接一个轻触开关，作为手动计数的按钮，用单片机的 P2.0～P2.7 接一个共阴数码管，作为 00～999 计数的个位数显示，用单片机的 P0.0～P0.7 接一个共阴数码管，作为 00～999 计数的十位数显示。

硬件电路图如图 4-11 所示。

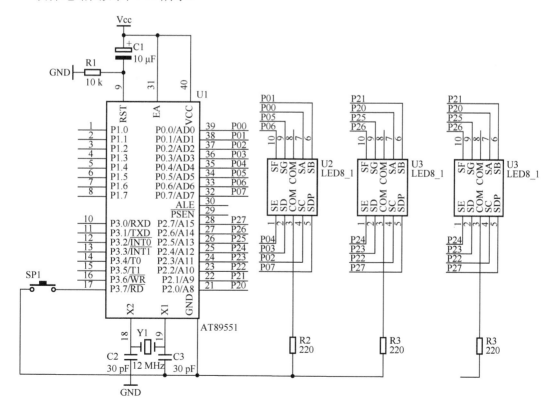

图 4-11　硬件电路图

系统板上硬件连线说明如下。

（1）把"单片机系统"区域中的 P0.0/AD0～P0.7/AD7 端口用 8 芯排线连接到"四路静态数码显示模块"区域中的任意一个 a～h 端口上；要求：P0.0/AD0 对应着 a，P0.1/AD1 对应着 b，……，P0.7/AD7 对应着 h。

（2）把"单片机系统"区域中的 P2.0/A8～P2.7/A15 端口用 8 芯排线连接到"四路静态数码显示模块"区域中的任意一个数码管的 a～h 端口上。

（3）把"单片机系统"区域中的 P3.7 / $\overline{RD}$ 端口用导线连接到"独立式键盘"区域中的 SP1 端口上。

2．最小系统设计

单片机的最小系统由电源、复位、晶振、$\overline{EA}$ =1 组成，如图 4-12 所示。下面介绍每一个组成部分。

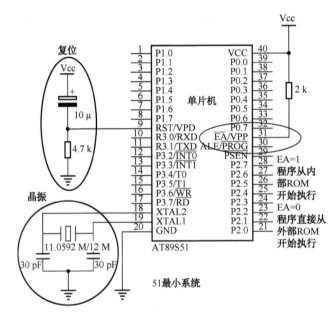

图 4-12 单片机最小系统的结构图

（1）电源引脚：Vcc（引脚 40，电源端）、GND（引脚 20，接地端）。

（2）外接晶振引脚：XTAL1（引脚 19）和 XTAL2（引脚 18），如图 4-13 所示。

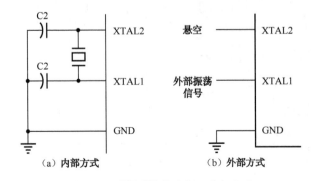

图 4-13 晶振连接的内部、外部方式

XTAL1 是片内振荡器的反相放大器输入端，XTAL2 则是输出端。使用外部振荡器时，外

部振荡信号应直接加到 XTAL1，而 XTAL2 悬空。使用内部方式时，时钟发生器对振荡脉冲二分频，如晶振为 12 MHz，时钟频率就为 6 MHz。晶振的频率可以在 1 MHz～24 MHz 内选择。电容取 30 pF 左右。系统的时钟电路设计是采用内部方式，即利用芯片内部的振荡电路。AT89 单片机内部有一个用于构成振荡器的高增益反相放大器。引脚 XTAL1 和 XTAL2 分别是此放大器的输入端和输出端。这个放大器与作为反馈元件的片外晶体谐振器一起构成一个自激振荡器。外接晶体谐振器及电容 C_1 和 C_2 构成并联谐振电路，接在放大器的反馈回路中。对外接电容的值虽然没有严格的要求，但电容的大小会影响振荡器频率的高低、振荡器的稳定性、起振的快速性和温度的稳定性。因此，此系统电路的晶体振荡器的值为 12 MHz，电容应尽可能选择陶瓷电容，电容值约为 22 μF。在焊接印制电路板时，晶体振荡器和电容应尽可能安装得与单片机芯片靠近，以减少寄生电容，更好地保证振荡器稳定和可靠地工作。

（3）复位：RST（引脚 9）。在振荡器运行时，有两个机器周期（24 个振荡周期）以上的高电平出现在此引脚时，将使单片机复位，只要这个引脚保持高电平，51 芯片便循环复位。复位后 P0～P3 口均置 1，引脚表现为高电平，程序计数器和特殊功能寄存器 SFR 全部清零。当复位引脚由高电平变为低电平时，芯片在 ROM 的 00 Hz 处开始运行程序。

复位是由外部的复位电路来实现的。片内复位电路是复位引脚 RST，通过一个施密特触发器与复位电路相连，施密特触发器用来抑制噪声，它的输出在每个机器周期的 S5P2 由复位电路采样一次。复位电路通常采用上电自动复位和按钮复位两种方式，此电路系统采用的是上电与按钮复位电路。当时钟频率选用 6 MHz 时，C 取 22 μF，R_s 约为 200 Ω，R_k 约为 1 kΩ。复位操作不会对内部 RAM 有所影响。

常用的复位电路如图 4-14 所示。

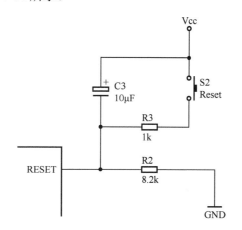

图 4-14　常用复位电路

（4）输入输出引脚。

P0 端口（P0.0～P0.7）：P0 是一个 8 位漏极开路型双向 I/O 端口，端口置 1（对端口写 1）时作高阻抗输入端。作为输出口时能驱动 8 个 TTL。对内部 Flash 程序存储器编程时，接收指令字节；校验程序时输出指令字节，要求外接上拉电阻。

在访问外部程序和外部数据存储器时，P0 口是分时转换的地址（低 8 位）/数据总线，访问期间内部的上拉电阻起作用。

P1 端口（P1.0～P1.7）：P1 是一个带有内部上拉电阻的 8 位双向 I/O 端口。输出时可驱动 4 个 TTL。端口置 1 时，内部上拉电阻将端口拉到高电平，作输入用。对内部 Flash 程序存储器编程时，接收低 8 位地址信息。

P2 端口（P2.0～P2.7）：P2 是一个带有内部上拉电阻的 8 位双向 I/O 端口。输出时可驱动 4 个 TTL。端口置 1 时，内部上拉电阻将端口拉到高电平，作输入用。

对内部 Flash 程序存储器编程时，接收高 8 位地址和控制信息。

在访问外部程序和 16 位外部数据存储器时，P2 口送出高 8 位地址。而在访问 8 位地址的外部数据存储器时，其引脚上的内容在此期间不会改变。

P3 端口（P3.0～P3.7）：P2 是一个带有内部上拉电阻的 8 位双向端口。输出时可驱动 4 个 TTL。端口置 1 时，内部上拉电阻将端口拉到高电平，作输入用。

🔧 实训五　电子计数器测量实训

一、实训目的

（1）熟悉电子计数器面板的布置，理解各按键的作用。

（2）熟练掌握电子计数器测量频率、测量周期和测量频率比的方法。

二、实训器材

（1）E312B 型（或其他型号）通用电子计数器。

（2）EE1641C 型函数/低频信号发生器。

（3）YB1051 型高频信号发生器。

三、实训内容及步骤

1．实训内容

（1）熟悉电子计数器面板及各按键的作用。

（2）调节函数/低频信号发生器，使之输出一个被测信号，等精度测量其频率和周期多次。

（3）测量高、低频两个正弦信号的频率比。

2．实训步骤

（1）将以上三种仪器接通电源，使它们处于工作状态。

（2）电子计数器初始化结束后，仪器进入"CHK"自校状态，显示器上显示"CHK"。选择"GATE"键，显示器显示"GATE"闪动，采用"← →"键来调节主门时间，按一下依次为 10 ms、100 ms、1 s、10 s，然后按"#"键确定。将计数器显示的数据记录于表 4-2 中，根据显示的数据判断电子计数器的电路是否正常；若电子计数器电路正常，可以进行以下测量。

（3）调节函数/低频信号发生器，使其输出信号频率为 10 kHz、电压峰—峰值为 2 V 的正弦波。

（4）按下"FREQ"（测频）键，显示器上显示"FREQ"和 CHA（A 通道），依次调节主门时间，将测量结果记录于表 4-2 中；若被测信号频率大于 10 MHz，按输入频段键 100M/10M，指示灯"亮"为测量大于 10 MHz 的信号；若被测信号频率大于 100 MHz，按频率选择键"FREQ"选择输入通道 CHC，将输入信号送入 C 输入通道口，进行测量。

（5）按下"PER"（测周）键，依次调节主门时间，将测量结果记录于表 4-2 中。

表 4-2　数据记录

主门时间	10 ms	100 ms	1 s	10 s
CHK（自校）				
FREQ（测频）				
PER（测周）				

改变信号源输出频率，可进行多次测量，将测量结果记录在自制的表格中。

（6）调节高频信号发生器和函数/低频信号发生器各输出一个正弦信号，分别输入至电子计数器的 A、B 输入通道，按下测量频率比（B/A）键，测量两信号的频率比。

四、实训报告

整理测量数据，分析测量误差产生的原因，完成实训报告。

本章小结

目前，在电子测量中，频率和时间的测量精确度是最高的。频率的测量方法有很多，按照其工作原理可分为无源测频法、比较法、示波器法和电子计数器法等。其中，电子计数器法测量频率和时间因具有测量方便、操作简单、速度快、测量精确度高、可直接显示数字、便于与计算机结合实现测量过程自动化等优点而最为常用。

通用电子计数器一般由输入通道、主门、计数显示电路、时基形成电路和逻辑控制电路等组成，可用来测量频率、周期、时间间隔、频率比、累加计数和自检。在进行不同参数测量时，由工作方式选择开关通过改变计数脉冲信号和主门开启时间来实现选择。

电子计数器的测量误差主要包括量化误差、标准频率误差和触发误差。在使用时应选择合适的主门开启时间、周期倍乘率，选择准确度和稳定度高的晶振作为时标信号发生器，并尽量提高被测信号的信噪比，以减小测量误差，提高测量的准确度。

习题 4

1．电子计数器通常由哪几部分组成？各部分的作用是什么？

2．电子计数器测量频率与测量周期有什么区别和联系？

3．使用电子计数器测量频率时，如何选择主门开启时间？主门开启时间与测量结果位数之间是怎样的关系？

4．用一台电子计数器测量频率，主门时间为 1 s，计数器读数为 5 000，此时的量化误差为多少？如果将被测信号倍频 10 倍，又把主门时间扩大 10 倍，此时的量化误差又为多少？

5．用一台电子计数器测量频率，已知晶振频率的相对误差为 $\Delta f_s/f_s=\pm 5\times 10^{-7}$，主门时间为 1 s，那么

（1）测量 $f_x=10$ kHz 时的相对误差是多少？

（2）测量 $f_x=10$ MHz 时的相对误差是多少？

（3）减小测量误差的方法有哪些？

6．用一台 7 位电子计数器测量 f_x=2 MHz 的信号频率，当主门开启时间分别为 1 s、100 ms、10 ms 时，仪器正常工作时显示的频率值分别是多少？测频量化误差又分别是多少？

7．欲用电子计数器测量 f_x=500 Hz 的信号频率，分别采用测频（选主门时间为 1 s）和测周（选时标为 0.1 μs）两种测量方法。试比较这两种方法由±1 引起的测量误差，并求出中界频率。

8．欲用电子计数器多周期测量法测量周期。已知被测信号的重复周期为 50 μs，计数值为 100 000，内部时标信号频率为 1 MHz。保持电子计数器状态不变，测量另一个未知信号，测得计数值为 15 000，求未知信号的周期。

9．用一台电子计数器测量信号的周期，已知晶振频率为 10 MHz，其相对误差为 $\Delta f_s/f_s=\pm5\times10^{-7}$，周期倍乘开关置"×100"挡。若不考虑触发误差的影响，求测量被测信号周期为 10 μs 时的测量误差为多少？

10．某电子计数器晶振频率为 10 MHz，要求最大相对误差 $\gamma_{max}=\pm1\%$，若仅考虑量化误差，试确定用该计数器测量的最小时间间隔为多少？

11．设计并画出利用电子计数器测量两个信号频率比 f_A/f_B 的原理框图，并简述其测量原理。

第**5**章

电压测量仪器

【本章要点】

1. 理解数字式电压表主要技术指标的含义和比较式、双积分式 A/D 转换器的工作原理及其特点。

2. 掌握数字万用表的组成、基本测量原理和正确使用方法。

3. 理解模拟直流电压表和模拟交流电压表的基本测量原理。

4. 掌握模拟式电子电压表的正确使用方法。

5. 理解电平的概念，掌握电平的测量方法。

【本章难点】

1. 比较式、双积分式 A/D 转换器的工作原理。

2. 均值、峰值电压表的基本测量原理。

3. 基于电压测量的智能仪器。

　　在电子产品和设备的调试与维修中，电压测量是不可缺少的基本测量。在表征电信号能量大小的三个基本参量——电压、电流、功率中，以电压测量最为常用。通过电压测量，利用基本公式可以导出其他的参数，如在标准电阻的两端若测出电压值，那么就可通过计算求得电流或功率。此外，在电子电路中，电路的工作状态如谐振、截止、饱和及工作点的动态范围，也都以电压形式表现出来。许多电参数，如调幅度、电路放大倍数、失真度、频率特性等均可视为电压的派生量。在自动检测技术中，也常常利用各类传感器将一些非电量转换为电压进行测量。因此，电压测量是其他许多电参量、也包括非电量参量测量的基础。

　　在进行电压测量时，必须了解被测电压的特征、测试环境和测量精确度的要求，选用合适类型的电压测量仪器和正确的测量方法，以得到准确的测量结果。本章将重点讨论常用电压表的类型、测量原理及其正确的使用方法。

5.1　电压测量简介

5.1.1　电压测量的特点

1．量程范围宽

在电工电子技术领域，被测电压的量值范围很宽，小到几纳伏，大到几百伏、甚至上千伏，这就要求电压表应具有相当宽的量程。测量时，应根据被测电压的大小合理选择电压表的量程。如果事先不知道被测电压的大小，则应先从大量程开始，再逐步减小量程，直到量程合适为止。

2．频率范围宽

被测电压的频率范围很宽，除直流外，频率范围可为 $10^{-5} \sim 10^9$ Hz（1 GHz），这也要求电压表必须具有足够宽的频率范围。

3．测量精确度高

由于电压测量的基准是直流标准电压，同时，在直流测量中，各种分布性参数的影响极小，因此直流电压的测量可获得较高的准确度，如直流数字式电压表可达 10^{-6} 或 10^{-7} 量级。而交流电压表测量精度要低得多，因为交流电压须经交流/直流（AC/DC）转换器转换成直流电压，再进行测量，交流电压的频率和幅度大小对交流/直流（AC/DC）转换器的特性会产生一定的影响，同时高频测量时分布参数的影响很难避免和准确估算，因此交流电压测量的精度一般只能达到 $10^{-2} \sim 10^{-4}$ 量级。

4．输入阻抗高

测量电压时，电压表的输入阻抗视为被测电路的额外负载。为了尽量降低对被测电路的影响，要求电压表应有足够高的输入阻抗，即输入电阻应尽量大，输入电容应尽量小。

5．抗干扰能力强

测量电压容易受到各种外界的干扰，当测量较小的信号电压时，干扰会对高灵敏度的电压表产生较大影响，引起明显的测量误差，所以要求高灵敏度电压表（如高频毫伏表、数字式电压表等）应具有较强的抗干扰能力，必要时也可采取相应的软、硬件抗干扰技术措施，以降低外界干扰的影响。

6．被测电压波形种类多

被测电压的波形是多种多样的，除了正弦波以外，还有失真的正弦波及叠加直流成分的正弦波和各种非正弦波，如方波、三角波、锯齿波、脉冲波、低频噪声波和调幅波等。测量时，应根据电压表的类型和电压波形来确定被测电压的大小。

5.1.2　电压测量仪器分类

电压测量仪器的种类很多，一般有电压表、示波器等。在实际测量中，测量电压所采用

的仪器主要是电子电压表。按照测量结果的显示方式不同，电子电压表可分为两大类：数字
式电压表和模拟式电压表。

1. 数字式电压表

数字式电压表是将被测的模拟电压通过模数（A/D）转换器变换成数字量，然后用电子计
数器计数，并以十进制数字显示被测量的电压值。

数字电压表具有测量准确度高、测量速度快、量程宽、输入阻抗大、过载能力强、显示
位数多、分辨率高、易于实现测量自动化等特点，因此在电压测量中日益占据了重要的位置。
目前由于微处理器的进一步运用，高中档台式数字电压表（包括数字万用表）已普遍具有数
据存储、计算、自动故障诊断、自检、数据采集等功能，并配有 RS-232、LAN、GPIB 等多
种接口，便于构成自动测试系统，使数字式电压表的应用日趋广泛。

2. 模拟式电压表

模拟式电压表即指针式电压表，它用磁电式直流电流表作为指示器，并在表盘上以电压
或 dB 进行刻度。

按照输入的电流种类不同，模拟式电压表又分为模拟式直流电压表和模拟式交流电压表。
直流电压表是交流电压表构成的基础。

按照测量电压频率范围的不同，模拟式电压表可分为超低频电压表（低于 10 Hz）、低频
电压表（低于 1 MHz）、视频电压表（低于 10 MHz）、高频或射频电压表（低于 300 MHz）和
超高频电压表（高于 300 MHz）。

模拟式电压表电路结构相对简单，价格低廉，频率范围较宽，特别是在测量低频电压时，
其测量准确度较高。因此，在电压测量中，模拟式电压表也占有重要的地位。

5.2　数字式电压表

数字式电压表 DVM（Digital Voltmeter），其测量过程是利用 A/D（模数）转换器将被测
的模拟电压变换成相应的数字量，然后通过电子计数器计数，最后把被测电压值以十进制数
字的形式直接显示在显示器上。其测量过程如图 5-1 所示。

图 5-1　数字式电压表的测量过程

5.2.1　数字式电压表的组成

数字式电压表由模拟电路、数字电路两部分组成，如图 5-2 所示。

模拟电路部分包括输入电路（如阻抗变换器、放大电路和量程衰减控制电路）和 A/D 转
换器。A/D 转换器是数字式电压表的核心，其主要功能是将被测模拟电压变换为数字量，然
后送入数字电路进行计数并显示。数字式电压表的一些技术指标（如准确度、分辨率、测量
速度等）主要取决于这部分电路的工作性能。数字电路部分主要包括计数器、显示器、逻辑
控制电路和时钟信号发生器，主要完成逻辑控制、计数、译码和显示等功能。

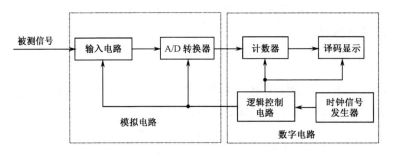

图 5-2　数字式电压表的组成框图

5.2.2　A/D 转换器

数字式电压表的核心是 A/D 转换器。根据 A/D 转换器的转换原理不同，可把数字式电压表分为斜坡式数字式电压表、比较式数字式电压表、双积分式数字式电压表和复合式数字式电压表。其中以比较式和双积分式数字式电压表最为常用，下面就比较式和双积分式 A/D 转换器及由它们组成的 DVM 的基本原理进行讨论。

1. 逐次逼近比较式 A/D 转换器

逐次逼近比较式 DVM 的核心部件是逐次逼近比较式 A/D 转换器，属于比较式 A/D 变换，其基本原理是用被测电压和一个可变的基准电压按照"大者弃、小者留"的原则逐次进行比较，直至逼近得出被测电压值。

（1）电路组成框图。如图 5-3 所示，逐次逼近比较式 A/D 转换器由电压比较器、D/A 转换器、逐次逼近寄存器 SAR（Successive Approximation Register）、逻辑控制电路、时钟脉冲发生器和基准电压源等组成。

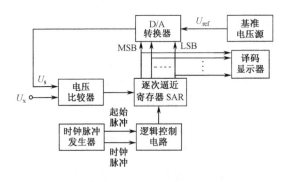

图 5-3　逐次逼近比较式 A/D 转换器原理框图

（2）工作原理。逐次逼近比较式 A/D 转换器的工作原理类似于天平称量物体质量，如图 5-3 所示的电压比较器相当于天平，被测模拟电压相当于物体，基准电压 U_{ref} 相当于砝码。逐次逼近寄存器 SAR 实际上是一个数码寄存器，在时钟脉冲作用下，SAR 提供代表不同基准电压的基准码，并通过 D/A 转换器输出可变的基准电压，后者加到电压比较器与 U_x 相比较，根据"大者弃、小者留"的原则，比较器有不同的高低电平输出，该输出用以确认逐次逼近寄存器的各位数码是"留码"还是"去码"，通常以"1"的形式记录"留码"，以"0"的形式记录"去码"。被测电压和可变基准电压的比较过程从最高位开始，当逐次逼近寄存器输出的编码从大到小变化时，D/A 转换器也随之输出从大到小的基准电压，根据比较结果逐次减小寄存器的数值，使输出的基准电压与被测电压逼近，直至相等。最后，逐次逼近寄存器输出的二进制编码对应于 U_x 的大小，以并行的形式送至译码器、显示器来显示被测结果。

下面我们用一个实际电压的测量过程来说明逐次逼近比较式 A/D 转换器的工作原理。设被测电压 U_x=5.825 V，逐次逼近寄存器和 D/A 转换器都为 8 位，基准电压 U_{ref} =10 V。

① 起始脉冲使 A/D 转换过程开始，SAR 首先清零。第一个时钟脉冲到来时，SAR 的最高位（MSB），即 2^{-1} 位先被置于 1，SAR 输出$(10000000)_2$，经 D/A 转换器输出基准电压 $U_s=2^{-1}U_{ref}$ =5 V$<U_x$，比较器输出高电平，使 SAR 的最高位保留在 "1"，即 "小者留"。

② 第二个时钟脉冲到来时，SAR 的次高位，即 2^{-2} 位置 1，SAR 输出$(11000000)_2$，经 D/A 转换器输出基准电压 $U_s=$ $2^{-1}U_{ref}$ +$2^{-2}U_{ref}$ =5+2.5=7.5 V$>U_x$，比较器输出低电平，使 SAR 的次高位返回 "0"，即 "大者弃"。

③ 第三个时钟脉冲到来时，SAR 的 2^{-3} 位置 1，SAR 输出$(10100000)_2$，经 D/A 转换器输出基准电压 $U_s=2^{-1}U_{ref}+2^{-3}U_{ref}$ =5+1.25=6.25 V$>U_x$，比较器输出低电平，使 SAR 的 2^{-3} 位返回为 "0"。

④ 第四个时钟脉冲到来时，SAR 的 2^{-4} 位置 1，SAR 输出$(10010000)_2$，经 D/A 转换器输出基准电压 $U_s=2^{-1}U_{ref}+2^{-4}U_{ref}$ = 5+0.625=5.625 V$<U_x$，比较器输出高电平，使 SAR 的 2^{-4} 位保留在 "1"。

⑤ 同上，第五个时钟脉冲到来时，SAR 输出$(10011000)_2$，经 D/A 转换器输出基准电压 U_s=5.9375 V$>U_x$，比较器输出低电平，使 SAR 的 2^{-5} 位返回为 "0"。

⑥ 第六个时钟脉冲到来时，SAR 输出$(10010100)_2$，经 D/A 转换器输出基准电压 U_s= 5.781 V$<U_x$，比较器输出高电平，使 SAR 的 2^{-6} 位保留在 "1"。

⑦ 第七个时钟脉冲到来时，SAR 输出$(10010110)_2$，经 D/A 转换器输出基准电压 U_s=5.859 V$>U_x$，比较器输出低电平，使 SAR 的 2^{-7} 位返回为 "0"。

⑧ 最后，第八个时钟脉冲到来时，SAR 输出$(10010101)_2$，经 D/A 转换器输出基准电压 U_s=5.820 V$<U_x$，比较器输出高电平，使 SAR 的最低位（LSB）保留在 "1"。

由于这次比较已是 SAR 和 D/A 转换器的最后一位，故测量结束，最终 SAR 输出的二进制编码为$(10010101)_2$，经过译码显示电路，得到被测电压 5.820 V 的显示。

从以上讨论可以看出，由于 D/A 转换器输出的基准电压是量化的，因此经变换后显示的数值 5.820 V 比实际电压值低 0.005 V，这就是 A/D 转换的量化误差。减小量化误差的方法是增加比较次数，即增加逐次逼近比较式 A/D 转换器的位数。目前 A/D 转换器一般都做成集成电路，常见的集成逐次比较式 A/D 转换器有 8 位的 ADC0801、ADC0804、AD0808、ADC0809，10 位的 AD7570、AD575、AD579，12 位的 AD574、AD578、AD5782 等几种形式，普通数字式电压表中一般使用 8 位逐次比较式 A/D 转换器，高精度数字式电压表则使用 12 位逐次比较式 A/D 转换器。

（3）工作特点。

① 测量速度快。测量速度取决于时钟脉冲的频率和逐次逼近寄存器的位数，而时钟频率又取决于 D/A 转换器和比较器的速度。由于基准电压是按照 $2^{-n}U_{ref}$ 递减设置的，没有积分式 A/D 转换器中电压的积分过程，所以测量速度很快。

② 测量精度高。逐次比较式 A/D 转换器的转换精度取决于基准电压源和电压比较器，并且还与 D/A 转换器的位数有关。只要提高基准电压源和电压比较器的稳定度与准确度，以及增加比较次数，就可以使测量精度达到很高。

③ 抗串模干扰能力差。因为比较器输入的是被测电压的瞬时值，而不是平均值，所以外界任何干扰电压的窜入都会影响测量结果。为此，需要在输入端增设滤波器来抑制串模干扰，提高抗干扰能力，但这样会降低测量速度。

2. 双积分式 A/D 转换器

双积分式 DVM 的核心部件是双积分式 A/D 转换器，属于 V—T 转换。V—T 转换的原理是利用积分器将被测电压转换成与之成正比的时间间隔，然后用电子计数器在此间隔内对时钟脉冲累加计数，最后用数字显示测量结果。

（1）电路组成框图。如图 5-4 所示，双积分式 A/D 转换器是由积分器、零比较器、逻辑控制电路、计数显示电路、电子开关和基准电压源等组成的。

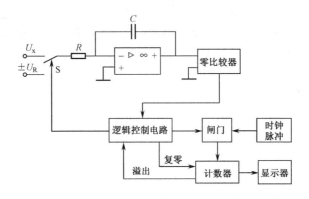

图 5-4　双积分式 A/D 转换器原理框图

（2）工作原理。双积分式 A/D 转换器的基本原理是：对 U_x 的一次测量需要先后进行两次积分才能完成，即首先对被测电压进行定时积分，然后对基准电压进行反向定时积分。通过两次积分的比较，将被测电压转换成与之成正比的时间间隔。

双积分式 A/D 转换器的工作过程分为准备、采样和比较阶段，其工作波形如图 5-5 所示。

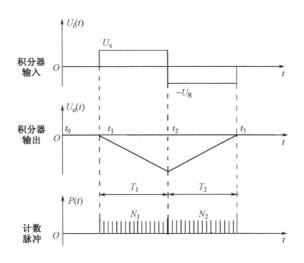

图 5-5　双积分式 A/D 转换器的工作波形

① 准备阶段（$t_0 \sim t_1$），积分器输入电压为零，使输出电压也为零，计数器复零。

② 采样阶段（$t_1 \sim t_2$），即定时积分阶段。在 t_1 时刻，逻辑控制电路使开关 S 接通被测电

压 U_x，积分器开始对 U_x 积分，设 $U_x>0$，则积分器输出电压线性递减（若 $U_x<0$，则积分器输出电压线性递增）。同时，逻辑控制电路使闸门打开，计数器开始对时钟脉冲累加计数。当计数器计数达到最大容量 N_1 时，即 t_2 时刻，计数器输出溢出信号，逻辑控制电路使开关 S 断开，关闭闸门，计数器复零。在 t_2 时刻积分器的输出电压为

$$U_{o1}=-\frac{1}{RC}\int_{t_1}^{t_2}U_x\mathrm{d}t=-\frac{1}{RC}U_xT_1 \tag{5-1}$$

式中，$T_1=t_2-t_1$ 为定时采样时间；R、C 分别为积分器的积分电阻与电容。

③ 比较阶段（$t_2\sim t_3$），在 t_2 时刻，逻辑控制电路使开关 S 断开 U_x 后，又使开关 S 接通与 U_x 极性相反的基准电压 U_R，积分器开始对 U_R 反向积分，其输出电压从 U_{o1} 反向逐渐增大、趋向于零。同时，逻辑控制电路使闸门打开，计数器对时钟脉冲进行计数。当积分器输出电压等于零时，即 t_3 时刻，零比较器输出信号给逻辑控制电路，使开关 S 断开，关闭闸门，计数器停止计数，并将计数结果（设计数值为 N_2）送至显示器显示。在 t_3 时刻，积分器的输出电压为零，此时有

$$U_{o2}=U_{o1}+\left(-\frac{1}{RC}\int_{t_2}^{t_3}(-U_R)\mathrm{d}t\right)=0 \tag{5-2}$$

即

$$U_{o2}=U_{o1}+\frac{U_R}{RC}T_2=0$$

式中，$T_2=t_3-t_2$ 为比较时间。

经推导，得

$$T_2=\frac{T_1}{U_R}U_x \text{ 或 } U_x=\frac{U_R}{T_1}T_2 \tag{5-3}$$

由式（5-3）可知，U_R、T_1 均为定值，所以被测电压 U_x 与比较时间 T_2 成正比。

由于计数器是对同一时钟脉冲进行计数的，故有 $T_1=N_1T_0$，$T_2=N_2T_0$（T_0 为时钟脉冲周期），代入式（5-3）可得：

$$N_2=\frac{N_1}{U_R}U_x \text{ 或 } U_x=\frac{U_R}{N_1}N_2 \tag{5-4}$$

式中，U_R 为定值；N_1 为计数器的最大计数容量，也为定值。所以被测电压 U_x 与计数值 N_2 成正比。通常将 U_R/N_1 称为双积分式 A/D 转换器的转换灵敏度，即数字式电压表的分辨率。

（3）工作特点。

① 在测量过程中，需要通过两次积分将 U_x 转换为与之成正比的时间间隔，所以双积分式 A/D 转换器属于 V—T 转换式。

② 测量准确度高。双积分式 A/D 转换器的准确度主要取决于基准电压的准确度和稳定度，而与 R、C、T_0 无关，因而准确度高。

③ 抗干扰能力强。因为测量结果只反映被测电压在采样时间内的平均值，所以只要采样时间 T_1 为干扰信号（特指工频干扰）周期的整数倍，则干扰信号产生的平均值为零，这样通过积分就消除了对 U_x 的干扰，故这种 A/D 转换器的抗干扰能力强。

④ 测量速度慢。为抑制工频干扰，增强抗干扰能力，采样时间 T_1 一般取交流电源周期（20 ms）的整数倍，如取 20 ms、40 ms、60 ms、100 ms 等，从而降低了转换速度。同时，为提高数字式电压表的分辨力（即灵敏度），也要使采样时间 T_1 长，这样就更降低了这种 A/D 转换器的转换速度。

5.2.3　数字式电压表的主要技术指标

1．电压测量范围

（1）量程：指测量电压范围的上限值与下限值之差，包括基本量程和扩展量程。未经衰减器和放大器的量程称为基本量程，如 1 V 或 2 V，也有的为 5 V，基本量程的测量误差最小；扩展量程是借助于衰减器和输入放大器的适当配合来完成量程扩大的。

（2）显示位数：指能显示 0～9 共十个完整数码的显示器的位数。能显示 0～9 十个完整数码的显示器的位数称为完整位或满位，否则称为不完整位，不完整位通常是最高位。例如，某数字电压表最大显示数值为 9 999，所以它是一个四位的 DVM。又如，另一数字式电压表最大显示数值为 19 999，它的首位只能显示"1"或"0"，是不完整位，通常把只能显示 0 和 1 两个数码的显示位称为 1/2 位或半位，只能显示 0～5 的显示位称为 3/4 位。所以最大显示数值为 19 999 的数字电压表是一个四位半的 DVM。

（3）超量程能力：指数字式电压表所能测量的最大电压超出量程值的能力。DVM 有无超量程能力，要根据它的量程分挡情况和能够测量的最大电压情况来决定，其计算公式为

$$超量程能力=\frac{能测量出的最大电压-量程值}{量程值}\times100\%$$

显示位数全是完整位的数字式电压表，没有超量程能力。带有 1/2 位的数字式电压表，若按 1 V、10 V、100 V 分挡，才具有超量程能力，超量程能力为 100%；若按 2 V、20 V、200 V 分挡，则没有超量程能力。如果数字式电压表具有超量程能力，那么测量结果不会降低精度和分辨率。

2．分辨率

分辨率即灵敏度，是指数字式电压表能够反映出的被测电压的最小变化值，即显示器末位跳动一个数字所需的最小电压值，也就等于所选量程上末位的"1"表示出的电压值。在不同的量程上分辨率是不同的，最小量程的分辨率是最高的。例如，DT—890 型 DVM 为三位半电压表，在最小量程 200 mV 上满度值为 199.9 mV，则其分辨率为 0.1 mV。

3．测量速度

测量速度是指每秒对被测电压的测量次数，或者完成一次测量所需的时间。数字式电压表的测量速度主要取决于 A/D 转换器的转换速度，由比较式 A/D 转换器构成的 DVM 测量速度较快，由积分式 A/D 转换器构成的 DVM 测量速度较慢。

4．测量误差

数字式电压表的测量误差通常用它的固有测量误差来衡量。固有测量误差主要是读数误差和满度误差，常用测量的绝对误差表示，即

$$\Delta U=\pm(\alpha\%\cdot U_x+\beta\%\cdot U_m) \tag{5-5}$$

式中，α——误差的相对项系数；β——误差的固定项系数；U_x——被测电压读数；U_m——DVM 量程的满度值。

将 $\alpha\%\cdot U_x$ 称为读数误差，随被测电压大小变化；将 $\beta\%\cdot U_m$ 称为满度误差，它与被测电压大小无关，而与所取量程有关。当量程选定后，显示结果末位 1 个字所代表的电压值也就一

定，因此满度误差通常用正负几个字表示，即$\pm\beta\%\cdot U_\mathrm{m}=\pm n$ 字。有时测量误差也可表示为

$$\Delta U=\pm(\alpha\%\cdot U_\mathrm{x}+n \text{ 字}) \tag{5-6}$$

如 DT890 型数字万用表在 2 V、20 V、200 V 量程上的测量误差为$\Delta U=\pm(0.5\%\cdot U_\mathrm{x}+1 \text{ 字})$。

数字式电压表的测量误差有时也用工作误差来表示。工作误差是指在额定工作条件下的误差，通常也用绝对误差的形式表示。

【例 5.1】 某四位半数字式电压表在 2 V 量程上测得的电压为 1.2 V，已知 2 V 量程的固有误差为$\pm(0.05\%\cdot U_\mathrm{x}+0.01\%\cdot U_\mathrm{m})$ V，试求由于固有误差产生的测量误差。满度误差相当于几个字？

解：根据公式可得　$\Delta U=\pm(0.05\%\cdot U_\mathrm{x}+0.01\%\cdot U_\mathrm{m})$

$\qquad\qquad\qquad\quad =\pm0.05\%\times1.2\pm0.01\%\times2$

$\qquad\qquad\qquad\quad =\pm0.0008$ V

满度误差为：$\pm0.01\%\cdot U_\mathrm{m}=\pm0.01\%\times2=\pm0.000\ 2$ V

满度误差相当于：$\pm0.01\%\cdot U_\mathrm{m}/$分辨率　$=\pm0.000\ 2/0.000\ 1=\pm2$ 字

5．抗干扰能力

数字式电压表的抗干扰能力较强，通常用串模干扰抑制比（SMR）和共模干扰抑制比（CMR）来表征。DVM 的抗干扰能力也是保证它具有高精度的一个重要因素。干扰抑制比的数值越大，表明数字式电压表抑制干扰的能力就越强。一般串模干扰抑制比 SMR 为 50～90 dB，共模干扰抑制比 CMR 为 80～150 dB。

5.2.4　数字万用表及使用方法

数字万用表 DMM（Digital Multimeter），又称数字多用表，是一种多用途、多量程的电工仪表，它实际上是在直流数字式电压表的基础上增加了一些转换器而构成的。数字万用表不但可以测量交直流电压、交直流电流和电阻，而且还可以测量电容及信号频率，判断电路的通、断等，因此它比数字式电压表的应用更广泛。

1．数字万用表基本组成及测量原理

数字万用表的组成原理框图如图 5-6 所示。

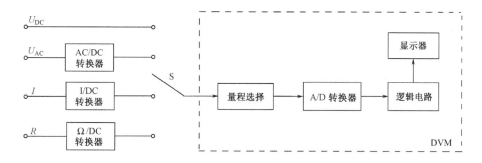

图 5-6　数字万用表的组成原理框图

由图可知，整个电路主要由数字式电压表 DVM 和交流电压/直流电压（AC/DC）转换器、电流/直流电压（I/DC）转换器、电阻/直流电压（Ω/DC）转换器等组成。

数字万用表的基本测量原理是：在测量时，先把被测量通过不同的转换器转换成直流电

压，然后再用数字式电压表进行电压测量，从而得到被测量的数值。因此说，DMM 的核心是 DVM。

（1）测量直流电压时，被测电压 U_x 可直接或经过量程转换器分压后，送至 A/D 转换器转换为数字量输出并显示。

（2）测量交流电压时，被测电压 U_x 经检波器（即 AC/DC 转换器）检波转换成直流电压，再经过量程转换器分压后，送至 A/D 转换器变换为数字量输出并显示。检波器通常采用二极管整流的方法来实现交流电压到直流电压的转换。

（3）测量直流电流时，被测电流 I_x 经 I/DC 转换器转换得到直流电压后，送至 DVM 中进行测量。电流/直流电压转换器的实质是将被测电流 I_x 通过已知电阻（即取样电阻），在其两端产生电压，这个电压正比于被测电流 I_x，从而完成电流到直流电压的线性转换。

（4）测量交流电流时，被测电流 I_x 经电流/电压转换器转换得到交流电压，还需经过检波器转换成直流电压，然后送至数字式电压表 DVM 进行测量并显示。

（5）测量电阻时，被测电阻 R_x 经过 Ω/DC 转换器转换得到直流电压后，送至 DVM 中进行测量，经 A/D 转换器变换为数字量输出，最终显示出被测电阻值。Ω/DC 转换器的实质是利用一个恒流源电流通过被测电阻 R_x，产生一个与 R_x 成正比的电压，来完成电阻的数字化测量。设恒流源的测试电流为 I，测得 R_x 两端电压为 U_x，则 $R_x=U_x/I$。为了适应测量不同阻值范围的电阻，可以改变测试电流 I 的大小。

当测量非常高阻值的电阻时，要求一个非常小的测试电流，如图 5-7 所示为通常采用的恒流法 Ω/DC 转换器的原理图。图中 R_x 为待测电阻，R_1 为标准电阻，U_r 为基准电压，该图实质上是由运算放大器构成的负反馈电路。

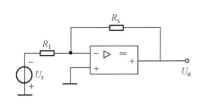

图 5-7　恒流法 Ω/DC 转换器

由图可得输出电压 U_o 为

$$U_o = \frac{U_r}{R_1} R_x \qquad (5\text{-}7)$$

由式（5-7）可知，输出电压 U_o 正比于被测电阻 R_x，只要适当选择电阻 R_1 和基准电压 U_r，就可以从 DVM 上直接显示电阻值。U_r/R_1 实质上构成了恒流源，改变 R_1 就可以完成量程的选择。

2．DT890B$^+$型数字万用表的使用方法

DT890B$^+$型数字万用表是一种性能稳定、可靠性高和具备防跌落性能的手持式三位半数字多用表，它采用 21 mm 字高的大液晶显示器，读数清晰，使用非常方便，应用较广泛。下面就以此系列仪表为例说明手持式数字万用表的正确使用方法。

（1）DT890B$^+$型数字万用表面板布置介绍。DT890B$^+$型数字万用表面板如图 5-8 所示。面板上各开关、旋钮、插孔的作用如下。

① 电源开关。用于接通或切断表内电池电源。置于"ON"时，电源接通，显示屏上有"1"或"0"或变化不定的数字显示，此时即可进行测量；使用完毕后应将开关置于"OFF"，切断电源，以免空耗电池。

图 5-8　DT890B$^+$型数字万用表
的面板

② 显示器。用于显示测量数值。显示器采用 21 mm 大字号 LCD 显示屏，读数清晰，具有自动调零和自动显示极性的功能。当积层电池的电压低于 7 V 时，显示屏左下方显示低电压指示符号，提示需要更换电池。超量程时显示 "1" 或 "−1"，视被测电量的极性而定。小数点由量程开关进行同步控制，使小数点左移或右移。

③ 测试晶体三极管的专用插孔。用于测试晶体三极管的 h_{FE} 值。专用插孔共有两组，每组设置四芯插座，分别标有 E、B、C、E。E 孔有两个，在内部连通。测量晶体三极管 h_{FE} 值时，根据三极管类型不同，将三个引脚分别插入对应的 B、C、E 孔中即可。

④ 功能和量程转换开关。用于完成测试功能和量程的选择。根据被测量类型和大小进行选择。

⑤ 电压和电阻测试插孔。

⑥ 公共插孔。

⑦ 毫安级电流测试插孔。

⑧ 10A 电流测试插孔（有的数字万用表为 20A 电流测试插孔）。

以上四个插孔用于外接测试表笔，分别标有 "10 A" "mA" "COM" 和 "V·Ω"。测量时，黑表笔要始终插入 "COM" 插孔，红表笔则要根据被测对象及其大小插入相应的插孔。

⑨ 电容测试插孔。用于测量电容器的电容量。

（2）基本使用方法如下。

① 电压测量。应把红表笔插入 "V·Ω" 孔中，黑表笔插入 "COM" 孔中，根据直流或交流电压的大小合理选择量程，并把表笔与被测电路并联，即可得到测量结果。

② 电流测量。根据被测电流的大小把红表笔插入 "mA" 或 "20 A" 插孔，并合理选择量程，把万用表串联接入被测电路，即可得到测量结果。

③ 电阻测量。应把红表笔插入 "V·Ω" 孔中，黑表笔插入 "COM" 孔中，合理选择量程，即可进行测量。

④ 测量二极管。红表笔插入 "V·Ω" 孔中，黑表笔插入 "COM" 孔中，将量程选择开关拨至二极管挡。正向测量时，红表笔接二极管正极，黑表笔接二极管负极，若管子正常，则万用表显示出二极管的正向导通电压，测锗管时应显示 0.150～0.300 V，测硅管时应显示 0.500～0.700 V，这样即可通过显示的电压值来判断二极管的类型。反向测量时，表笔与二极管的接法与上述相反，若二极管正常，将显示 "1"；若二极管损坏，将显示 "000"。

⑤ 测量三极管。利用数字万用表可判定三极管的各个电极，测量 h_{FE} 等参数。由于 DMM 电阻挡的测试电流很小，因此应使用二极管挡和 h_{FE} 专用插孔进行测试。

● 判定基极。将量程选择开关拨至二极管挡，红表笔固定接某个电极，用黑表笔依次接触另外两个电极。若两次显示值基本相等（都在 1 V 以下或者都显示溢出），则说明红表笔所接的就是基极；若两次显示值中，一次在 1 V 以下，另一次溢出，则说明红表笔接的不是基极，应改变接法重新测量。

● 判定三极管类型。确定基极后，用红表笔接在基极上，用黑表笔依次接触另外两个电极。若显示都在 1 V 以下，则该管为 NPN 型；若两次显示都溢出，则该管为 PNP 型。

● 测量三极管的 h_{FE} 值。根据被测三极管的管型，选择 "NPN" 或者 "PNP" 挡，将三个引脚分别插入对应的 B、C、E 孔中，即可测量出 h_{FE} 值，同时依据三极管正常运用处于放大状态时 β 值较大，可以判别出集电极和发射极。

⑥ 判断电路的通、断。将红表笔插入 "V·Ω" 孔中，黑表笔插入 "COM" 孔中，量程选择开关拨至蜂鸣器挡。红、黑表笔分别接触被测电路，若被测电路电阻低于规定值（一般为

20 Ω），则蜂鸣器发出响声，表示电路是连通的。这样，通过蜂鸣器来检查电路通、断既迅速又方便。

⑦ 测量电容。DT890B⁺型 DMM 除了可以利用蜂鸣器挡检测电解电容的质量外，还可以测量电容的容量大小。测量时，只需将被测电容插入电容测试座中，并合理选择量程，即可得到测量结果。因仪器本身已对电容挡设置了保护，故电容测试过程中不用考虑电容极性及电容充、放电等情况。

（3）使用注意事项。

① 使用前要认真阅读使用说明书，熟悉面板上各开关、插孔、旋钮等功能及操作方法。

② 使用万用表时，注意手不要接触表笔的金属部分，防止触电，以保证测量准确与安全。

③ 不允许在被测电路带电的情况下测量电阻，也绝不允许测量电源的内阻，否则会烧坏仪表。

④ 不允许在测量高压（220 V 以上）或大电流（0.5 A 以上）的过程中转换量程开关，防止触点产生电弧而烧坏开关触点。

⑤ 测量的直流电压上叠加有交流或脉冲电压时，应注意万用表的耐压，以免峰值电压过大而损坏万用表。

⑥ 每次使用完仪表应将电源关闭。长期不使用时应将电池取出，以防因电池漏液腐蚀电路板。

3．台式数字万用表的使用方法

手持式数字万用表因其具有结构简单、体积小、重量轻、成本低、便于携带等优点，故在实际测量中应用广泛。但其缺点是灵敏度较低、测量准确度较差，所以在要求精密测量的场合中，广泛采用台式数字万用表。例如，在对手机主板性能的测试与维修中，经常用到的是准确率、分辨率较高的台式数字万用表。

Agilent 34401A 是一台六位半、高性能的台式数字万用表，它结合了实验室及系统的特性，除具备万用表的一般功能外，还具有二极管性能测试、连续性测试及频率测试等功能，可满足现在和未来在测量方面的多种需求。

（1）Agilent 34401A 型数字万用表面板介绍。Agilent 34401A 型数字万用表面板如图 5-9所示。面板上各开关、按钮、插孔的作用如下。

① 电源开关。用于接通或切断电源。

② 显示器。采用真空荧光显示器，测量期间会自动点亮，用于显示测量数值。显示格式为：

$$-\text{H. DDD, DDD. EFFF}$$

符号含义："-"表示负号，如为正号则显示空白；"H"表示"1/2"位数（0 或 1）；"D"表示数字；"E"表示指数（m、k、M）；"F"表示测量单位（VDC、Ohm、Hz、dB）。

③ 测量功能键。用来选择各种测试功能和操作，可分别进行交直流电压、交直流电流、电阻、频率、周期、二极管、连续性等测量。同时每个键都有"转换"【Shift】的功能，若要执行转换功能，则按【Shift】键，此时【Shift】指示器点亮，然后再按标识选择功能键。如要选择 DC 电流功能，则按【Shift】键及【DCI】键。操作中，若不慎按了【Shift】键，则只要再按一次，便可关闭【Shift】指示器。

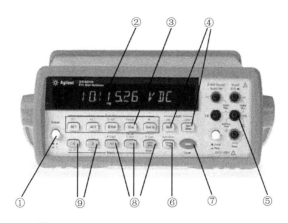

图 5-9　Agilent 34401A 型数字万用表面板

④ 数学运算键。选择数学运算功能，每次只能启动一种。数学运算功能是对每一个读数或已存储的一系列读数数据执行数学运算。选定的数学运算功能保持有效，直到取消数学运算、改变功能、关闭电源或执行遥控接口复位为止。

⑤ 输入端插孔。用于外接测试表笔，根据测量对象选择相应的插孔，白色按钮为前/后输入端选择开关。

⑥ 单次触发/自动触发/读数保持键。

⑦ 转换键【Shift】/本地键。与各功能键配合实现功能转换。

⑧ 量程/位数显示键。用于自动或手动选择量程，也可以将显示分辨率设定为四位半、五位半或六位半。

⑨ 菜单操作键。

（2）基本使用方法。

① 测量电压。将红、黑表笔插入相应的插孔中，接线如图 5-10 所示。测量 DCV 时选择直流电压测量功能按键；测量 ACV 时选择交流电压测量功能按键，此时测量读数是交流电压有效值。量程分别为 100 mV、1 V、10 V、100 V、1000 V（750 V_{ac}），最大分辨率为 100 nV（在 100 mV 量程时）。

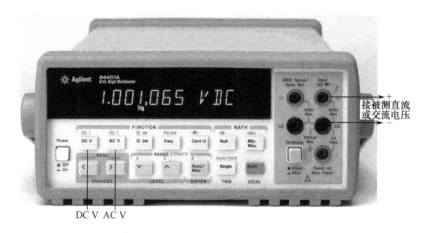

图 5-10　Agilent 34401A 数字万用表测量电压接线图

② 测量电流。将红、黑表笔插入相应的插孔中，接线如图 5-11 所示。测量 DCI 时选择直流电流测量功能按键；测量 ACI 时选择交流电流测量功能按键，此时测量读数是交流电流

有效值。量程分别为 10 mA（只适用于 DC）、100 mA（只适用于 DC）、1 A、3 A，最高分辨率为 10 nA（在 10 mA 量程时）。测量时应把数字万用表串联接入被测电路，即可得到测量结果。

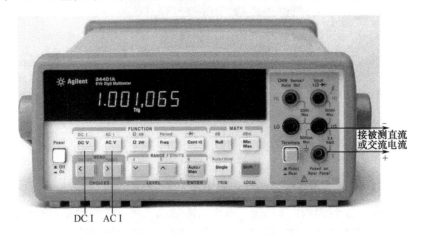

图 5-11　Agilent 34401A 数字万用表测量电流接线图

③ 测量电阻。选择电阻测量按键，按如图 5-12 所示接线，可选择万用表处于四线电阻测试功能状态或处于两线电阻测试状态。量程分别为 100 Ω、1 kΩ、10 kΩ、100 kΩ、1 MΩ、10 MΩ、100 MΩ，最大分辨率为 100 μΩ（在 100 Ω量程时）。

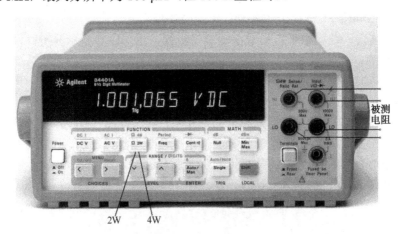

图 5-12　Agilent 34401A 数字万用表测量电阻接线图

④ 测量频率/周期。选择频率/周期测量按键，按如图 5-13 所示接线，将黑表笔接地，红表笔接于测试点。

34401A 型数字万用表测量频带是：3 Hz～300 kHz（0.33 s～3.3 μs）。

输入信号范围是：100 mVac～750 Vac。

⑤ 测试二极管。选择二极管测试按键，接线如图 5-14 所示。

测试电流源为 1 mA；最高分辨率为 100 μV（量程固定为 1 VDC）；蜂鸣器阈值为：0.3 V≤测量到的电压值<0.8 V（不可调）。

⑥ 测试连续性。选择蜂鸣器功能键，将红黑表笔分别连接在待测支路两端，不用考虑表笔的极性，接线如图 5-15 所示。

测试电流源为 1 mA；最高分辨率为 0.1 Ω（量程固定于 1 kΩ）；蜂鸣器阈值从 1 Ω到 1000 Ω（若低于可调的阈值，则会发出蜂鸣声）。

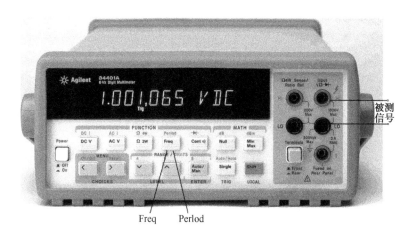

图 5-13　Agilent 34401A 数字万用表测量频率/周期接线图

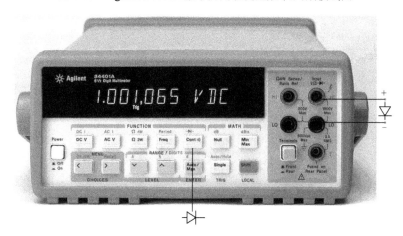

图 5-14　Agilent 34401A 数字万用表测量二极管接线图

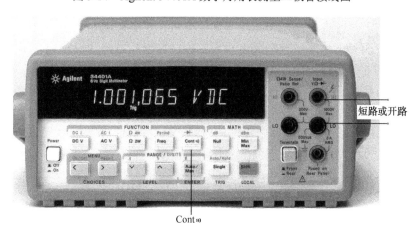

图 5-15　Agilent 34401A 数字万用表测试连续性时接线图

　　⑦ 量程选择。测量时，应根据被测量的大小合理选择量程。选择量程时，可利用数字万用表的自动选挡功能来选择，或使用手动选挡功能选择固定的量程，其示意图如图 5-16 所示。

　　自动选挡功能很方便，因为数字万用表会自动选出适合每一次测量的量程。不过，使用手动选挡功能可加速测量，因为万用表不需要花时间决定每一次测量的量程。启动手动选挡功能后，手动指示器（Man）便点亮。

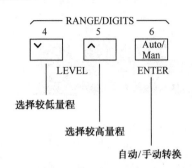

图 5-16　Agilent 34401A 数字万用表量程选择示意图

5.3　模拟式电子电压表

　　模拟式电压表又称为指针式电压表，它用磁电式直流电流表作为指示器。测量直流电压时，把被测电压变换成一定量的直流电流驱动电流表的指针偏转指示。测量交流电压时，须先将交流电压转换成直流电压后，再进行直流电压的测量。

　　根据电压表的组成结构及性能的不同，模拟式交流电压表分为放大—检波式、检波—放大式、外差式和热电偶变换式几种类型。根据检波器（即交直流转换器 AC/DC）原理的不同，模拟式交流电压表又可分为均值电压表、峰值电压表和有效值电压表。

5.3.1　模拟式直流电压表

　　模拟式直流电压表是以磁电式直流电流表作为指示器来指示电压的大小，磁电式直流电流表（简称磁电式表头）主要由可动线圈、游丝和永久磁铁组成。线圈框架的转轴上固定了读数指针，当线圈中流过直流电流时，在磁场作用下，可动线圈受到旋转力矩作用而发生偏转，线圈所受力矩的大小与流经线圈的电流成正比。线圈的转动通过转轴带动上面固定的读数指针偏转，当转动力矩与游丝产生的反作用力矩相等时，线圈停止转动，指针的位置即为被测电流的量值。经推导可得指针偏转的角度为

$$\alpha = S_{\mathrm{I}} \cdot I \tag{5-8}$$

式中，α——指针偏转角；I——线圈中流过的电流，单位为 A；S_{I}——电流灵敏度，由仪表结构参数决定，对于一个确定的仪表来说，它是一个常数。

　　通过以上分析可知，指针偏转角 α 与通过可动线圈的直流电流 I 成正比。当可动线圈本身具有一定的内阻时，指针偏转角又与其两端所加的直流电压成正比，因此它可以用来测量直流电压。但因为表头的内阻不是很大，允许通过的电流又较小，所以用表头直接测量电压的范围很小，一般为毫伏级。为了能够测量较高的电压，通常采用与表头串联电阻的方法，来构成单量程直流电压表，所串的电阻称为分压电阻。若采用多个分压电阻与表头串联，就可制成多量程的直流电压表，其电路原理图如图 5-17 所示。其中，R_{g} 为直流电流表内阻，R_{V} 为分压电阻。

　　测量直流电压时，应将直流电压表并联接在被测电路两端，注意电压表正极（红表笔）接在被测电压的高电位，负极（黑表笔）接在被测电压的低电位，不能接反，否则有可能损

坏电压表。

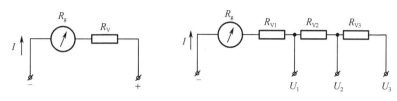

（a）单量程直流电压表电路原理图　　　（b）多量程直流电压表电路原理图

图 5-17　直流电压表电路原理图

5.3.2　放大—检波式电子电压表

1. 组成形式和特点

放大—检波式电子电压表的组成框图如图 5-18 所示。它先将被测交流信号进行放大，然后再进行检波，最后由电流表指示读数。其电路结构是放大器在前、检波器在后，故称为放大—检波式电压表。

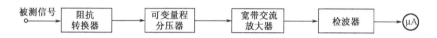

图 5-18　放大—检波式电子电压表的组成框图

这种电压表的放大器一般采用多级宽带交流放大器，灵敏度很高，可达毫伏级，但工作频率范围受到交流放大器通频带的限制而难以扩展，一般为 20 Hz～10 MHz，常称为低频毫伏表。

放大—检波式电压表中的检波器采用平均值检波器，所以常把这种电压表称为均值电压表。平均值检波器输出的直流电压与输入交流电压的平均值成正比，一般采用二极管半波或全波桥式整流电路作为检波器，若无特别注明，平均值检波器均指全波式，电路如图 5-19 所示。如图 5-19（a）所示为全桥式均值检波器，如图 5-19（b）所示为半桥式均值检波器，图中二极管在被测电压的正、负半周轮流导通，流过直流电流表的电流正比于输入电压的平均值，表头两端并接的电容可滤去电流中的交流成分，以保证指针的稳定。为了改善整流二极管的非线性，通常采用半桥式整流电路。

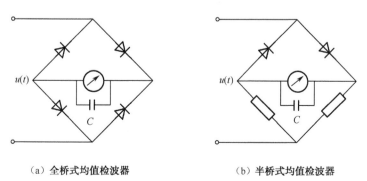

（a）全桥式均值检波器　　　　　　　　（b）半桥式均值检波器

图 5-19　平均值检波器电路图

由于平均值检波器本身的输入阻抗较低，通常都在其前级加接阻抗变换器，来提高这种电压表的输入阻抗；同时，检波器是对大信号进行检波，从而避免了对小信号检波产生非线性失真的影响。

2. 刻度特性

放大—检波式电压表的表头刻度通常以正弦波有效值来定度。当测量正弦波电压时，电压表的读数 α 等于正弦波电压的有效值，即 $U_{\sim}=\alpha$ ；当测量非正弦波电压时，电压表的读数没有直接意义，需要根据平均值检波器的特点，按照"平均值相等则读数相等"的原则求出平均值，再利用所测波形的有效值 U 与平均值 $\overline{U}$ 之间存在的波形因数 K_F 这一关系进行波形换算，得到非正弦波电压的有效值。换算公式为

$$\overline{U}_N=\overline{U}_{\sim}=\frac{U_{\sim}}{K_{F\sim}}=\frac{\alpha}{1.11}\approx 0.9\alpha \tag{5-9}$$

$$U_N=K_{FN}\overline{U}_N=0.9K_{FN}\alpha \tag{5-10}$$

式中，$\overline{U}_N$、$\overline{U}_{\sim}$ 分别为非正弦波和正弦波的平均值；U_N 为非正弦波电压的有效值；K_F 为波形因数，定义为电压的有效值与平均值之比。正弦波波形因数为 1.11，三角波波形因数为 1.15，方波波形因数为 1。

【例 5.2】 用均值电压表测量正弦波、方波和三角波电压时，电压表读数均为 100 V。试分别计算正弦波、方波和三角波的有效值。

解： 测量正弦波时，$U_{\sim}=\alpha=100$ （V）

测量方波时，$U_{方波}=0.9K_{F方}\alpha=0.9\times 1\times 100=90$ （V）

测量三角波时，$U_{\triangle}=0.9K_{F\triangle}\alpha=0.9\times 1.15\times 100=103.5$ （V）

用放大—检波式电压表测量非正弦电压时，如果直接将电压表的读数值作为它的有效值，将会产生测量误差，称其为波形误差。如测量方波时的波形误差为

$$\gamma_{\alpha}=\frac{\alpha-0.9K_{FN}\alpha}{\alpha}\times 100\%=(1-0.9\times 1)\times 100\%=10\%$$

5.3.3　检波—放大式电子电压表

1. 组成形式和特点

检波—放大式电子电压表的组成框图如图 5-20 所示。它先将被测交流信号进行检波后放大，最后由电流表指示读数。其电路结构是检波器在前、放大器在后，故称为检波—放大式电子电压表。

图 5-20　检波—放大式电子电压表的组成框图

这种电压表的频率范围不受内部放大器频率特性的限制，主要取决于检波器的频率响应。如采用超高频检波二极管，工作频率从 20 Hz 直达 1 GHz，故称为高频电压表或超高频电压表。由于采用了先检波后放大的形式，所以这种电压表的灵敏度受检波器的非线性限制及直流放大器零点漂移和噪声的限制，其灵敏度不高，约 0.1 V。为解决这一问题，目前采用的是调制式（即斩波式）直流放大器，即通过调制器（斩波器）将待放大的直流电压变为交流电

压，经阻容耦合放大器放大后再由解调器转换为直流电压，这样就有效地解决了一般直流放大器存在的增益与零点漂移的矛盾，可使灵敏度达到毫伏级，同时噪声干扰也得到了抑制。

检波—放大式电压表中的检波器采用峰值检波器，所以常把这种电压表称为峰值电压表。峰值检波器输出的直流电压与输入交流电压的峰值成正比，一般采用串联式（开路式）或并联式（闭路式）峰值检波器。电路如图 5-21 所示。如图 5-21（a）所示的电容 C 起到滤波和检波的作用，无隔直作用，所以这种检波器的实际响应值为被测交流电压实际波形的峰值。如图 5-21（b）所示的电容 C，既为隔直电容，又是检波电容，所以这种检波器的实际响应值为被测交流电压的振幅 U_m。除少数情况下，一般峰值检波器多采用并联式。

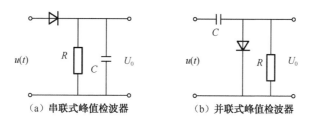

（a）串联式峰值检波器　　　　　　　（b）并联式峰值检波器

图 5-21　峰值检波器电路图

2．刻度特性

检波—放大式电压表的表头刻度通常也是以正弦波有效值来定度的。当测量正弦波电压时，电压表的读数等于正弦波电压的有效值，即 $U_\sim = \alpha$；当测量非正弦波电压时，电压表的读数没有直接意义，需要根据峰值检波器的特点，按照"峰值相等则读数相等"的原则求出峰值，再利用所测波形的峰值 U_P 与有效值 U 之间存在的波峰因数 K_P 这一关系进行波形换算，得到非正弦波电压的有效值。换算公式为

$$U_{PN} = U_{P\sim} = K_{P\sim} U_\sim = \sqrt{2}\alpha \tag{5-11}$$

$$U_N = \frac{U_{PN}}{K_{PN}} = \frac{\sqrt{2}\alpha}{K_{PN}} \tag{5-12}$$

式中，U_{PN}、$U_{P\sim}$ 分别为非正弦波和正弦波的峰值；U_N 为非正弦波电压的有效值；K_P 为波峰因数，定义为电压的峰值与有效值之比。常用的正弦波波峰因数为 $\sqrt{2}$，三角波波峰因数为 $\sqrt{3}$，方波波峰因数为 1。

【例 5.3】　用峰值电压表测量正弦波、方波和三角波电压时，电压表读数均为 100 V。试分别计算正弦波、方波和三角波的有效值。

解：测量正弦波时，$U_\sim = \alpha = 100$（V）

测量方波时，$U_{方波} = \dfrac{\sqrt{2}\alpha}{K_{P方}} = \dfrac{\sqrt{2} \times 100}{1} = 141.4$（V）

测量三角波时，$U_\triangle = \dfrac{\sqrt{2}\alpha}{K_{P\triangle}} = \dfrac{\sqrt{2} \times 100}{\sqrt{3}} = 81.6$（V）

用检波—放大式电压表测量非正弦电压时，如果直接将电压表的读数值作为它的有效值，将会产生波形误差。如测量方波时的波形误差为

$$\gamma_\alpha = \frac{\alpha - \dfrac{\sqrt{2}\alpha}{K_{PN}}}{\alpha} \times 100\% = \left(1 - \frac{\sqrt{2}}{1}\right) \times 100\% = -41.4\%$$

由此可见，检波—放大式电压表的波形误差要比放大—检波式电压表的波形误差大得多，故在测量非正弦电压时一定要进行换算。

5.3.4　外差式电子电压表

由以上分析可知，检波—放大式电子电压表虽然频率范围较宽，但测量灵敏度较低，一般仅为毫伏级。而外差式电子电压表就可以有效地解决灵敏度与频率范围间的这一矛盾。

外差式电子电压表的组成框图如图5-22所示。其组成格式和工作原理与外差式接收机相同，故称为外差式电子电压表，有时也称为调谐式电压表。

外差式电压表是将被测交流信号经输入电路后加到混频器，在混频器中与本机振荡信号混频，得到一个固定的中频信号，经中频放大器放大后进入检波器转换成直流电压驱动表头指示。由于外差式电压表利用混频器将被测信号变为固定的中频信号，而中频放大器又具有良好的频率选择性和很高的增益，进而解决了放大器增益与带宽的矛盾，可以使其灵敏度提高到微伏级，同时频带宽度可从 100 kHz 到数百兆赫兹，故把这种电压表称为高频微伏表。

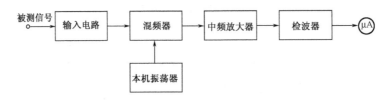

图 5-22　外差式电子电压表的组成框图

5.3.5　热电偶变换式电子电压表

在电压测量技术中，经常需要测量一些非正弦波的有效值，如噪声电压、失真度等。前面介绍的几种电压表虽然是以有效值刻度的，但都是以正弦电压有效值刻度，无法直接进行非正弦电压有效值的测量。因此通常采用热电偶变换式电子电压表来实现有效值电压的测量。

热电偶变换式电子电压表是利用热电偶的热电变换原理实现交流电压有效值到直流电流之间的变换的。

如图5-23所示为热电偶电子电压表的示意图。图中 AB 为金属导线，称为加热丝；DCE 为热电偶，它由两种不同材料的导体连接而成，导体 CD 与 CE 称为热电极，其交界面 C 与加热丝耦合，称为"热端"或"工作端"，而 D、E 则称为"冷端"或"参考端"。当加入被测电压 U_x 时，AB 导线因流过电流而温度升高，C 点温度也随之上升，热电偶两端由于存在温差而在 D、E 间产生了热电动势。

实验证明，热电动势的大小为

$$E_{DE}=K(T-T_0)=K \cdot \Delta T \tag{5-13}$$

式中，E_{DE} 为热电动势；T 为"热端"温度；T_0 为"冷端"温度；K 为热电偶变换系数，与导体的电子浓度有关；ΔT 为热电偶两端的温度差。

上式表明，热电动势的大小正比于热电偶两端的温度差，且与组成热电偶的材料有关。

由于热电动势的存在，于是在电路中就产生一个直流电流 I 而使⑭表偏转。该直流电流正比于热电动势，热电动势又正比于热电偶两端的温度差，而热端温度正比于被测电压有效值的平方，因此通过 μA 表的直流电流 I 正比于 U_x^2，从而完成了交流电压有效值到直流电流之间的转换。

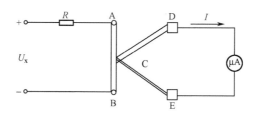

图 5-23　热电偶电子电压表示意图

值得注意的是，这种转换是非线性的，在实际的有效值电压表中必须采取措施来使表头刻度线性化。

由热电变换式组成的电压表也称为有效值电压表，它仍然按正弦电压有效值刻度，当测量非正弦波时，理论上不会产生波形误差。因为一个非正弦波可以分解成基波和一系列谐波，具有有效值响应的电压表，其有效值/直流变换器输出的直流电流正比于基波和各次谐波电压的平方和，而与它们之间的相位无关，即与波形无关。所以利用有效值电压表可以直接从表头上读出被测电压的有效值，而无须换算。因此常把这种电压表称为真有效值电压表。

实际上，利用有效值电压表测量非正弦波时，有可能产生波形误差。原因是：一方面受电压表线性工作范围的限制，当测量波峰因数较大的非正弦波时，有可能削波，从而使这一部分的波形得不到响应；另一方面受电压表带宽限制，使高次谐波受到损失。以上两个限制均会使读数偏低，从而产生波形误差。

目前，除采用热电偶的热电变换来测量电压的有效值外，还可利用模拟计算电路和分段逼近式有效值检波器来实现真有效值电压的测量，读者可参阅有关资料。

5.3.6　模拟电子电压表的使用

在选择使用电压表时，应先根据被测电压的种类、频率等确定电压表的类型；在其他条件相同的情况下，应尽量选择输入阻抗大的电压表；还应注意电压表的误差范围，包括固有误差及各种附加误差，以保证测量准确度的要求。在使用过程中，应重点注意以下几个方面。

（1）准备工作。测量前要正确放置电压表，将电子电压表垂直放置在水平工作台上。选择符合要求的电源电压供电。

（2）调零。用模拟电子电压表测量电压之前，应检查指针是否指在零位，否则应进行调零。通电之前进行的调零为机械调零，通过调节表头的机械调零螺钉，使表针准确指在零位；通电后的调零为电气调零，即接通电源后，将输入端短路，调节"调零"旋钮，使指针指零。使用过程中，当变换量程后应重新调零。

（3）量程选择。按照被测电压的大小选择合适的量程。一般情况下，应尽量使指针处在量程满刻度值的 2/3 以上区域，以减小测量误差。如果测量之前不知道被测电压的大小，可以先从大量程开始，再逐步减小量程，直到量程合适为止。

（4）注意被测电压和电压表之间的连接。测试连接线应尽量短一些，测量高频信号时应当使用高频同轴电缆连接。应先接地线，后接测试线或信号线；拆线时与之相反，否则，外界的感应信号可能使仪表指针的偏转超过量程而损坏表头。测量时，接地点应可靠接地。

（5）测量非正弦波电压。测量电压时，除选择检波类型合适的电压表外，还应注意正确理解电压表读数的含义，并对读数进行修正，否则将产生波形误差，会影响测量结果的准确度。

（6）读数。模拟电压表在读数时要特别注意应根据量程选择开关的位置，按照对应的电表刻度线来读数。

5.3.7 电平的测量

1. 电平的概念与分类

电信号通过某一传输系统时，其功率会发生相对变化，用对数表示功率、电压的增加或者衰减的倍数，称为电平，有时电平也可用来表示两电流之比的对数。电平的单位为贝尔（Bel）。由于这个单位相对测量值太大，实际上常用贝尔的 1/10 作为单位，称为分贝，用 dB 表示。电平的概念主要用于某些通信系统、电声系统及噪声测试系统中。

常用的电平有功率电平和电压电平两类，它们各自又可分为绝对电平和相对电平两种。

（1）绝对功率电平 L_P。以 600 Ω 电阻上消耗 1 mW 的功率作为基准功率 P_0，任意功率与基准功率之比的对数称为绝对功率电平，其表达式为

$$L_P = 10 \lg \frac{P_X}{P_0} \quad (\text{dB}) \tag{5-14}$$

式中，P_X 为任意功率；P_0 为基准功率。

当 P_X=1 mW 时，L_P=0 dB，称为零功率电平；当 P_X>1 mW 时，L_P 为正值；当 P_X<1 mW 时，L_P 为负值。因基准功率 P_0 为 1 mW，所以绝对功率电平又可表示为

$$L_P = 10 \lg P_X \quad (\text{dB}) \tag{5-15}$$

例如，CDMA 手机的平均发射功率为 1.72 mW，则其绝对功率电平为 2.355 dB。

（2）相对功率电平 L_P'。任意两功率之比的对数称为相对功率电平，其表达式为

$$L_P' = 10 \lg \frac{P_A}{P_B} \quad (\text{dB}) \tag{5-16}$$

式中，P_A、P_B 为任意两功率。

相对功率电平与绝对功率电平之间的关系是

$$L_P' = 10 \lg \frac{P_A}{P_B} = 10 \lg \frac{P_A}{P_0} \times \frac{P_0}{P_B} = (L_{PA} - L_{PB}) \quad (\text{dB}) \tag{5-17}$$

式中，L_{PA}、L_{PB} 为任意两功率的绝对功率电平。

由式（5-17）可以看出，相对功率电平是两绝对功率电平之差。

在实际测量电平时，由于电压比较容易测得，所以通常用测量电压来代替测量功率，根据 $P = \dfrac{U^2}{R}$，可将两功率之比的对数转换为两电压之比的对数，而得到电压电平。

（3）绝对电压电平 L_U。当 600 Ω 电阻上消耗 1 mW 的功率时，600 Ω 电阻两端的电位差为 0.775 V，此电位差称为基准电压。任意两点间电压与基准电压之比的对数称为该电压的绝对电压电平，其表达式为

$$L_U = 20 \lg \frac{U_X}{0.775} \quad (\text{dB}) \tag{5-18}$$

式中，U_X 为任意两点的电压。

当 $U_X=0.775$ V 时，$L_U=0$ dB，称为零电压电平；当 $U_X>0.775$ V 时，L_U 为正电平；当 $U_X<0.775$ V 时，L_U 为负电平。

（4）相对电压电平 L_U'。任意两电压之比的对数称为相对电压电平，其表达式为

$$L_U' = 20\lg\frac{U_A}{U_B} \text{（dB）} \tag{5-19}$$

式中，U_A、U_B 为任意两电压值。

绝对电压电平与相对电压电平的关系是

$$L_U' = 20\lg\frac{U_A}{U_B} = 20\lg\frac{U_A}{0.775}\times\frac{0.775}{U_B} = (L_{UA} - L_{UB}) \text{（dB）} \tag{5-20}$$

式中，L_{UA}、L_{UB} 为任意两电压的绝对电压电平。

由式（5-20）可以看出，相对电压电平是两绝对电压电平之差。

绝对电压电平与绝对功率电平的关系是

$$L_P = 10\lg\frac{P_X}{P_0} = 10\lg\frac{\dfrac{U_X^2}{R_X}}{\dfrac{(0.775)^2}{600}} = 10\lg\left(\frac{U_X}{0.775}\right)^2 + 10\lg\frac{600}{R_X} = L_U + 10\lg\frac{600}{R_X} \tag{5-21}$$

由式（5-21）可见，当 $R_X=600$ Ω 时，电阻 R_X 上的绝对功率电平等于它的绝对电压电平，而当 $R_X\neq600$ Ω 时，电阻 R_X 的绝对功率电平不等于它的绝对电压电平，两者相差 $10\lg(600/R_X)$。

2．电平的测量

电平的测量实际上也是电压的测量，只是刻度不同而已，任何一块模拟电压表都可以作为测量电压电平的电平表，只要表盘按电平刻度即可。注意，电平表和模拟电压表上 dB 刻度线都是按绝对电压电平刻度的，它是以在 600 Ω 电阻上消耗 1 mW 功率为零分贝进行计算的，即 0 dB=0.775 V。当 $U_X>0.775$ V 时，测得电平值为正；当 $U_X<0.775$ V 时，测得电平值为负。但应注意的是，表盘上的分贝值对应的是基本电压量程上的电压值。当使用电压表的其他挡测量时，表盘上指示的分贝值应再加上换挡的附加分贝值，才是实际所测得的电平值，这就涉及电平量程的扩大问题。

电平量程的扩大实质上也是电压量程的扩大，只不过由于电平与电压之间是对数关系，因而当电压量程扩大 N 倍时，由电平定义可知

$$L_U = 20\lg\frac{NU_X}{0.775} = 20\lg\frac{U_X}{0.775} + 20\lg N \tag{5-22}$$

即电平增加 $20\lg N$，也就是附加分贝值。

由此可见，电平量程的扩大，可以通过相应的交流电压表量程的扩大来实现，其实际测量值应为表头指示分贝数再加上一个附加分贝值。附加分贝值的大小由电压量程的扩大倍数决定。例如，YB2172 型晶体管毫伏表的电平刻度是以交流 1 V 挡的电压来刻度的，只有一条分贝刻度线，当量程扩大为 3 V、10 V、30 V、100 V、300 V 时，附加分贝值分别为 10 dB、20 dB、30 dB、40 dB 和 50 dB，当量程缩小为 300 mV、100 mV、30 mV、10 mV、3 mV 和 1 mV 时，附加分贝值分别为-10 dB 、-20 dB、-30 dB、-40 dB 、-50 dB 和-60 dB。实际测量时，应根据所选量程指示的附加分贝值，再加上表头指示的分贝数即是实际电平大小。

3．测量结束

测量完毕时，应将模拟电子电压表的量程开关转至最大电压挡。

实训六　台式数字万用表测量实训

一、实训目的

熟悉台式数字万用表的面板布置，识别各种标志符号，掌握其基本测量方法。

二、实训器材

（1）Agilent 34401A（或其他型号）数字万用表。

（2）Agilent 66319B 通信直流电源。

（3）摩托罗拉 L7 手机主板 1 块。

三、实训内容及步骤

1．实训内容

（1）熟悉 Agilent 34401A 型数字万用表的面板布置，识别各种标志符号的含义。

（2）测量 L7 手机中的直流电压和电阻。

（3）测量 L7 手机中的实时时钟频率和周期。

（4）测试二极管及电路连接状态。

2．实训步骤

（1）L7 手机中直流电压的测量。

① 测量 L7 手机外接供电直流电压。

● 将外部直流电源电压输出调整到 4.5 V，电流输出设置为 2 A，将直流电源供电输出和 L7 手机电池接口进行连接；

● 选择 Agilent 34401A 数字万用表直流电压测量功能；

● 将万用表黑表笔接地，红表笔接 C913 测试点，观察万用表读数并记录。

② 测量其他与供电正极相通的直流电压。

● 选择 Agilent 34401A 数字万用表直流电压测量功能；

● 将万用表黑表笔接地，红表笔接功放 U50 的供电电压 B$^+$的测试点，观察万用表读数并记录；

● 将万用表黑表笔接地，红表笔接电源 U900 的供电测试点 C935，观察万用表读数并记录。

③ 侧键信号电压测量。

接下侧键后，信号电压应由高电平跳到低电平（恢复后由低电压跳到高电平）。将万用表黑表笔接地，红表笔接侧键信号测量端，观察电压高低时电平的变化。

④ 测量逻辑电路供电电压。

L7 手机开机后，分别测量电源 IO_REG、测试点在 C903，REF_REG、测试点在 C904，RF_REG、测试点在 C908，AUD_REG、测试点在 C912 时的电压。测量方法同上。

注：逻辑电路供电电压基本上都是不受控的，一般是稳定的直流电压，即只要按下开机键就能测到，电压值就是标称值。

（2）直流电阻测量。

① 测量普通电阻。

- 选择电阻测量功能，并进行量程选择；
- 将万用表的红、黑表笔分别接在 R2299 电阻的两端，不需要考虑表笔极性，记录万用表读数。
② 测量对地电阻。
- 选择电阻测量功能，并进行量程选择；
- 将黑表笔和地连接，红表笔接 IO_REG 测试点，记录万用表读数，与信号对地实际阻值比较。
（3）手机的实时时钟频率/周期测量。
① 将手机加电开机。
② 选择频率/周期测量按键。
③ 将黑表笔接地，红表笔接实时时钟 32 kHz 振荡时钟的测试点 R330，观察万用表读数，并记录。
（4）二极管测试。
① 选择二极管测量按键。
② 测量二极管 VR508 的正向偏压，记录万用表读数。
（5）线路连接状态测量。
① 选择蜂鸣器功能。
② 将两支表笔分别连接待测量支路两端，不用考虑表笔的极性，观察状态。

四、实训报告

整理测量数据，总结使用台式数字万用表的注意事项，完成实训报告。

 实训七　模拟电子电压表测量实训

一、实训目的

熟悉模拟式电子电压表的面板布置，掌握其正确测量方法及在实际测量中的应用。

二、实训器材

（1）YB2172 型晶体管交流毫伏表。
（2）低频信号发生器。
（3）电子示波器等。

三、实训内容及步骤

1．实训内容
（1）熟悉晶体管交流毫伏表的面板布置及量程的可调节范围。
（2）用交流毫伏表测量低频信号发生器输出的交流电压，改变低频信号发生器的输出衰减倍数，进行多次测量。
（3）测量电压放大器的放大倍数。
2．实训步骤
（1）将低频信号发生器的输出端与晶体管交流毫伏表的输入端相连。

（2）将低频信号发生器的输出衰减开关置于"0 dB"处，并调节输出细调旋钮使指示电表指针指在 4 V（测量过程中始终保持）处，再调节输出频率至某一频率值（如 1kHz），用交流毫伏表测出此时的电压值；调节低频信号发生器的输出衰减开关，把它分别置于 10 dB、20 dB、30 dB、40 dB、50 dB、60 dB、70 dB 等处，用晶体管交流毫伏表分别测出相应的电压值，把测量结果填入自行设计的表格中。

（3）如图 5-24 所示为放大器测量放大倍数的连线图。按图示进行接线，调节低频信号发生器输出某一信号，这一信号的频率应选择在放大器的中频段，同时这一信号的幅度不能过大，否则会造成放大器输出信号失真。为此，输出端应连接示波器以监视输出波形，以保证在输出信号基本不失真、无振荡和无严重干扰的情况下测试。用交流毫伏表分别测量被测放大器输入信号和输出信号的电压，然后根据 $A_V=V_o/V_i$ 计算出电压放大倍数。

注意，在连接测试电路时，测量仪表、信号发生器的地线（机壳）应与被测放大电路的参考地相连，以防引入干扰。

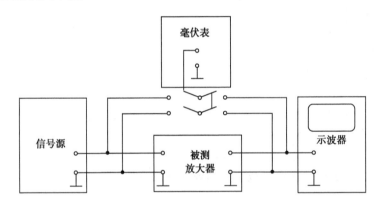

图 5-24　放大器测量放大倍数的连线图

四、实训报告

整理测量数据，计算测量误差，并分析误差产生的原因，完成实训报告。

✈ 本章小结

电压表是电子测量仪器中使用次数最多、应用最广泛的仪器之一。按照测量结果的显示方式不同，电压表分为两大类：模拟式电压表和数字式电压表。

数字式电压表根据 A/D 转换器的转换原理不同，分为斜坡式、比较式、双积分式和复合式数字式电压表。其中以比较式和双积分式数字式电压表最为常用。逐次逼近比较式数字式电压表按照"大者弃、小者留"的原则，将被测电压和可变的基准电压逐次进行比较，直至逼近得出被测电压值。它具有测量精度高、测速快但抗串模干扰能力差等特点。双积分式数字式电压表是将被测电压与基准电压的比较通过两次积分过程转换为两个时间间隔的比较，最终得到被测电压的大小。它具有抗干扰能力强、测量准确度高、价格便宜但测量速度慢等特点。

在直流数字式电压表的基础上配以合适的转换器即可构成数字万用表，其核心是数字式电压表。使用时应注意正确使用插孔和转换开关、选择合适的量程等。

　　模拟式电压表按所测电压种类可分为模拟式直流电压表和模拟式交流电压表。按照结构类型不同，模拟式交流电压表又分为放大—检波式、检波—放大式、外差式和热电变换式等多种，性能最好的是外差式，带宽较宽的是检波—放大式。使用时应根据被测电压的种类合理选择电压表的类型；当采用不同检波器的电压表测量非正弦波信号或噪声信号时，还应注意正确理解电压表读数的含义，并对读数进行修正，否则测量不准确。

　　电平的测量实际上也是电压的测量，只不过表盘是以分贝（dB）刻度的。当使用电压表的非基本量程测量时，表盘上指示的分贝值应再加上换挡的附加分贝值，才是实际所测得的电平值。

　　智能仪器电压测量是电子测量中最基本的测量内容，这是因为其他电量和非电量的测量大多数是先转化为直流电压，而后再进行测量，所以电压测量具有非常广泛的意义。

✈ 习题 5

　　1．数字式电压表是如何完成测量的？它与模拟式电压表有什么联系和区别？

　　2．逐次逼近比较式 DVM 与双积分式 DVM 各有哪些特点？

　　3．简述双积分式 A/D 转换器的工作原理。

　　4．用 8 位逐次逼近比较式 A/D 转换器转换电压。已知 U_{ref}=256 V，U_X=150.5 V，求转换后的二进制电压值和测量误差（绝对误差）。

　　5．某双积分式 DVM，已知基准电压 U_R=6.000 V，时钟脉冲频率为 f_0=1 MHz，计数器最大计数容量 N_1=8 000，求：

　　（1）被测电压 U_X=1.500 V 时，计数器的计数值 N_2 为多少？

　　（2）采样时间 T_1 和反向积分时间（比较时间）T_2 分别为多少？

　　6．甲、乙两台 DVM，最大计数容量分别为 999 和 199 999。它们各属几位电压表？是否有超量程能力？若有，超量程能力为多少？求乙电压表在 200 mV 量程的分辨率为多少？

　　7．数字万用表与数字式电压表之间有什么联系和区别？

　　8．用 DT890B⁺型数字万用表的直流 200 V 挡测量 9 V 的积层电池，是否合适？为什么？应采用什么挡位来测量？

　　9．放大—检波式电压表与检波—放大式电压表在电路结构上有何异同？它们各有什么优缺点？

　　10．用正弦有效值刻度的均值电压表测量正弦波、三角波和方波，电压表示值均为 50 V，则三种信号波形的有效值为多少？若改用正弦有效值刻度的峰值电压表测量这三种信号电压，有效值又分别为多少？

　　11．在示波器荧光屏上分别观察到峰值相等的正弦波、方波和三角波，U_P=5 V，分别用三种不同检波（即均值检波、峰值检波和有效值检波）方式、都是正弦有效值刻度的电压表测量，则读数分别为多少？

　　12．用 GB—9 型电子电压表的 30 mV（-20 dB）挡去测量某电平，表针指在 15 dB 处，求此时实际电平值为多少？

第**6**章

频域测量仪器

【本章要点】
1. 掌握频域测量方法。
2. 能对测量信号进行频谱分析。
3. 能提供在时域测量中所不能得到的独特信息。

【本章难点】
1. 频率特性测试仪的使用方法。
2. 频谱分析仪的使用方法。
3. 使用频域测量仪器的注意事项。

6.1 频率特性测试仪

在电子测量中，经常需要测量电子设备（或网络）的频率特性，也就是需要了解在某一频率范围内，当输入电压幅度恒定时，电子设备（或网络）的输出电压随其频率而变化的特性，通常称为幅频特性。

频率特性测试仪又称扫频仪，它是根据扫频原理，利用示波器屏幕直接显示被测电子设备（或网络）幅频特性的专用示波器，是示波器功能的又一扩展。频率特性测试仪广泛应用于无线电设备测量领域，对各种放大器频率特性的调整、检验及动态快速测量等都带来了极大的便利。例如，对滤波器动态滤波特性的检测、电视接收机视频放大器的调试等，可以从一个电信号所包含的频率成分，即信号的频谱分布来描述，即以频率 f 作为水平轴，称为信号的频域分析或频谱分析。信号的频谱分析是很有用的，它往往能提供在时域观测中所不能得到的独特信息。频谱分析仪是频域分析的重要工具。

6.1.1 频率特性的测试方法

1. 点频测量法

点频测量法就是通过逐点测量一系列规定频率点上的网络增益来确定幅频特性曲线的方法，其原理框图如图 6-1 所示。保持正弦波信号发生器的输出信号电压幅度不变，由低到高逐点调节信号频率，用电子电压表测出相应的电压值，即可描绘出如图 6-2 所示的幅频特性曲线。

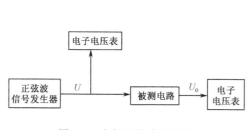

图 6-1　点频测量法原理框图

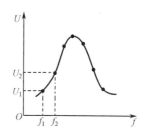

图 6-2　幅频特性曲线

其测量方法是：在被测网络整个工作频段内，改变输入信号的频率，注意在改变输入信号频率的同时，保持输入电压的幅度恒定（用电压表 I 来监视）；在被测网络输出端用电压表 II 测出各频率点相应的输出电压，做好记录；然后在直角坐标系中，以横轴表示频率的变化，以纵轴表示输出电压幅度的变化，连接各点，就描绘出了网络的幅频特性曲线。

2．扫频测量法

扫频测量法可以实现对被测电路简捷快速的动态测量和图示测量。它以扫频信号发生器代替图 6-1 中的正弦波信号发生器，并利用示波器显示波形的原理，将被测电路的幅频特性直接显示在示波器屏幕上，其原理框图如图 6-3 所示。

扫频信号发生器实际上是一个调频振荡器，产生振荡频率受扫描信号控制但幅度不变的调频信号，如图 6-3（a）所示。该信号通过被测网络后，信号幅度将随被测网络的幅频特性而变化，如图 6-3（b）所示。经检波后，将幅度随频率变化的包络信号加到示波器的垂直通道，同时将扫描信号加到示波器的水平通道，示波器的屏幕上就能显示出被测网络的幅频特性曲线，如图 6-3（c）所示。

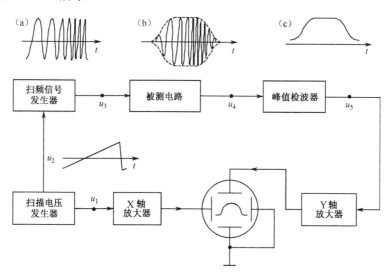

图 6-3　扫频测量法原理框图

示波管的水平扫描电压，同时又用于调制扫频信号发生器形成扫频信号。因此，示波管屏幕光点的水平移动，与扫频信号频率随时间的变化规律完全一致，所以水平轴也就变换成频率轴。也就是说，在屏幕上显示的图形是被测网络的幅频特性曲线。

扫频测量法简单、速度快，可以实现频率特性测量的自动化。由于扫频信号的频率变化是连续的，所以不会像点频测量法那样由于测量的频率点不够密而遗漏某些被测特性的细节。扫频测量法反映的是被测网络的动态特性，这一点对某些网络的测量尤为重要，如滤波器的动态滤波特性的测量等。此外，用扫频法测量网络时，还能边测量边调试，显然大大地提高了调试的工作效率。

扫频测量法的不足之处是测量的准确度比点频法低。

6.1.2　频率特性测试仪的组成

频率特性测试仪，简称扫频仪，是利用示波管直接显示被测二端网络频率特性曲线的仪器，是描绘、表征网络传递函数的仪器。它是在静态逐点测量法的基础上发展起来的一种快速、简便、实时、动态、多参数、直观的测量仪器，广泛应用于电子工程等领域。例如，家用电器（电视机、收录机等）的测试、调整等都离不开扫频仪。

扫频仪的组成如图 6-4 中虚线框内的电路所示。检波探头（扫频仪附件）是扫频仪外部的一个电路部件，用于直接探测被测网络的输出电压。检波探头与示波器的衰减探头外形相似（体积稍大），但电路结构和作用不同，它内藏晶体二极管，起包络检波作用。由此可见，扫频仪有一个输出端口和一个输入端口，输出端口输出等幅扫频信号，作为被测网络的输入测试信号；输入端口接收被测网络经检波后的输出信号。显然，测试时扫频仪与被测网络构成了闭合回路。

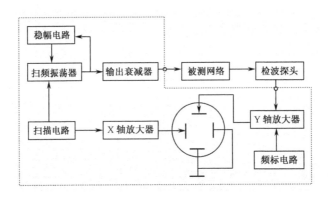

图 6-4　扫频仪的组成框图

扫描电路、扫频振荡器、稳幅电路和输出衰减器构成了扫频信号发生器。扫频信号发生器具有一般正弦波信号发生器的工作特性，其输出信号的幅度和频率均可调节。此外，它还具有扫频工作特性，其扫频范围（即频偏宽度）也可以调节。测量时要求扫频信号的寄生调幅尽可能小。

1. 扫描电路

扫描电路用于产生扫频振荡器所需的调制信号及示波管所需的扫描信号。扫描电路的输出信号有时不是锯齿波信号，而是正弦波或三角波信号。这些信号一般是由 50 Hz 市电通过降压之后获得的，或由其他正弦波信号经过限幅、整形、放大及积分之后得到的。这样设计的目的是为了简化仪器的电路结构，降低造价。由于调制信号与扫描信号的波形相同，因此这样设计并不会使所显示的幅频特性曲线失真。

2. 扫频振荡器

扫频振荡器的作用是产生等幅的扫频信号。在目前的扫频仪中，扫频振荡器通常采用以下两种电路形式。

（1）变容二极管扫频振荡器。变容二极管扫频振荡器的原理如图 6-5 所示。图中，VT_1 组成电容三点式振荡电路；VD_2、VD_3 为变容二极管，它们与 L_1、L_2 及 VT_1 的结电容构成振荡回路；C_1 为隔直电容；L_2 为高频阻流圈。调制信号经 L_2 同时加至变容二极管 VD_2、VD_3 的两端，当调制电压随时间做周期性变化时，VD_2、VD_3、结电容的容量也随之变化，使振荡器产生扫频信号。

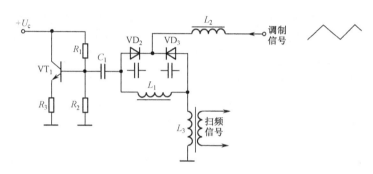

图 6-5　变容二极管扫频振荡器原理图

（2）磁调制扫频振荡器。所谓磁调制扫频，就是用调制电流所产生的磁场去控制振荡回路电感量，从而产生频率随调制电流变化的扫频信号。

一个带磁芯的电感线圈，其电感量 L_C 与该磁芯的有效导磁系数 μ_C 之间的关系为

$$L_C = \mu_C L \tag{6-1}$$

式中，L 是空芯线圈的电感量。若能使 μ_C 随调制电压的变化而变化，那么 L_C 也将随之变化。若将一个电感量 L_C 随调制电压的变化而变化的线圈接入振荡回路，便可产生扫频信号。

如图 6-6 所示为磁调制扫频的原理图。图中 M 为普通磁性材料，m 为高导磁率、低损耗的高频铁氧体磁芯，M 与 m 构成闭合磁路。W_1 为励磁线圈，当其通过调制电流时，将使 M 中的磁通随之变化，磁芯 m 的有效导磁系数 μ_C 也将发生变化，从而导致磁芯线圈的电感量 L_C 变化。W_2 为偏磁线圈，用于在 M 及 m 中建立一个直流磁通。由于直流磁通与 m 的有效导磁系数 μ_C 有关，因此调节 R_P 可以改变 L_C 的大小，因而可以改变扫频振荡器的中心频率 f_0。

磁调制扫频的特点是电路简单，并能在寄生调幅较小的条件下获得较大的扫频宽度，所以这种扫频方法获得了广泛应用。国产扫频仪 BT—3、BT—5、BT—8 等都采用磁调制扫频振荡器。

3. 稳幅电路

稳幅电路的作用是减小寄生调幅。扫频振荡器在产生扫频信号的过程中，都会不同程度地改变着振荡回路的 Q 值，从而使振荡幅度随调制信号的变化而变化，即产生了寄生调幅。抑制寄生调幅的方法很多，最常用的方法是，从扫频振荡器的输出信号中取出寄生调幅分量并加以放大，再反馈到扫频振荡器去控制振荡管的工作点或工作电压，使扫频信号的振幅恒定。

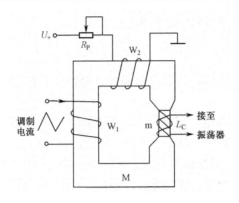

图 6-6   磁调制扫频原理图

4．输出衰减器

输出衰减器用于改变扫频信号的输出幅度。在扫频仪中，衰减器通常有两组，一组为粗衰减，一般按每挡 10 dB 或 20 dB 步进衰减；另一组为细衰减，按每挡 1 dB 或 2 dB 步进衰减。多数扫频仪的输出衰减量可达 100 dB。

5．频标电路

频率标志电路简称频标电路，其作用是产生具有频率标志的图形，叠加在幅频特性曲线上，以便读出曲线上各点相应的频率值。频标的产生方法通常是差频法，其原理框图如图 6-7 所示。

图 6-7   差频法产生频标的原理框图

晶体振荡器产生的信号经谐波发生器产生出一系列的谐波分量，这些基波和谐波分量与扫频信号一起进入频标混频器进行混频。当扫频信号的频率正好等于基波或某次谐波的频率时，混频器产生零差频（零拍）；当两者的频率相近时，混频器输出差频，差频值随扫频信号的瞬时频偏的变化而变化。差频信号经低通滤波及放大后形成菱形图形，这就是菱形频标，如图 6-8 所示。测量者利用频标可对图形的频率轴进行定量分析。

图 6-8   叠加在曲线上的菱形频标

6.1.3 频率特性测试仪的工作原理

下面以 BT—3 型频率特性测试仪为例，说明频率特性测试仪的组成和原理。其原理框图如图 6-9 所示。仪器主要由三个部分组成。

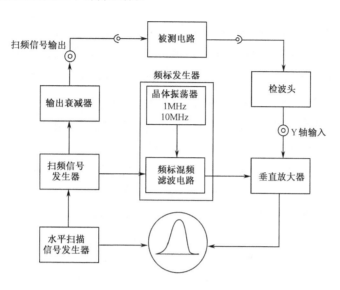

图 6-9 BT—3 型频率特性测试仪原理框图

1. 扫频信号发生器

频率特性测试仪的工作频带为 1～300 MHz，共分三个波段，第一波段 1～15 MHz，第二波段 15～150 MHz，第三波段 150～300 MHz。扫频信号发生器由两组振荡器组成，第一组振荡器为第一波段所专用，它包括两个振荡器，一个振荡器产生 290 MHz 的固定频率，另一个振荡器产生 215～290 MHz 的扫频信号，二者混频后便可得到 0～75 MHz 的扫频信号；第二组只有一个振荡器，它能直接输出 75～150 MHz 的扫频信号，用于第二波段，经倍频后又可得到 150～300 MHz 的扫频信号，用于第三波段。仪器面板上设有波段开关和中心频率度盘。为了控制扫频信号的输出幅度，还设有衰减电路，对应于面板上用分贝数标度的输出衰减开关。

2. 频标信号发生器

用频率特性测试仪调试被测电路时，除了必须显示被测电路的频率特性曲线外，还必须准确指出该特性曲线上任意一点所对应的频率值，这项工作是由频标发生器所产生的频标信号来完成的，如图 6-10 所示。

晶体振荡器产生 f_L 为 1 MHz 或 10 MHz 的频标信号，通过谐波发生器（相当于频率倍增器），得到 f_L 的 N 倍（N 为正整数）的频标信号，然后将其与扫频信号（设其频率变化范围为 f_{min}～f_{max}）一起加到混频器进行混频，产生频率为 $(f_{min}$～$f_{max}) - Nf_L$ 的输出信号。如 N 为某一数值恰好使 Nf_L 落在扫频信号的频率变化范围内，则该输出信号便是一个以零频率为中心的调频信号。再经放大并由带通滤波器滤波，便可获得一个接近菱形的频标信号。例如，一个 35 MHz（即 $Nf_L=35×1$ MHz）的频标信号与 $(f_{min}$～$f_{max})=34.8$～35.2 MHz 的扫频信号混频，通过带通滤波器和垂直放大器加到示波管的垂直偏转板上，如果在垂直偏转板上同时作用着反映被测电路幅频特性的检波电压，那么菱形的频标波形就显示在幅频特性曲线的 35 MHz

那一点上，如图 6-11 所示。因为菱形频标具有一定的频率宽度，所以只有当菱形频标的频率宽度和扫频范围相比很窄时，才能形成一个很细的频标。

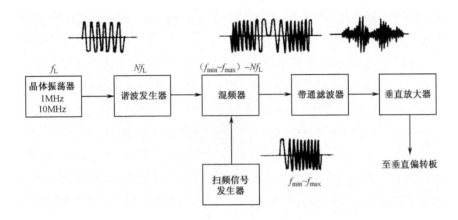

图 6-10　频标信号发生器原理框图

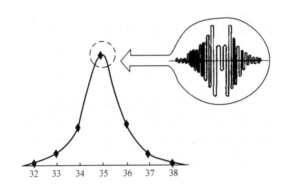

图 6-11　带有频标的幅频特性曲线

　　通常 1 MHz 的频标间隔较窄，幅度较小；10 MHz 的频标间隔较宽，幅度较大。在测试中，如仪器内部 1 MHz 和 10 MHz 频标不能满足要求，可利用外接频标端子接入所需要的标准信号，此时在屏幕上显示的便是外接的幅频信号。

3．显示部分

　　显示部分包括扫描信号发生器、垂直放大器和示波管等。其中，扫描信号发生器实际上是以电源变压器的次级绕组来代替的，扫描信号从该绕组取出 50 Hz 交流电压，将其送到示波管水平偏转板进行扫描，同时送到扫频振荡器进行调制，以保证扫描信号与扫频信号同步。

6.1.4　BT—3 型频率特性测试仪的主要技术指标

　　频率特性测试仪的型号有很多种，例如：BT—3 型，中心频率为 1～300 MHz；BT—4 型，中心频率为 200 Hz～2 MHz；BT—5 型，中心频率为 500 kHz～30 MHz。目前使用较多的是 BT—3 型频率特性测试仪，其主要技术指标如下。

　　（1）中心频率在 1～300 MHz 内可以任意调节。分 3 个频段：1～15 MHz，15～150 MHz，150～300 MHz。

　　（2）扫频频偏连续可调，最大频偏可达±7.5 MHz。

（3）输出扫频信号，输出电压大于 0.1 V（有效值）。

（4）输出阻抗，75 Ω。

（5）寄生调幅系数，在最大频偏时小于±7.5%。

（6）调频非线性系数，在最大频偏时小于 20%。

（7）频标信号，1 MHz、10 MHz 和外接 3 种。

（8）检波头，输入电容不大于 50 pF，最大允许直流电压 300 V。

6.1.5　BT—3 型频率特性测试仪的使用方法

1. 面板说明

BT—3 型频率特性测试仪的面板如图 6-12 所示。

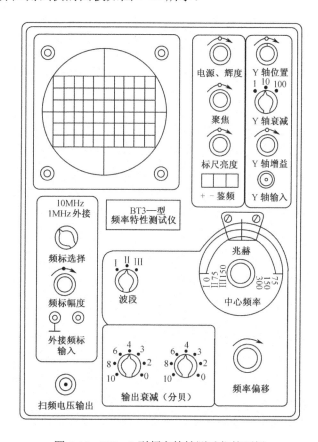

图 6-12　BT—3 型频率特性测试仪的面板

（1）显示部分。

① 电源、辉度。兼电源开关和辉度调节两种作用。

② 聚焦。调节扫描线清晰度。

③ 标尺亮度。调节屏幕标尺照明亮度。

④ 影像极性。改变波形显示极性，有"+""−"和"鉴频"3 种选择。

⑤ Y 轴位置。调节曲线在垂直方向的移动。

⑥ Y 轴衰减。改变 Y 轴增益和波形高度，有"×1""×10""×100"3 挡。

⑦ Y 轴增益。调节 Y 轴增益和波形高度。

⑧ Y 轴输入。被测网络输出信号的接入端（使用电缆探头）。

（2）扫描部分。

① 波段开关。改变输出扫频信号的频率范围，分为Ⅰ（0～15 MHz）、Ⅱ（75～150 MHz）、Ⅲ（150～300 MHz）3 个波段。

② 中心频率度盘。能连续改变扫频信号的中心频率。

③ 输出衰减。调节输出扫频信号电压的幅度。

④ 扫频电压输出。扫频信号的输出端，可接输出探头。

⑤ 频率偏移。调节扫频信号的频偏宽度，在测试时可以调整适合被测网络通频带宽度所需的频偏，顺时针旋转，频偏增宽，最大可达±7.5 MHz 以上；反之则频偏变窄，可达±0.5 MHz 以下。

（3）频标部分。

① 频标选择。分 1 MHz、10 MHz 和外接 3 挡。

② 频标幅度。调节频标显示幅度。

③ 外接频标输入。外部频标信号的输入端，使用此输入端时，频标选择应置"外接"挡。

2. 测试前的检查

（1）探头及电缆的使用。仪器附有 4 种探头或电缆：输入探头（检波头）、输入电缆、开路头、输出探头（匹配头）。探头的符号如图 6-13 所示。

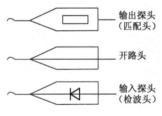
图 6-13　探头符号

① 输入探头。当被测网络输出信号未经过检波电路时，应采用带有检波的输入探头与 Y 轴输入端连接。当被测网络输出信号已经过检波电路时，则应采用输入电缆与 Y 轴输入端连接。

② 输出探头。当被测网络输入端已经具有 15 Ω的特性阻抗时，应采用开路头将扫频电压输出端与被测网络连接。当被测网络输入端为高阻抗时，为减小误差，则应采用匹配头（探头内对地接有 75 Ω匹配电阻）将扫频电压输出端与其连接。

（2）显示系统的检查。接通电源，预热 5～10 min，然后调节辉度和聚焦，得到亮度适中、聚焦清晰的扫描基线。调整 Y 轴位置旋钮，扫描基线应能上下移动。

（3）频标的检查。将频标选择开关置于 1 MHz 或 10 MHz 挡，扫描基线上应呈现若干个菱形频标信号，调节频标幅度旋钮，可以均匀地改变频标的大小。

（4）频偏的检查。将频率偏移旋钮旋至最大，屏幕上呈现的频标数应能满足±7.5 MHz 的频偏要求。

（5）输出扫频信号的检查。用输出匹配探头和输入检波探头将扫频电压输出端与 Y 轴输入端连接，屏幕上应能显示如图 6-14 所示的矩形图形。再调整中心度盘，随着中心频率的变化，扫频信号和频标信号都相应移动，并要求在各个频段内扫频信号线不产生较大的起伏。

3. 各波段起始频标的识别

（1）零频标的识别。将波段开关置于"Ⅰ"处，中心频率度盘旋至起始位置，此时在屏幕中心位置会出现零频标，即使将频标幅度旋钮关

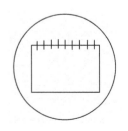
图 6-14　矩形图形

死，零频标也不会消失。

（2）1 MHz 和 10 MHz 频标的识别。认定零频标后，先将频标选择置"1 MHz"，此时屏幕上出现的每一个菱形频标均表示 1 MHz，且从左至右依次为 0 MHz，1 MHz，2 MHz，…；然后再把频标选择置"10 MHz"，此时屏幕上出现的是两种幅度不同的频标，其中幅度较大的频标表示 10 MHz，幅度较小的频标表示 5 MHz。

（3）Ⅱ、Ⅲ频段起始频标的识别。将波段开关置于"Ⅱ"处，频标选择置于"10 MHz"，中心频率度盘置于起始位置，则屏幕中心对应的频标为 70 MHz；旋动中心频率度盘至最大，依次出现在屏幕中心的频标为 80 MHz，90 MHz，…，150 MHz，共有 9 个频标。用同样的方法检查Ⅲ波段，则应有 15 个频标。

（4）频率的读测方法。读测频率时必须先把频标选择开关置于"10 MHz"处进行粗测，然后频标选择开关旋至"1 MHz"进行精测。当波段开关置"Ⅰ"，频标选择开关置"10 MHz"，中心频率度盘 1 置于"0"附近，屏幕中心线上应出现零频频标（该频标与其他频标相比，频标幅度和宽度明显偏大），在它右边的第一个大频标是 10 MHz 频标，第二个大频标是 20 MHz 频标，依此类推。在相邻两个大频标的中心，幅度稍低的频标是 5 MHz 频标。当波段开关置"Ⅱ"时，中心频率度盘从起始位置逆时针旋转时，第一个经过屏幕中心的大频标是 70 MHz 频标，第二个大频标是 80 MHz 频标，依此类推。当波段开关置"Ⅲ"时，中心频率度盘从起始位置顺时针旋转时，第一个经过屏幕中心的大频标是 140 MHz 频标，第二个经过屏幕中心的是 150 MHz 频标，依此类推。

4．零分贝的校正

（1）将两个输出衰减旋钮均置于零分贝，Y 轴衰减旋钮置于"1"处，将输出匹配探头和输入检波探头直接相连，调整 Y 轴增益旋钮，使扫频基线和扫频信号线间的距离为整刻度（一般为 5DIV），如图 6-15 所示。在 Y 轴增益旋钮处做标记，以后测试网络增益时，将 Y 轴增益旋钮调到此处即可。

（2）输出扫频信号寄生调幅的检查。将输出匹配探头和输入检波探头直接相连，两个输出衰减旋钮均置于零分贝，调节 Y 轴增益旋钮，使屏幕上所显示的矩形具有适当的高度，如图 6-16 所示。在规定的 ±7.5 MHz 频偏下，观察屏幕上的矩形，根据测得的 A 和 B，即可计算出扫频信号的寄生调幅系数为

$$M = |(A-B)/(A+B)| \times 100\% \tag{6-2}$$

要求各波段的寄生调幅系数 $M \leqslant \pm 7.5\%$。

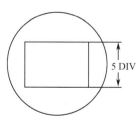

图 6-15　零分贝校正

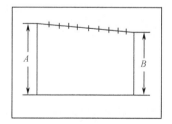

图 6-16　寄生调幅系数示意图

（3）输出扫频信号调频特性非线性的检查。将频标选择置 1 MHz 挡，在 ±7.5 MHz 频偏下，分别在第Ⅰ波段 10 MHz、40 MHz、60 MHz，第Ⅱ波段 90 MHz、120 MHz、140 MHz 和第Ⅲ波段 160 MHz、240 MHz、280 MHz 各中心频率点附近，测量中心频率 F_0 到频率低端的几何

尺寸为 A；中心频率 F_0 到频率高端的几何尺寸为 B，如图 6-17 所示，则非线性系数为

$$r=|(A{-}B)/(A{+}B)|\times100\% \qquad\qquad (6\text{-}3)$$

要求各波段的调频非线性系数 $r\leqslant20\%$。

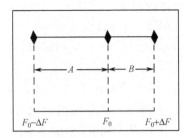

图 6-17　非线性系数示意图

5. 测量增益和带宽

下面以测量某放大器的幅频特性为例，着重讨论如何通过观察放大器的幅频特性曲线来测量其增益和带宽。

在利用 BT—3 扫频仪正式测量前，首先要对 BT—3 扫频仪的相关性能进行检查，如检查寄生调幅系数、调频非线性系数等，具体检查方法详见 BT—3 扫频仪使用说明书。

正确连接被测放大器，将扫频仪的扫频输出与测波网络的输入用电缆连接，网络的输出电压检波后送入扫频仪的垂直输入，再根据被测对象选定波段、中心频率、频偏与输出衰减等，则屏幕上应显示出被测网络的频率特性曲线，如图 6-18 所示。根据显示的幅频特性曲线和仪器面板控制开关的位置可以进行定量的测量，如根据频标可以直接读出幅频特性曲线上相应点的频率值。

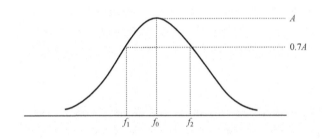

图 6-18　某放大器的幅频特性曲线

（1）测量增益。调节"输出衰减"旋钮，使显示的曲线幅度接近满刻度，记下此时曲线高度 H（如 5DIV）及"输出衰减"量（设为 N_1）。再将检波探头与扫频输出电缆直接相连（即去掉被测放大器），此时显示的幅度显然下降，再次调节"输出衰减"（减小），使屏幕上两根水平亮线的距离仍为 H，记下此时的"输出衰减"量（设为 N_2）。这样，被测放大器的增益 K 为

$$K=N_1{-}N_2（\text{dB}） \qquad\qquad (6\text{-}4)$$

应当注意，在获得 N_1 读数之后，扫频仪的"Y 轴增益"旋钮要保持不变，否则测量结果不准确。

（2）测量带宽。利用扫频仪上的频标，可以很方便地确定被测网络的幅频特性曲线的频带宽度 B。如图 6-18 所示，该放大器的带宽为

$$B=f_2{-}f_1 \qquad\qquad (6\text{-}5)$$

6. 注意事项

（1）扫频仪与被测网络连接时，必须考虑阻抗匹配问题。若被测网路的输入阻抗为 75 Ω，应采用终端开路的输出电缆线；若被测网络的输入阻抗很大，应采用终端接有 75 Ω 负载电阻的输出电缆线，否则应加阻抗变换器。

（2）若被测网络内部带有检波器，则检波探头电缆应换成开路电缆与垂直输入连接。

（3）测量时，输出电缆和检波探头的接地线应尽量短，切忌在检波头上加接导线。

6.1.6　测试实例

现以 KP12—3 型晶体管式独立微调高频头为例说明测试方法。高频头由输入回路、高频放大器、本机振荡器和混频器等组成。它的技术指标为：频率范围 53～230 MHz，分 12 个频道，增益 20 dB 以上。

1. 测试混频输出特性

将测试仪波段开关置于"Ⅰ"挡，中心频率调至 35 MHz，Y 轴增益置于最大，输出衰减置于 30 dB，高频头置于空挡。按如图 6-19（a）所示的连接电路，接通电源，正常曲线应如图 6-19（b）所示。调节输出衰减旋钮，使曲线高为 5DIV，衰减分贝数即为混频器的增益。

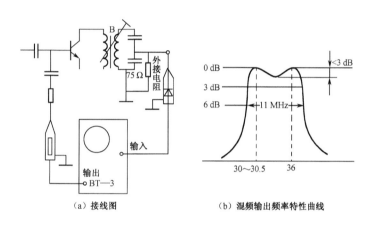

（a）接线图　　　　　　　　　　　（b）混频输出频率特性曲线

图 6-19　测试高频头混频输出特性曲线

2. 测试高频头总频率特性曲线

将测试仪输出衰减置于 20 dB，波段开关和中心频率随检测频道不同做相应调整。按如图 6-20（a）所示的连接电路，接通电源，由第一频道开始逐一测试各个频道的总频率特性曲线。正常曲线应如图 6-20（b）所示。各频道增益均应大于 20 dB，高、低频道增益差应小于10 dB。

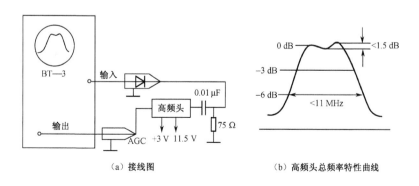

（a）接线图　　　　　　　　　　　（b）高频头总频率特性曲线

图 6-20　测试高频头总频率特性曲线

6.2 频谱分析仪

频谱分析仪是指一般用于显示输入信号的功率（或幅度）对频率分布的仪器，简称频谱仪。频谱仪一般用于分析重复波形的特性，因此在所研究的频率范围内重复扫描，就可显示信号的全部成分。频谱仪主要用于研究稳态信号，即将连续信号分解成各个正弦分量并以 f/U 图形显示出来，它实质上是一台被校准于正弦波有效值的峰值响应的选频电压表。

幅度和频率都以绝对值定标的频谱仪，可对电信号和电路的频率、电平、调制度、调制失真、频偏、互调失真、带宽、窄带噪声、增益、衰减等多种参数进行测量，配接天线可测量场强、干扰。由于频谱仪的测量功能较多，因此被广泛应用于广播、电视、通信、雷达、导航、电子对抗及各种电路的设计、制造和电子设备的维护、修理等方面。

6.2.1 频谱分析仪分类

频谱仪按不同的特性，有不同的分类方法。
（1）按工作频率分，有低频频谱仪、射频频谱仪及微波频谱仪。
（2）按频带宽度分，有宽带频谱仪和窄带频谱仪。
（3）按扫频体制分，有扫前端型和扫中频型。
（4）按工作原理分，有实时频谱仪和扫描调谐频谱仪。
以上最后一种是最基本、最通行的分类方法。

6.2.2 基本工作原理

1. 实时频谱仪

实时频谱仪能同时显示规定的频率范围内的所有频率分量，而且保持了两个信号间的时间关系（相位信息），它不仅能分析周期信号、随机信号，而且能分析瞬时信号。实时频谱仪又可以分为多通道频谱仪和快速傅里叶频谱仪两类。

多通道频谱仪的原理如图 6-21 所示，输入信号同时送到每个带通滤波器。带通滤波器的输出表示输入信号中被该滤波器通带内所允许通过的那一部分能量，因此显示器上显示的是各带通滤波器通带内的信号的合成信号。由于受滤波器数量及带宽的限制，这类频谱仪主要工作在音频范围。其缺点是造价高，体积大。

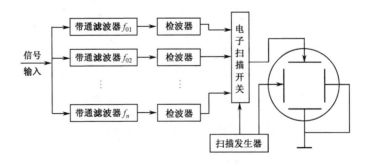

图 6-21　多通道频谱仪原理方框图

快速傅里叶频谱仪的工作原理如图 6-22 所示，其核心是以函数进行傅里叶变换的数学计算为基础分析，因此需要使用高速计算机进行数字功率谱的计算。根据采样定理，即最低采样速率应该大于或等于被采样信号的最高频率分量的两倍，傅里叶频谱仪的工作频段一般在低频范围内。如 HP3562A 的分析频带为 64 μHz～100 kHz，RE-201 的频率范围为 20 Hz～25 kHz。

图 6-22 快速傅里叶频谱仪原理方框图

2. 扫描调谐频谱仪

扫描调谐频谱仪对输入信号按时间顺序进行扫描调谐，因此只能分析在规定时间内频谱几乎不变化的周期重复信号。这种频谱仪有很宽的工作频率范围，DC 可达几十兆赫兹。常用的扫描调谐频谱仪又分为扫描射频调谐频谱仪和超外差频谱仪两类。

扫描射频调谐频谱仪的原理如图 6-23 所示，利用中心频率可电调谐的带通滤波器来调谐和分辨输入信号。但这种类型的频谱仪分辨率、灵敏度等指标比较差，所以已开发的产品不多。

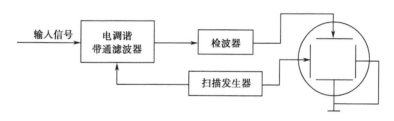

图 6-23 扫描射频调谐频谱仪原理方框图

目前产品品种和数量最多、应用最广泛的是扫描第一本振的超外差频谱仪，其原理如图 6-24 所示。超外差频谱仪实质上是一种具有扫频和窄带宽滤波功能的超外差接收机，与其他超外差接收机原理相似，只是用扫频振荡器作为本机振荡器。其中频电路有频带很窄的滤波器，按外差方式选择所需的频率分量。这样，当扫频振荡器的频率在一定范围内扫动时，与输入信号中的各个频率分量在混频器中产生差频（中频），使输入信号的各个频率分量依次落入窄带滤波器的通带内，被滤波器选出并经检波器加到示波器的垂直偏转系统，即光点的垂直偏转正比于该频率分量的幅值。由于示波器的水平扫描电压就是调制扫频振荡器的调制电压（由扫描发生器产生），所以水平轴已变成频率轴，这样屏幕上将显示输入信号的频谱图。

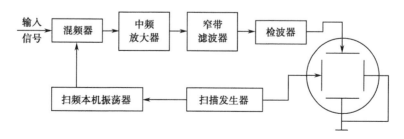

图 6-24 超外差频谱仪原理方框图

超外差频谱仪具有几 Hz～几百 GHz 的极宽的分析频率范围，从几 Hz～几 MHz 的分辨力带宽，80 dB 以上的动态范围等高技术指标，如 HP8566B，国产的 BP—1、QF4021 等。目前频谱仪的发展方向是多功能、智能化和自动化。

6.2.3　主要技术指标

1．有效频率范围（中心频率范围）

有效频率范围指规定仪器特性的频率范围，以 Hz 表示该范围的上限和下限。这里的频率是指中心频率，即位于显示频谱宽度中心的频率。

2．分辨力带宽

分辨力带宽指分辨频谱中两个相邻分量之间的最小谱线间隔，单位是 Hz。它表示频谱仪能够把两个彼此靠得很近的等幅信号在规定低点处分辨开来的能力。在频谱仪屏幕上看到的被测信号的谱线实际上是一个窄带滤波器的动态幅频特性图形（类似钟形曲线），因此分辨力取决于这个幅频特性的带宽。定义这个窄带滤波器幅频特性的 3 dB 带宽为频谱仪的分辨力带宽。

3．灵敏度

灵敏度指在给定分辨力带宽、显示方式和其他影响因素下，频谱仪显示最小信号电平的能力，以 dBm、dBu、dBV、V 等单位表示。超外差频谱仪的灵敏度取决于仪器的内噪声。当测量小信号时，信号谱线是显示在噪声频谱之上的。为了易于从噪声频谱中看清楚信号谱线，一般信号电平应比内部噪声电平高 10 dB。另外，灵敏度还与扫频速度有关，扫频速度越快，动态幅频特性峰值越低，导致灵敏度越低，并产生幅值误差。

4．动态范围

动态范围指能以规定的准确度测量同时出现在输入端的两个信号电平之间的最大差值。动态范围的上限受到非线性失真的制约。频谱仪的幅值显示方式有两种：线性和对数。对数显示的优点是在有限的屏幕有效高度范围内，可获得较大的动态范围。频谱仪的动态范围一般在 60 dB 以上，有时甚至达到 100 dB 以上。

5．频谱宽度

频谱宽度指频谱仪显示屏幕的最左和最右垂直刻度线内所能显示的响应信号的频率范围（频谱宽度）。频谱宽度通常又分三种模式。

（1）全扫频。频谱仪一次扫描它的有效频率范围。

（2）每格扫频。频谱仪一次只扫描一个规定的频率范围。每格表示的频谱宽度可以改变。

（3）零扫频。频率宽度为零，此时频谱仪不扫频，变成调谐接收机。

实训八 扫频仪测量实训

一、实训目的

（1）掌握扫频仪的基本使用方法。

（2）进一步熟悉扫频仪面板上各开关旋钮的作用。

（3）掌握使用扫频仪进行放大器通频带测量的基本方法。

二、实训仪器及器材

（1）频率特性测试仪（BT—3C 型）1 台。

（2）75 Ω匹配电缆 1 根。

（3）检波电缆 1 根。

（4）电视机中放板 1 块。

（5）隔直电容（510 pF）、隔直电阻（1 kΩ）各 1 只。

三、实训内容和步骤

（1）将 BT—3 型扫频仪开机预热，调节辉度、聚焦，使图像清晰，基线与扫描线重合，频标显示正常，中心频率为 30 MHz，频带宽度为±5 MHz。

（2）进行零点频率调节和 0 dB 校正。

（3）按如图 6-25 所示连接中频放大器的测量电路。输出电缆探头需要接一个隔直电容后再接到中频放大器的输入端。带有检波器的电缆探头需经一个隔直电阻后接于中频放大器的输出端。

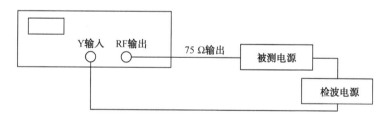

图 6-25 测量电路

（4）带通滤波电路频率特性曲线观测。在万能板上连好二阶带通滤波器（RC 电路），按图 6-26 所示将 BT—3C 的输出经过同轴电缆接到带通滤波器的输入端，带通滤波器的输出端经过带有检波器的探头接到 BT—3C 的输入端。

适当选择"频标功能"，频率标准幅度适中，选择适当的衰减，调节中心频率，适当调节 Y 轴位移和 Y 轴增益，使曲线易于观测，此时的曲线形状即为带通滤波器的频率特性曲线。

（5）电视机中频带宽的测量。调节中频放大器的有关元件，调节粗调和细调衰减器控制扫频信号的电压幅度，使荧光屏上显示出高度合适的频率特性曲线，然后调节 Y 轴增益，使曲线顶部与水平刻度线 AB 相切，如图 6-27（a）所示，此后 Y 轴增益旋钮保持不动，将扫频仪输出衰减细调衰减器减小 3 dB，此时荧光屏上显示的曲线高出原来水平刻度线 AB，且与水平刻度线 AB 有两个交点，两交点处的频率分别为下限截止频率 f_L 和上限截止频率 f_H，如

图 6-27（b）所示。则该放大器幅频特性曲线的频带宽度 B_W 为

$$B_W = f_H - f_L$$

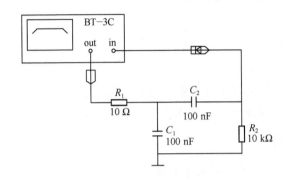

图 6-26　带通滤波器测量电路

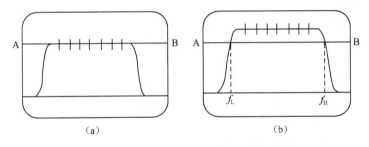

图 6-27　扫频仪测量带宽时的显示图形

（6）电视机中放的增益调试。在调好幅频特性的基础上，分别调节粗调和细调衰减器，控制扫频信号的电压幅度，使荧光屏显示频率特性曲线处于 0 dB 附近，如果高度恰好与 0 dB 线等高，此时为粗调输出衰减 B_1（dB）和细调输出衰减 B_2（dB），则该放大器的增益 A 为

$$A = B_2 - B_1$$

四、实训报告

（1）完整记录实训内容与实训结果。

（2）计算出测量结果，并求出滤波器的中频增益、带宽，画出幅频特性曲线。

（3）分析测量中产生误差的主要原因，记录实训过程中遇到的问题并进行分析。

（4）写出实训报告与心得体会。

实训九　频谱仪测量实训

一、实训目的

（1）熟悉频谱分析仪面板上各开关的作用。

（2）掌握频谱分析仪的使用方法。

（3）掌握频谱分析仪分析信号频谱的方法。

二、实训仪器及器材

（1）频谱分析仪 1 台。

（2）调幅调频函数信号发生器 1 台。

（3）示波器 1 台。

三、实训内容和步骤

目前频谱仪种类繁多，实现的功能也有所不同。如何选择合适的仪器、设置好可调参数值，是正确使用频谱仪的关键。

在使用频谱仪进行测量时，必须根据被观测信号频谱的特点，合理选择频谱仪面板上"扫频宽度""分析时间"及"带宽"等几个控制旋钮。一般现代频谱仪的基本参数均是可调的。下面是频谱仪的使用方法。

（1）扫频宽度的确定。应根据被测信号的频谱宽度来选择扫频宽度。要分析一个调幅波，则扫频宽度应大于 $2f_m$，（f_m 为音频调制频率），若要观测是否存在二次谐波的调制边带，则应大于 $4f_m$。

（2）扫频宽度的选择。扫频宽度的选择应与静态分辨力 B_q 相适应，原则上宽带扫频可选 $B_q=150\ \text{Hz}$，而窄带扫频则选 $B_q=6\ \text{Hz}$。一般频带宽度与静态分辨力的对应关系见表 6-1。

表 6-1　频带宽度与静态分辨力的对应关系

扫频宽度/kHz	选用 B_q/Hz
5～30	150
1.6～10	30
<2	6

（3）扫频速度 V 的选择。扫频速度 V 的选择以获得较高的动态分辨力 B_d 为准则。因为当扫频宽度一定时，选择 V 实际上就是选择分析时间，分析时间越长，则 V 越小，B_d 越接近 B_q，但分析时间不易过长，一般按下面的经验准则：

$$V \leqslant B_q^2$$

采用微处理技术的现代频谱仪能根据被测信号自动设置各项参数，以获得最高的准确度和分辨力。

（4）频谱分析仪的操作。

① 熟悉频谱分析仪面板上各开关、旋钮的作用，做好测试前的准备。

② 调节调幅调频函数信号发生器，使其输出不同幅度、不同调幅度的调幅波，把该调幅波送入频谱分析仪，调节频谱分析仪的相关旋钮，使其显示清晰、稳定的谱线，观测调幅波频谱，将测量数据填入表 6-2 中。

表 6-2　测量数据

高频信号发生器输出调幅信号的调幅度 m_a	屏幕上显示的边频分量谱线高度 L_1	载波分量谱线高度 L	$m=2\,L_1/L$	$r=(m-m_a)/\,m_a \times 100\%$

③ 调节调幅调频函数信号发生器，使其输出一个方波信号，分别送入示波器和频谱分析仪，观测波形，记录屏幕上显示的波形。

四、实训报告

（1）认真、完整地记录实训内容与实训结果。

（2）根据频谱线长度计算其调幅度，并与信号发生器输出调幅波的调幅系数进行比较，计算示值相对误差。

（3）分析测量中产生误差的主要原因，提出减小测量误差的方法。

（4）写出实训报告与心得体会。

本章小结

1．利用扫频信号的测量是动态测量，具有直观、方便、快速、在测量的同时可以调试等优点。

2．频率特性测试仪常用于测量各种电路或系统的幅频特性，实际上是示波器的一种扩展应用。扫频振荡器是测量的激励源，是仪器的核心部件。产生扫频信号的方法主要是变容二极管扫频（如 BT—4）和磁调制扫频（如 BT—3）。其基本思路是，利用扫描信号连续改变振荡回路中的电容或电感的大小，从而实现扫频。

3．BT—3 扫频仪屏幕上横坐标频率的读数，是根据叠加在显示的被测曲线上的频标来确定的。

4．频谱仪主要用于分析电信号的频谱，其测量功能较多，应用广泛。目前使用最多的是超外差频谱仪。

习题 6

1．频率特性测试仪又称扫频仪，它的应用领域有哪些？

2．什么是点频测量法？

3．扫频法的优缺点是什么？

4．扫频仪主要由哪几部分组成？画出其组成框图。

5．频率特性测试仪的主要技术指标有哪些？

6．如何进行各波段起始频标的识别？

7．使用扫频仪时应注意什么？

8．频谱分析仪按不同特性可以分为哪几类？目前应用最多的是哪一类？

9．频谱宽度指什么？频谱宽度有几种模式？

10．利用频谱仪可以测量哪些参数？

第7章

元件参数测量仪器

【本章要点】
1. 掌握伏安法、电桥法与谐振法的测量原理。
2. 掌握晶体管特性图示仪的组成与使用方法。
3. 掌握中小规模集成电路的一般测试方法。

【本章难点】
1. 阻抗的数字化测量原理与谐振法测量原理。
2. 晶体管特性图示仪的组成原理与使用。
3. 中小规模集成电路的一般测试方法。

电子产品是由许多不同种类和封装形式的电子元件，在印制电路板上按特定的形式组合而成的。分立的电子元件主要有电阻器、电感器、电容器、晶体二极管、晶体三极管、场效应管等。还有一类功能较强的电子元件，是采用微电子工艺生产的集成电路芯片。电子元件的质量直接影响到电子产品的性能与寿命。因此，掌握电子元器件与集成电路的测量方法，对于做好电子产品的设计、生产、使用与维护工作，都是十分必要的。

7.1 电阻、电感和电容的测量

7.1.1 阻抗的概念

如图 7-1 所示，一个二端元件或一个无源网络的一对输入端施加一激励电压信号（直流或交流）后，将产生一个电流，该电压与电流之比称为阻抗。

当激励电压为直流电压时，产生直流电流，电压与电流之比为一个常数，称为直流电阻 R_{DC}，即 $R_{DC}=E/I$。当激励电压为正弦波 $u(t)$ 时，响应电流 $i(t)$ 通常与 $u(t)$ 有一个相位差，由电路分析可知，若以电压与电流之比代表阻抗，则有 $Z=R_{DC}+jX$。阻抗 Z 的实数部分 R_{DC} 称为直流电阻或交流电阻，是交流电路中的耗能元件；虚数部分 X 称为电抗，是存储能量的元件。

对于纯电阻器件，阻抗表达式中的电抗部分为零。对于纯电感器件，阻抗中的电阻部分为零，电抗部分为正值。对于纯电容器件，阻抗中的电阻部分为零，电抗部分为负值。

电抗的特性一般都随频率的变化而变化。在直流时，电感性器件的电抗为零，电容性器件的电抗为无限大。如图 7-2 所示为 3 种基本元件（电阻、电感、电容）的理想模型。实际的元件是复杂的，每一种元器件在高频工作时都会在不同程度上显示所有 3 种特性。

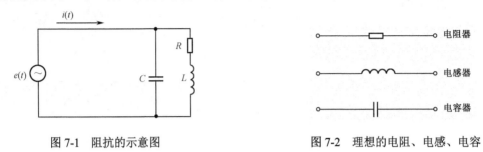

图 7-1　阻抗的示意图　　　　　　　　图 7-2　理想的电阻、电感、电容

如图 7-3 所示为电阻、电感、电容的实际等效电路。

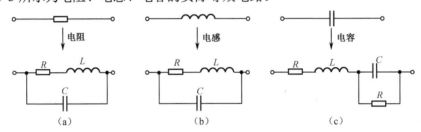

图 7-3　电阻、电感、电容的实际等效电路

为了讨论问题方便，通常将阻抗元件等效为一个理想电阻与一个理想电感或理想电容相串联的形式，如图 7-4 所示。

（a）电阻与电感串联　　　　　　　　（b）电阻与电容串联

图 7-4　感抗与容抗元件的等效

同时定义：$Q = \dfrac{X}{R}$，Q 用于表征元件存储与消耗能量之比，常称为品质因数。对于电感，$Q_L = \dfrac{\omega L}{R}$；对于电容，$Q_C = \dfrac{1/(\omega C)}{R} = \dfrac{1}{\omega R C}$；显然，$R$ 越小，Q 值越大，电感和电容越接近理想电感和理想电容。

7.1.2　电阻的特性与测量

1. 电阻的参数和种类

电阻是电路中应用最多的元件之一，常用于对电流信号进行分流或对电压信号进行分压。电阻最主要的参数是标称阻值和额定功率。标称阻值是指电阻上标注的电阻值；额定功率是指电阻在一定条件下长期连续工作所允许承受的最大功率。另外，电阻还有一些特殊参数，如精度、最高工作温度、最高工作电压、噪声系数及高频特性等。

电阻的种类繁多，按制作材料可分为碳膜电阻与线绕电阻；按外形可分为固定电阻和可变电阻；按精度可分为普通电阻与精密电阻；按用途可分为压敏电阻和温敏电阻。此外，还有无感电阻、贴片电阻等，它们都有不同的用途。

电阻的类别和主要技术参数可以直接标注在电阻的表面，这种标识法称为直标法。如图 7-5（a）所示为碳膜电阻，阻值为 100 Ω，精度为 1%；如图 7-5（b）所示为电阻额定功率直接标识法。

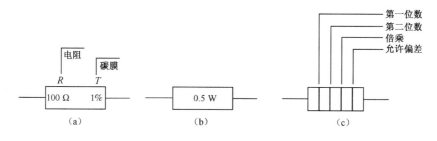

图 7-5　电阻的标注

电阻的另一种标识法是色环法，即将电阻的类别和主要技术参数的数值用相应的颜色（色环）标注在电阻的表面，如图 7-5（c）所示。其中，第一、第二色环表示电阻倍乘的量值，第三色环表示倍乘的幂值，将第一、第二、第三色环分别用 x、y、z 表示，则电阻阻值 $R=(10x+y)\times10^z$；第四色环表示电阻的误差。各种颜色代表的量值见表 7-1。

表 7-1　色码电阻色环对应量值

颜　　色	黑	棕	红	橙	黄	绿	蓝	紫	灰	白	金	银	无　色
表示数值	0	1	2	3	4	5	6	7	8	9	10^{-1}	10^{-2}	—
表示误差	±1	±2	±3	±4	—	—	—	—	—	—	±5	±10	±20

如四环的颜色分别为绿、紫、黄、金，即前三环代表的数字为 5、7、4，则该电阻的阻值为 $R=(10\times5+7)\times10^4=57\times10^4=570(k\Omega)$；第四色环的金色表明该电阻的误差为±5%。

2．电阻的测量

对于阻值固定且在低频下工作的电阻，可根据欧姆定律对其进行测定。只要测得电阻两端的电压及流过电阻的电流，即可由欧姆定律 $R=U/I$ 求出电阻的实际数值。如图 7-6 所示为两种利用电流表和电压表测量电阻的方法，都是间接测量，所以存在误差。

在如图 7-6（a）所示的电路中，要求电流表的内阻远远小于被测电阻 R，才不至于影响流过电阻的电流，或者说在电流表中产生的压降足够小，才可以认为电阻两端的电压即为电压表指示的电压；如图 7-6（b）所示的测量电路要求电压表的内阻足够大，可以认为流过其中的电流近似为零，这样电阻 R 中的电流可以近似为电流表指示的电流。

最常用的测量工具是万用表和电桥。模拟万用表和数字万用表均有电阻测量挡。模拟万用表的电阻测量工作原理图基本上与图 7-6 相同。万用表内部有电池作为电压源，当被测电阻接于两表笔之间时，表头中会有与被测电阻成正比的电流流过，表头指针即指示出对应的电阻值。使用模拟万用表测量电阻之前，要先将两表笔短路，调节调零电位器，使其指示为零。在测量过程中要适当调整万用表的量程范围，尽量使仪表的指针处于仪表的中间位置，以减小读数的误差。数字万用表测量电阻时不仅不需调零，而且其测量精度比模拟万用表高，不过由于输入电阻的影响，在测量阻值较小的电阻时，相对误差也很明显。

当对电阻的测量精度要求很高时，可用直流电桥进行测量。一种叫惠斯登电桥的测量方法原理如图 7-7 所示，图中 R_1、R_2 是固定电阻，$R_1/R_2=K$，R_N 为标准电阻，R_x 为被测电阻，G

为检流计。测量时，通过调节 R_N 可使电桥平衡，即检流计指示为零。

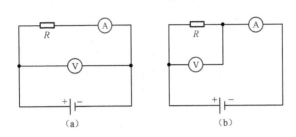

图 7-6　电阻测量方法

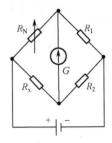

图 7-7　惠斯登电桥测电阻

此时有

$$\frac{R_2}{R_x + R_2} = \frac{R_1}{R_1 + R_N}$$

即

$$R_2 R_N = R_1 R_x$$

所以有

$$R_x = \frac{R_2}{R_1} R_N = \frac{1}{K} R_N$$

当需要测量很高的电阻时，电池所产生的电压对被测量的电阻来说显得太小了，因此必须采用很高的电压。这时可以采用兆欧表来测量。兆欧表又称摇表，内部有一个手摇直流发电机，用以产生测量所需的高压。兆欧表具有产生直流高压的另一优点，即能够测量物体（电阻）的耐压程度。

7.1.3　电感的特性与测量

电感一般是在特制的骨架上用金属导线绕制而成的磁性线圈，在电路中常与电容或电阻一起组成无源滤波器或谐振回路等。

1．电感的种类与参数

根据在电路中的作用不同，电感可分为自感和互感；根据工艺结构不同，电感可分为空芯电感和磁芯电感；根据形状不同，电感可分为卧式电感和立式电感。此外，还有色码电感、贴片式电感等种类之分。电感的主要参数有 3 个，即电感量、品质因数和分布电容。

（1）电感量。电感线圈的电感量 L，表示线圈产生自感应能力的大小。它的定义是：当线圈中及其周围不存在铁磁物质时，通过线圈的磁通量与流过线圈的电流成正比，这个比值称为线圈的电感量。

（2）品质因数。电感的等效电路如图 7-3 所示。电感的损耗电阻为 R，在一定频率的交流电压下工作时，电感所呈现的感抗与损耗电阻 R 之比，称为电感的品质因数，即

$$Q = \frac{\omega L}{R} = \frac{2\pi f L}{R}$$

R 越小，Q 值越高。而较高的品质因数是高频电路对谐振线圈的基本要求。

（3）分布电容。由于制作工艺的原因，电感线圈的匝与匝之间密切接触，存在着一定量

的分布电容，在高频时会使线圈的稳定性变差，Q 值下降。因此分布电容越小越好。

2．电感的测量

根据对测量精度的不同要求，可以建立不同的电感等效电路，采用不同的方法进行测量。

（1）利用通用仪器测量。低频工作时，若忽略电感的损耗，则电感为理想电感，可以按照复数的欧姆定律进行测量。其方法是在交流电压工作条件下，利用电压表和电流表测出加于电感两端的电压 U 和流过电感的电流 I，则有 $X_L = U/I$，如图 7-8 所示。

图中，信号源频率一般为几百赫兹，直接测量电感中的电流有困难，故设有一个电阻 r，$r << X_{L_x}$，一般为 $10\ \Omega$，由 r 上的电压 U_2 可间接测出电流 I。实际测量中只需用普通电压表测出 U_1 与 U_2 的值，则由复数的欧姆定律可知

$$X_L = \frac{U_L}{I} = \frac{U_1}{U_2/r} = 2\pi f L_x$$

所以

$$L_x = \frac{r}{2\pi f}\frac{U_1}{U_2}$$

因此可以按此法用交流毫伏表或数字万用表测量未知电感的电感量，只需进行两次电压测量即可。

（2）交流电桥法测量。在低频情况下，若电感的损耗不可忽略，则可以用交流电桥进行测量。测量电路如图 7-9 所示。

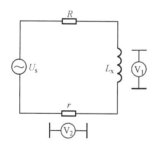

图 7-8 用通用仪器测电感

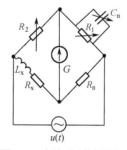

图 7-9 交流电桥法测电感

图中 L_x 与 R_x 是被测电感的串联模型。激励源 $u(t)$ 是频率为 $50\ \text{Hz}$ 到几百赫兹的正弦波。R_1、R_2、C_n 是可调电阻与可调电容。测量时反复调节 R_1、R_2、C_n，使电桥达到平衡，检流计中无电流通过，则根据平衡方程有

$$\frac{Z_L}{R_n} = \frac{R_2}{Z_C}$$

式中

$$Z_L = R_x + j\omega L_x$$

$$Z_C = \frac{1}{1/R_1 + j\omega C_n} = \frac{R_1}{1 + j\omega R_1 C_n}$$

进一步推算可得

$$L_x = R_2 R_n C_n$$

$$R_x = \frac{R_2 R_n}{R_1}$$

（3）用谐振电路测量。由电工学可知，电感与电容可以组成谐振电路，谐振时电路中的感抗与容抗相等，电抗为零。若已知激励源频率，且电感与电容中有一个为已知量，则可测出另一个量。测量电路如图 7-10 所示。

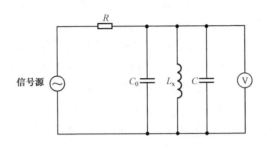

图 7-10　用谐振电路测电感

图中，L_x 为被测电感，C_0 为电感分布电容，C 为标准电容。测量时，首先调节信号源的频率，使电压表的读数为最大值，记下此时的频率 f_1，则有

$$L_x = \frac{1}{(2\pi f_1)^2 (C + C_0)}$$

由于式中 C_0 还未可知，故需进行第二次测量，此时不接入电容 C，若对应的谐振频率为 f_2，则有

$$L_x = \frac{1}{(2\pi f_1)^2 C_0}$$

所以

$$C_0 = \frac{f_1^2}{f_2^2 - f_1^2} C$$

$$L = L_x = \frac{1}{(2\pi f_1)^2 C_0}$$

（4）用 Q 表测量。Q 表可以用来准确测量电感线圈的 Q 值与电感量。其基本电路如图 7-11 所示。

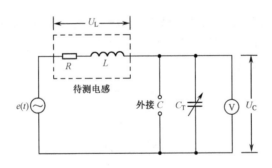

图 7-11　用 Q 表测电感

图中 $e(t)$ 是频率可变的振荡信号源，C_T 是调谐电容，容量为 C。当电感线圈接入测量电路后，调节信号源的频率在电感线圈的工作频率附近，改变 C_T，使 U_C 为最大，此时电路处于谐振状态，$\omega_0 L = 1/(\omega_0 C)$，有

$$L = \frac{1}{\omega_0^2 C} = \frac{1}{(2\pi f_0)^2 C}$$

同时 $U_C = Qe$ [e 为 $e(t)$ 的有效值]，则

$$Q = \frac{U_C}{e}$$

因而

$$R = \frac{\omega_0 L}{Q} = \frac{1}{\omega_0 CQ} = \frac{1}{2\pi f_0 QC}$$

（5）用电子仪表测量。电子仪表测量电感，一般是用间接测量的方法，将被测电感置入专门设计的电子线路，通过分析其对线路输出的影响，求出被测电感的量值。比如说，如果有一个振荡器，在其他条件不变的情况下，其振荡频率仅与振荡线圈的电感量有关，若将被测电感作为振荡线圈，通过测量振荡器的输出信号频率，则可以计算出线圈的电感量。这种方法可称为电感—频率转换法。

常用的 LCR 测试仪器测量电感就采用了电感—电压转换法，如图 7-12 所示。

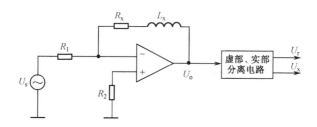

图 7-12　电感—电压转换法测量电感

图中 U_s、R_1 为固定量，运算放大器的输出为 U_o，则在复数领域

$$U_o = -\frac{Z_L}{R_1} U_s = -\frac{R_x + \mathrm{j}\omega L_x}{R_1} U_s = -\left(\frac{R_x}{R_1} U_s + \frac{\mathrm{j}\omega L_x}{R_1} U_s \right)$$

式中，后续虚部、实部分离电路可以从 U_o 中分离出实部 U_r 和虚部 U_x，则

$$U_r = \frac{R_x}{R_1} U_s; \quad U_x = \frac{\omega L_x}{R_1} U_s; \quad Q_x = \frac{\omega L_x}{R_x} = \frac{U_x}{U_r}$$

由于 U_r、U_x、R_1、U_s 为已知，故可求出 L_x、R_x 和 Q_x 的值，并在数码管或液晶屏上显示出来。

电子仪表不仅体积小巧，使用方便，而且可以有更高的测量分辨率。

7.1.4　电容的特性与测量

电容器在电路中常用于存储电能、耦合交流、隔离直流及与电感元件一起构成选频回路等，在电路和电子线路中有着广泛的应用。

1. 电容的参数、种类与标识方法

（1）电容的参数。电容的主要参数为电容量和额定工作电压。电容量表示在单位电压上电容器上能存储多少电荷。电容量与电容器两极板的面积成正比，与两极板的距离成反比，还与两极板之间的介质有关。电容器的额定工作电压是指在规定的温度范围内，电容器能够

长期可靠工作的最高电压。另外，由于电容器中的介质并不是绝对的绝缘体，在外电压的作用下，总会有些漏电流，并产生功率损耗，因此电容器还有漏电阻、漏电流、损耗因数等重要参数，其中损耗因数定义为电容器损耗功率与存储功率之比。

（2）电容器的种类。电容器的种类很多。根据制作材料来分，有铝质电容、钽电容、云母电容、独石电容、涤纶电容、瓷片电容等；根据工作电压来分，有低压电容和高压电容；根据工作频率来分，有低频电容和高频电容。还有固定电容、可变电容、穿芯电容等，可根据工作条件与要求加以选用。

（3）标识方法。与电阻的标识方法类似，电容的标识方法有直标法和色标法。

2. 电容的测量

电容器的特性决定于其电容量的大小、耐压的强弱和介质损耗的大小。电容器的耐压程度一般已经标明，特殊场合可以用专门耐压测试仪检测。电容器的测量主要是对电容量和损耗进行的测量。

（1）用谐振法测量。测量电路如图 7-13 所示，图中 U_s 为激励信号源，L 为标准电感，C_s 为确定的电感分布电容，R 为信号源内阻，C_x 为被测电容。测量时可反复调节信号源频率，使电压表读数最大，这时信号源的频率为 f_0，由电路谐振条件可知 $\omega_0^2 = \dfrac{1}{LC}$，即 $C = \dfrac{1}{\omega_0^2 L}$，

所以 $C_x = C - C_s = \dfrac{1}{(2\pi f_0)^2 L} - C_s$。

（2）用 Q 表测量。Q 表常用于对在高频下工作的电容器进行测量。这时被测电容器可等效为一个理想电容与一个较大的电阻相并联的模型。实际测量电路如图 7-14 所示。

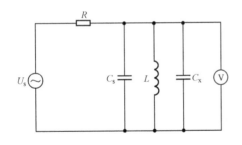

图 7-13 谐振法测电容

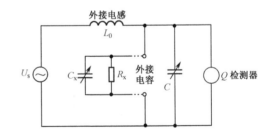

图 7-14 用 Q 表测电容

具体的测量步骤是：选定合适的外接标准电感 L_0，将 Q 表的调谐电容 C 置于最大容量附近，调节振荡器频率使电路谐振，这时谐振频率为 f_0，电路 Q 值为 Q_1。接着将被测电容 C_x 跨接于"外接电容"上，重新调整调谐电容，使电路达到谐振，将新的调谐电容的值记为 C_2，新的 Q 值为 Q_2，这时有

$$C_x = C_1 - C_2$$

$$R_x = \frac{Q_1 Q_2}{Q_1 - Q_2}$$

（3）用转换法测量。现代电子测量技术中常用转换法对电容进行较为精确的测量。其基本思想是：将电容接入电子线路，通过测量由于电容的变化而引起的其他量的变化，来确定电容的值。举例来说，多谐振荡器的频率与振荡电容有着确定的关系，如果以被测电容作为振荡电容，则可以构成一个电容—频率转换电路，如图 7-15 所示。

更为常用的是采用电容—电压转换电路对电容进行数字化测量，其原理类似于如图 7-12 所示的电感测量电路，如图 7-16 所示。

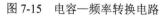

图 7-15　电容—频率转换电路

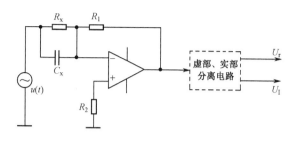

图 7-16　电容—电压转换电路

图中 C_x 与 R_x 为被测电容，R_1 为已知标准电阻，$u(t)$ 为测量用正弦波信号源，其有效值为 U_s，运算放大器的输出与输入之间用复数表示的电压传递函数为

$$\frac{\dot{U}_o}{\dot{U}_i} = -\frac{R_1}{Z_C} = -\frac{R_1}{R_x}(1 + j\omega C_x R_x) = -\frac{R_1}{R_x} - j\omega R_1 C_x$$

输出电压的实数部分与虚数部分可以被分离并计算出来，分别用 U_r 与 U_I 表示，则有

$$U_r = \frac{R_1}{R_x}U_s; \quad U_I = 2\pi f R_1 C_x U_s$$

所以有

$$R_x = R_1\frac{U_s}{U_r}; \quad C_x = \frac{1}{2\pi f R_1}\frac{U_I}{U_s}$$

大多数电子式 LC 测试仪都采用这样的电容—电压转换电路原理。

7.2　二极管、三极管与场效应管的测量

半导体器件是一类特殊的电子元件，往往需要专门的测试设备和电路，才能进行正确而有意义的测量。常用的测量工具只能进行一些基本属性的判定和常态性能的检查。

7.2.1　半导体二极管的测量

1. 二极管的特性、种类与参数

单向导电性是二极管的基本特性。由于制作材料和使用性能的差异，二极管的种类很多，典型的有开关二极管、整流二极管、检波二极管、稳压二极管、发光二极管、变容二极管等。决定二极管的作用的主要参数有以下几个。

（1）最大整流电流 I_{FM}。在此电流下二极管可以长期地正常工作，超过此电流时，二极管的 PN 结会发热并造成损坏。

（2）最大反向工作电压 U_{RM}。它是指二极管在电路中工作时容许承受的最大反向电压，超过此电压时二极管容易被击穿，造成永久损坏。

（3）反向电流 I_R。它是指二极管处于正常的反向工作电压下产生的反向电流。反向电流越小，表明二极管的反向特性越好。反向电压与反向电流之比称为反向电阻。

（4）导通电阻。在二极管的两端施加合适的正向直流电压使其导通，这时该电压与流过二极管的电流之比称为导通电阻。正常二极管的正向导通电阻为几十到几千欧姆。

（5）极间电容。二极管是点或面接触型器件，两极之间存在电容效应。在交流时，电容效应会影响其交流阻抗。

2．二极管的测量

（1）用模拟式万用表进行测量。通常万用表的红表笔置于面板上"+"号端口，黑表笔置于"−"号端口。万用表在欧姆挡工作，由表内电池提供电源，"−"号端对应电池正端，"+"号端对应电池负端。内部电池之所以这样设计，是为了保证在电阻测量时流入万用表的电流与在电压或电流测量时相同。用模拟式万用表测量二极管的等效电路如图 7-17 所示。

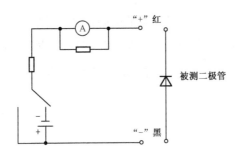

图 7-17　用模拟式万用表测量二极管的等效电路

测量小功率二极管时，将万用表置于"×100"挡或"×1k"挡，将两表笔与二极管相连，记下万用表指示的电阻值；将万用表笔对调再进行同样的测量，得到另一个测量值。两次测量中，对于万用表指示电阻值较小的情况，黑表笔对应的是二极管的正极，红表笔对应的是二极管的负极。用万用表来检测，正常二极管的正、反向电阻差异较大，开关二极管的反向电阻接近无穷大，正向电阻仅为几百到几千欧姆。这有助于判断二极管的好坏与类型。

（2）用数字万用表来测量。一般的数字万用表都有二极管测试挡，如 VC9801A 等。与模拟式万用表测量二极管不同，数字万用表将二极管作为一个分压器来检测，当二极管的正、负极与数字万用表红、黑表笔相接时，二极管正向导通，万用表指示出二极管的正向导通电压。若将数字万用表的表笔对调一下，二极管不导通，万用表上显示的是 2.8 V 的电压。

（3）用通用仪表与适配电路测量。对于二极管的一些重要属性，万用表是测不出来的，而专用测试仪表通常又很贵，因此可以设计一些适配电路与通用仪表相结合，来解决二极管测量的大多数问题，如图 7-18 所示。

如图 7-18（a）所示的电路可用于测量稳压管的特性，当可变电源的电压增加时，稳压二极管上的电压也同步增加，当该电压增加到一个确定值时，就不会增加，这个值即为该二极管的稳压值。如图 7-18（b）所示的电路可用于测量发光二极管的性能，当改变电位器 R_w 的值时，即改变流过发光二极管的电流，该电流越大，则发光二极管越亮。如图 7-18（c）所示的电路可用于测量变容二极管的压控特性。变容二极管的电容在 pF 数量级，电路中隔直流电容容量较大，不影响测量结果。改变变容二极管上的电压，电容测试仪即可测出对应电压的二极管的结电容。如图 7-18（d）所示的电路可用于观察在较高频率的开关信号作用下，二极管的开关特性。好的二极管有较短的反向恢复时间，其输出波形与输入方波相似。

（4）用晶体管特性图示仪测量。晶体管特性图示仪不仅可以测量二极管的大多数参数，而且能够以图形的形式展示二极管的正向伏安特性曲线。

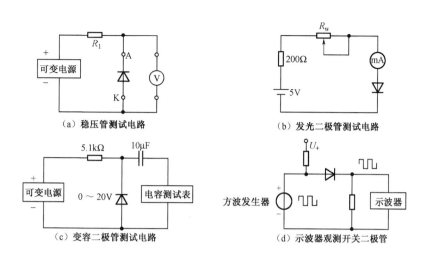

图 7-18 用通用仪表测二极管

7.2.2 晶体三极管的测量

晶体三极管是一种内部有两个相互关联的 PN 结、外部有 3 个引脚的半导体器件。通常情况下，三极管的基极与发射极之间的 PN 结总是处于正向偏置状态，而集电极与发射极之间的 PN 结处于反向偏置的状态。流过其基极电流的少许变化会引起集电极电流的很大变化，这一特性使其在电子电路中得到了广泛应用。

1. 三极管的特征、类型与参数

当满足一定的条件时，对小信号输入电流进行线性放大，或者控制大信号（开关信号）的传递，是三极管的基本特征。

三极管有多种类型，从制作材料来分，有锗三极管和硅三极管；从 PN 结结构来分，有 PNP 型和 NPN 型；从消耗功率来分，有小功率、中功率和大功率三极管；从工作频率来分，有低频三极管、高频三极管和超高频三极管；从工作电压来分，有低反压三极管和高反压三极管；从工作特性来分，有普通三极管与开关三极管等。

三极管的电参数很多，其中一类是运用参数，表明三极管在一般工作时的特性，主要有直流放大系数和交流放大系数，前者表示三极管集电极电流 I_{CQ} 与基极直流电流 I_{BQ} 的比值；后者表示三极管集电极电流的变化量 ΔI_C 与基极电流变化量 ΔI_B 的比值。另一类是极限参数，表明三极管的安全使用范围。典型的有反向击穿电压 $U_{(BR)CE}$、集电极最大允许电流 I_{CM}、集电极最大允许耗散功率 P_{CM}。这些参数可以通过晶体管手册查找或使用晶体管特性图示仪进行测量。

2. 三极管的测量

三极管的测量主要包括两部分，一部分是晶体管作为独立器件的重要参数的测量，另一部分是晶体管电路特性的测量。

（1）用万用表测量。模拟式万用表常用来判定三极管的引脚和好坏。具体方法是，选定万用表欧姆挡（一般为"×1k"挡），对三极管的三个极进行两两配对测试电阻。对于正常的三极管必能测出有一极对其他两极的导通电阻都很小，此极即为三极管的基极，而且也确定了三极管是 PNP 型还是 NPN 型。在确定三极管的基极与类型以后（如 NPN 型三极管），三极管的集电极与发射极的区分方法可按如图 7-19 所示的电路来判定。

假定其中一个是集电极，另一个是发射极。如果实际的电极与假定一致，则在断开与接入基极电阻的瞬间，万用表的指针会发生明显的摆动；反之，在发射极与集电极倒置的情况下，万用表的指针摆动幅度极小，因为偏置电压不符合要求。

数字万用表一般都有三极管测量挡，如 VC9801A 型万用表，在已知基极与三极管的类型后，根据三极管正确连接时直流放大倍数 B 较大的特点，可以区分出发射极和集电极。

（2）用晶体管特性图示仪测量。晶体管特性图示仪是测量晶体管的专用仪器，可用来测量晶体管的多种直流参数和低频工作的动态特性。晶体管特性图示仪的内部结构一般有电子管式、晶体管式和集成电路式 3 种类型，由基极阶梯信号发生器、集电极扫描电压发生器、测试转换与控制电路、显示处理电路和显示器组成，如图 7-20 所示。

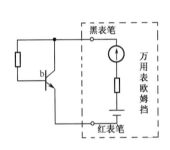

图 7-19　用万用表判定三极管 c、e 极

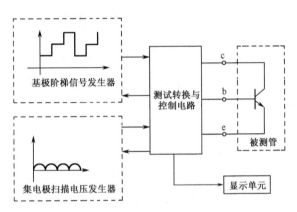

图 7-20　晶体管特性图示仪基本组成原理

晶体管特性图示仪不仅操作方便，而且提供了较为完备的测试条件，能够方便地测量晶体管的输入与输出特性曲线，常用于三极管的严格筛选。如图 7-21 所示为晶体管特性图示仪显示的小功率三极管 9013 的 c-e 极输出特性曲线。

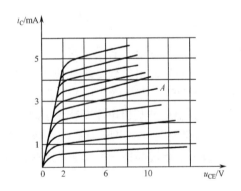

图 7-21　三极管 9013 的 c-e 极输出特性曲线

7.2.3　场效应管的测量

场效应管是一种电压控制型半导体器件。与晶体三极管不同，场效应管具有极高的输入阻抗，故其在工作时的输入电流几乎为零，输出电压的变化取决于输入电压的变化。场效应

管也有 3 个电极，分别为栅极、漏极和源极，用 G、D、S 表示。

场效应管可分为结型场效应管和绝缘栅型场效应管。场效应管的重要参数是饱和漏极电流 I_{DSS}、夹断电压 U_P 和转移跨导 g_M。场效应管的参数可以从半导体器件手册上查得，也可以用专用测量仪器来测得。

1．用晶体管特性图示仪来测量

其测量方法大致类同于晶体三极管的测量。用 JT-1 图示仪测量场效应管 3DJ7 的过程如下所述。

通过查手册可知，这是一种 N 沟道结型场效应管，其引脚排列为 S、D、G，分别对应于晶体三极管的引脚 e、c、b，相当于一个 NPN 型小功率三极管。选择触发源为基极电压，触发极性为 "–"，Y 轴选择为 "ic"，正确连接 S、D、G 端于图示仪对应的 e、c、b 端，并在 b 端与地之间接入一个 100 kΩ 的电阻，将图示仪置于 "工作" 挡，图示仪上便会显示出场效应管的输出特性曲线。

2．用通用仪表与适配电路测量

如图 7-22（a）所示，电流表直接指出被测管的 I_{dss}，如图 7-22（b）所示是测量场效应管夹断电压的简易电路。当 U_{GG} 为零时，同图 7-22（a）一致。在实际测量时，U_{GG} 逐渐增大到某个数值时，微安表 A_2 中的电流为零，这时电压表 V_G 对应的电压值即为夹断电压 U_P。

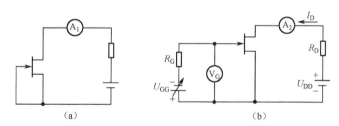

（a）　　　　　　　　　　（b）

图 7-22　用电流表和适配电路测量场效应管

7.3　集成电路的测试

集成电路采用特殊的半导体工艺，将一个具有完整功能的电路模块的多个电子元器件集成于几何尺寸极小的芯片上。由于集成电路具有体积小、功能强和功耗低的优点，已成为现代电子设备的主要构件。现代电子产品的设计、生产、调试、维护和集成电路的测试与分析密不可分。集成电路测试是保证集成电路性能、质量的关键手段之一，集成电路测试技术是发展集成电路产业的三大支撑技术之一。

随着微电子技术的不断进步，集成电路的规模与种类在不断增加。根据片内晶体管的数量等级，集成电路可分为中小规模芯片和大规模、超大规模芯片；根据处理信号的特点，可分为模拟电路芯片和数字电路芯片；根据智能程度与操作特性，可分为可编程芯片与不可编程芯片。

由于集成电路生产厂家众多，不同功能、不同种类、不同型号的集成电路产品数以万计，所以其测试较为复杂，没有、也不可能有一个适用于所有产品的测试方法和仪器。本节主要介绍一些最基本的测试方法和测试方案，专业性的测试方法和技能有待在实际工作中进一步学习。

7.3.1 中小规模集成电路的一般测试

1. 模拟集成电路的测试

模拟集成电路是相对于数字逻辑电路的另一大类集成电路，其特点是处理的主要是模拟信号，这类集成电路也包括一些转换器，如光—电信号转换芯片、模拟信号—数字信号转换芯片等。模拟芯片的应用场合特别广泛，每个细分的电子领域都有一批芯片，如电源领域的集成稳定器与 PWM 控制器，滤波领域的有源滤波器，信号传输领域的运算放大器、宽带放大器、调制器等。

（1）线性芯片测试。线性集成电路在其工作范围内，仅对输入信号做一定比例的放大，不丢失原来的频率分量或产生新的频率分量。运算放大器是最常用的一种线性集成电路芯片。掌握了对运算放大器的特性的测量原理与方法，也即掌握了对一般线性集成电路的测试方法。

理想的运算放大器如图 7-23 所示，具有如下特性：①输入阻抗 $R_i=\infty$；②输出阻抗 $R_o=0$；③电压增益 $A_v=\infty$；④带宽为 ∞；⑤当 $U_{i-}-U_{i+}=0$ 时，$U_o=0$。

实际的运算放大器不是理想的。对运算放大器的测试就是对影响其性能的一些关键指标的测试，如输入阻抗、转换速率、开环电压增益等。

① 运算放大器开环输入阻抗 R_i 的测量。运算放大器的输入阻抗由两输入端之间和每个输入端与地之间的阻抗组成，如图 7-24 所示。R_i 称为差分输入阻抗，R_c 称为共模输入阻抗。当作为反相放大器使用时，同相输入端接地，$R_c>>R_i$，可以近似认为差分输入阻抗即为其输入阻抗。

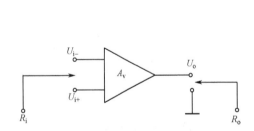

图 7-23 理想的运算放大器

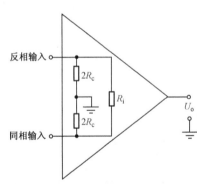

图 7-24 运算放大器的输入阻抗

测量运算放大器开环输入阻抗的电路如图 7-25 所示。为了避免运算放大器在开环状态下由于输入失调电压的影响处于饱和状态，首先调节电位器 R_w，使得运算放大器输出直流电压为（0±0.1）V，然后调节信号发生器的输出电压 U_s，使得运算放大器输出交流电压 U_o 的值在 1 V 附近，记为 U_{o1}。第二步，将图中两个 1 kΩ 电阻换成 2 个 R_x，测得运算放大器的输出交流电压为 U_{o2}，从而有

$$R_i \approx \frac{2R_x U_{o1}}{U_{o1} - U_{o2}}$$

② 运算放大器开环增益 A_v 的测量。A_v 的测量方法仍采用如图 7-25 所示的测量运算放大器的输入阻抗的方法。因为 $A_v=U_o/U_i$，且

$$U_i = \frac{U_s \times 100}{100 + 100 \times 10^3} \approx \frac{U_s}{10^3}$$

所以

$$A_v = \frac{1\,000 U_o}{U_s}$$

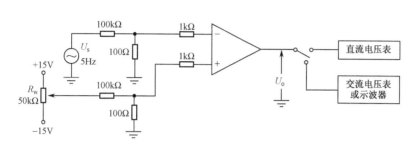

图 7-25 运算放大器开环输入阻抗的测量电路

③ 运算放大器转换速率 S_r 的测量。运算放大器能够将正弦波信号转化为矩形波，这种大信号工作特性一般用 S_r 来表征，可以用示波器来测量。具体测量电路如图 7-26 所示。$U(t)$ 为低频（100 Hz）方波，$S_r = \Delta U / \Delta t$。

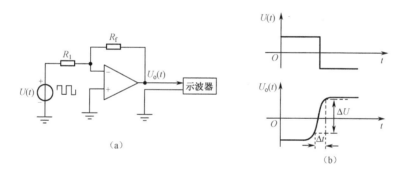

图 7-26 运算放大器转换速率的测量

（2）一般模拟集成芯片的测试。

① 性能指标测量。可以采用与测量运算放大器的特性参数相类似的方法，设计测量一般模拟集成芯片的电路。主要是根据集成芯片的电气性能、使用条件、输入与输出关系，制作一个测试板，选择合适的激励信号与测量仪器进行测量。如图 7-27 所示为单片集成锁相环 CD4046 的测试电路。

测试板上有一个 16 引脚管座，各引脚已按技术要求接好。电源电压 $V_{CC}=+5$ V，振荡电容 $C_1=100$ pF，振荡电阻 $R_1=3.3$ kΩ，环路滤波电阻 $R_2=100$ kΩ，$R_3=5.1$ kΩ，$C_3=2.2$ μF。外接分频器为 128 分频，方波信号源的频率为 100 Hz～20 kHz。测量时，第一步，在环路开路的情况下改变 R_1、C_1 的值，测出 CD4046 的振荡频率范围；第二步，将环路闭合，将方波信号源的频率从 100 Hz 至 10 kHz 变化，测定 CD4046 输出频率的跟踪范围；第三步，改变环路滤波电路的 R_2、R_3、C_3 的值，测定锁相环环路同步的建立时间和保持时间。

② 集成芯片的在线测试。在调试和维修工作中，常对已焊接在电子线路板上的集成芯片是否正常产生疑问。这时采用在线测试的方法，可以解决大多数问题。在线测试一般有以下几种方法。

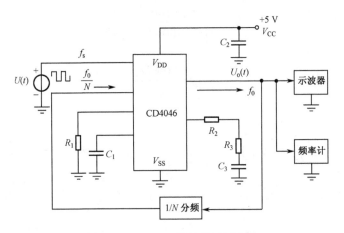

图 7-27　CD4046 的性能测试电路

　　a．电阻测量法。在不加电的情况下，测量功能引脚的对地电阻和一些引脚之间的电阻。

　　b．电压测量法。测量多引脚的直流电压（对地）。

　　c．信号注入法。从某个引脚注入外部信号，观察芯片的输出状态，并与正常芯片的状态进行对照，这是在线测试法的理论核心。

　　用上述方法 a 与 b 测试时，如发现某个引脚的电阻或电压与正常电路差异较大时，可进一步对引脚外围元件加以检查，必要时可以断开检查，如确认外围无误，则可认定芯片有损。用方法 c 测试时，对一些集成电路内部分成几部分且相对独立的芯片可以压缩故障范围。以调频信号解调芯片μPC1353 为例，该芯片内部有调频/调幅信号转换电路、检波电路和高频功率放大电路。在如图 7-28 所示的电路中，正常时其多引脚的对地电压见表 7-2。

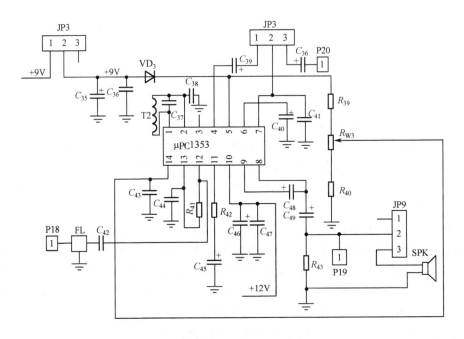

图 7-28　μPC1353 应用电路

表 7-2　μPC1353 各引脚对地电压测量值

引　脚	1	2	3	4	5	6	7	8	9	10	11	12	13	14
电压/V	4.7	4.7	5.8	5.3	8.2	6.1	5.1	6.4	11	12	6.8	2.5	0.6	0.6

引脚 4 是音频放大输入端，从此端加入 1 kHz 的正弦波，如功放有输出，则可确定该芯片的供电部分与功放部分是正常的。

2．数字集成电路的测试

数字集成电路处理的都是以 0、1 为特征的数字电压。数字集成电路的电特性主要是数字电路的电特性，最主要的有输入电平、输出电平、输入电流、输出电流、转换时间、延迟时间、功率消耗等。这些电特性的测试，完全可以参照模拟集成电路的方法，按照技术要求设置电路工作条件，选用合适的测试仪表来完成。

数字集成电路的功能，主要体现在逻辑关系与时序关系上。这方面的测试可以选用集成电路测试仪进行便捷的测试，也可以选用逻辑分析仪进行仔细的研究。

除专用的集成电路测试仪外，在工程应用中，对于常用的中小规模数字集成电路，常采用通用编程器进行功能测试，如普遍使用的 SUPERPRO 系列、AIL-11P、LAETOOL-48 等，这是一种能对 MTP/OTP 单片机、EPROM、EEPROM、FLASH ROM、GAL、PAL、PLD、EPI、DRAM 等近万种常用数字集成电路进行编程与测试的工具，支持 8～300 个引脚、多种封装、多种供电电压，并可对 74/54 系列、CMOS4000 系列、常用 RAM 等进行逻辑功能测试，其价格低廉、使用方便，支持的可编程芯片还在不断增加，因而在产品开发、生产、维修等方面得到了十分广泛的应用。

7.3.2　集成电路测试仪

集成电路测试仪（或测试系统）是用于集成电路设计、验证、生产测试的专用仪器（系统），按测试门类可分为数字集成电路测试仪、存储器测试仪、模拟与混合信号电路测试仪、在线测试系统和验证系统等。由于这些测试仪的测试对象、测试方法及测试内容都存在差异，因此各系统的结构、配置和技术性能差别较大。

随着集成电路的发展，集成电路测试仪从最初测试小规模集成电路发展到测试中规模、大规模和超大规模集成电路。到了 20 世纪 80 年代，超大规模集成电路测试仪进入全盛时期。其主要测试对象为 VLSI，可测引脚数多达 256 个，功能测试矢量速率高达 100 MHz，测试矢量深度可达 256 kB 以上。测试仪的智能化水平进一步提高，VXI 总线、TCP/IP 通信协议得到了广泛应用，实现了测试—计算机—通信相结合，具备与计算机辅助设计（CAD）的连接能力，可自动生成测试图形向量，并加强了数字系统与模拟系统的融合。有些系统实现了与激光修调设备的联机工作，对存储器、A/D、D/A 等 IC 芯片进行修正。现在，测试仪的功能测试速率已达 500 MHz 以上，可测引脚数多达 1 024 个，走时精度达±55 ps。新型数模混合信号电路测试系统不仅可以测试混合信号电路产品，而且还衍生出多种数字、模拟电路专用测试系统。

7.3.3 大规模数字集成电路的 JTAG 测试

目前，中大规模集成电路的应用已十分普遍，但由于专用的集成电路测试仪价格昂贵，利用它来解决这些集成电路在产品研发、生产、维修中的测试问题，对于广大普通用户来说是不现实的。为解决这一问题，集成电路生产厂家共同提出了一种边界扫描测试技术（Boundary Scan Test Architecture）。它属于一种可测试性设计，其基本思想是在芯片引脚和芯片内部逻辑之间（即芯片边界位置）增加串行连接的边界扫描测试单元，以实现对芯片引脚状态的设定和读取，使芯片引脚状态具有可控性和可观测性。

边界扫描测试技术最初由各大半导体公司（Philips、IBM、Intel 等）成立的联合测试行动小组 JTAG（Joint Test Action Group）于 1988 年提出，1990 年被 IEEE 规定为电子产品可测试性设计的标准（IEEE 1149.1/2/3）。目前，该标准已被一些大规模集成电路（如 MPU、DSP、CPU、CPLD、FPGA 等）所采用，而访问边界扫描测试电路的接口信号定义标准称为 JTAG 接口，通过这个标准，可对具有 JTAG 接口芯片的硬件电路进行边界扫描和故障检测。除广泛应用于中大规模数字集成电路及 PCB 的测试外，该标准还可用于仿真调试、芯片编程等，可大大缩短产品的开发周期，给产品维护、维修带来极大的便利。

IEEE 1149.1 标准支持以下 3 种测试功能。

① 内部测试——IC 内部的逻辑测试。

② 外部测试——IC 间相互连接的测试。

③ 取样测试——IC 正常运行时的数据取样测试。

为了使集成电路达到可扫描的要求，需要对它进行改造。JTAG 标准定义了一个串行的移位寄存器，寄存器的每一个单元分配给 IC 芯片的相应引脚。每一个独立的单元称为 BSC（Boundary-Scan Cell，边界扫描单元），它位于输入引脚和内部逻辑之间，以及内部逻辑与输出引脚之间。BSC 起到把输入/输出信号与内部逻辑隔离或连通的作用，所有的 BSC 在 IC 内部构成 JTAG 串联回路，如图 7-29 所示。

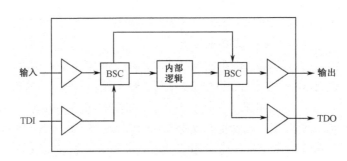

图 7-29 可扫描设计

增加了 BSC 和相应的控制部分后，一个器件的引脚也要相应地增加 4 个或 5 个。JTAG 引脚如图 7-30 所示。

- TCK：测试时钟输入；
- TDI：测试数据输入，数据通过 TDI 输入 JTAG 接口；
- TDO：测试数据输出，数据通过 TDO 从 JTAG 接口输出；
- TMS：测试模式选择，TMS 用来设置 JTAG 接口处于某种特定的测试模式；

● TRST：测试复位，输入引脚，低电平有效（可选引脚，并非每个 JTAG 接口都需要）。

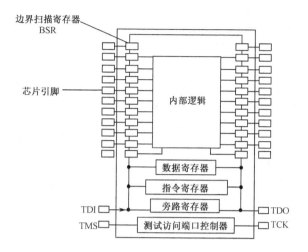

图 7-30　具有 JTAG 接口的 IC 内部 BSR 单元与引脚关系

　　在正常操作时，输入和输出信号可以不受干扰地通过 BSC 单元，完成内部逻辑的逻辑功能。所有的 BSR（Boundary-Scan Register，边界扫描寄存器）通过 JTAG 测试激活，当仪器在 TMS 的控制下进入测试模式后，BSC 单元可以把内部逻辑与外界信号隔离，而串行扫描数据则可以由 TDI 进入 BSC 单元。JTAG 内部有一个状态机，称为 TAP 控制器，用于边界扫描测试的控制。TAP 控制器在 TCK 时钟作用下，对 TMS 做出响应，去控制指令寄存器和数据寄存器的动作，完成特定的测试，测试数据由 TDO 输出。

　　通过载入芯片生产商提供的边界扫描测试数据，检查其输出就可完成其测试。

　　目前，边界扫描技术的应用主要在数字 IC 的测试上，这种设计思想也可用于模拟系统、板级测试甚至系统测试上。IEEE 也制定了和 IEEE 1149.1 相类似的标准 IEEE P1149.4（数模混合信号测试总线标准）、IEEE 1149.5（电路板测试和维护总线标准）。

　　如图 7-31 所示为一个板级的互连测试示意图。其各器件的 BSC 单元串联组成了一个可扫描的网（Net）。这个网的互连性都能被正确检测出来。

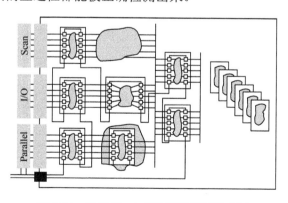

图 7-31　板级 JTAG 芯片互连测试示意图

实训十　电子元器件的识别与检测

一、实训目的

（1）熟悉电阻、电容、电感、变压器、二极管、晶体管的外形结构和标识方法。

（2）掌握用万用表测量电阻的阻值并计算电阻的实际偏差。

（3）掌握用万用表测量电容的容量、电容的漏电阻及判断电容的好坏。

（4）掌握用万用表判断电感和变压器的好坏。

（5）掌握用万用表测量二极管的极性和好坏。

（6）掌握用万用表测量晶体管的引脚极性、晶体管的类型与晶体管性能的好坏。

（7）掌握用万用表的欧姆挡初步判断集成电路的好坏。

二、实训仪器及器材

（1）模拟万用表、数字万用表各 1 台。

（2）电阻、电容、电感、变压器、二极管、晶体管若干。

三、实验内容与步骤

（1）读出不同标识方法的电阻的标称阻值、容许误差及其他参考值，并记录。

（2）用万用表测量实训用电阻的阻值并计算出其实际误差，分析实际偏差是否在容许偏差范围内；检测可变电阻的好坏。将上述结果记录下来。

（3）识别不同类型的电容，读出电容在不同标识方法中的各参考值，并将结果记录下来。

（4）用欧姆挡检测电容的好坏；选择两个 5 000 pF 以上且电容不等的电容，用万用表检测并判断它们的大小；用万用表判断电解电容的极性。将结果记录下来。

（5）识别各种类型的电感和变压器，读出电感和变压器在不同标识方法中的参考值，并将结果记录下来。

（6）用万用表的欧姆挡检测电感和变压器的好坏。将检测结果记录下来。

（7）用万用表测量二极管的极性和好坏，并将测量结果记录下来。

（8）用万用表测量晶体管的引脚类型与好坏，测量 I_{CEO} 的大小。将结果记录下来。

四、实训报告

整理实验表格，写出实训报告。

本章小结

本章主要介绍了伏安法、电桥法、谐振法等集中参数元件的测量与仪器、晶体管特性曲线的测量方法与仪器及中小规模集成电路的一般测量方法，是电子元器件测量的基础知识。

（1）电子元器件测量主要包括电阻、电容、电感、损耗因数、品质因数等集中参数的测量及晶体管特性参数的测量。低频状态下的电阻、电容、电感属于集中参数元件。

（2）伏安法是根据欧姆定律来测量集中元件参数的。其测量精确度较差，仅适用于低频测量，一般用来测量直流电阻。

（3）集中参数元件阻抗的数字化测量实质上属于阻抗—电压转换法测量。它利用正弦波信号在被测阻抗两端产生交流电压，并对实部和虚部进行分离，最后利用电压的数字化测量来实现阻抗的测量。

（4）电桥法是根据电桥平衡条件来测量的，所用仪器称为平衡电桥或电桥。电桥法比较适合低频阻抗元件的测量，电桥由桥体、零指示器、电源等部分组成。

（5）电桥分为直流电桥和交流电桥，交流电桥又有臂比、臂乘电桥之分。臂比电桥比较适于测量电容，臂乘电桥比较适于测量电感。

（6）不平衡电桥通过直接测量电桥非平衡状态下流经指示器的电流或两端电压来进行测量。它也可以用来测量集中参数元件。不平衡电桥易实现集中参数元件的快速数字化测量。

（7）谐振法又称 Q 表法，是依据 LC 谐振回路的谐振特性进行测量的方法。谐振法比较适合于高频元件的测量。谐振法测量仪器称为 Q 表，Q 表由测量回路、信号源、耦合回路及 Q 值电压表等部分组成。

（8）Q 表法测量电感、电容时一般采用替代法，要正确使用 Q 表。

（9）晶体管特性图示仪是一种元器件测量仪器，主要由阶梯波发生器、集电极扫描电路、测试变换电路和示波器等组成，用来显示元器件的特性曲线及测量 α、β 值等参数。

（10）中小规模集成电路的测量有模拟集成电路的测试和数字集成电路的测试。

习题 7

1．测量电阻、电容、电感的方法有哪些？它们各有什么特点？对应于每一种方法举出一种测量仪器。

2．简述直流电桥法测量电阻的基本方法。

3．电解电容的漏电流与所加电压有关系吗？为什么？

4．如图 7-32 所示的串联电桥达到了平衡，其中 $R_2 = 100\,\Omega$、$C_2 = 0.1\,\mu\text{F}$、$C_4 = 0.01\,\mu\text{F}$、$R_3 = 1000\,\Omega$。试求 R_x、L_x 的值。

5．简述晶体管图示仪的组成及各部分的作用。

6．画出图示仪测试二极管正向特性曲线的简化原理图。

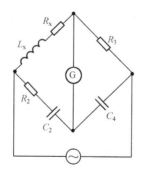

图 7-32

第8章

智能仪器与自动测试系统

【本章要点】
1. 智能仪器、自动测试系统、个人仪器与虚拟仪器的组成。
2. GPIB 标准接口。
3. 智能仪器的典型处理功能。

【本章难点】
1. 智能仪器、自动测试系统、个人仪器与虚拟仪器的区别。
2. 智能仪器的典型处理功能。

随着科学技术的进步及工业化大规模生产的加速，电子测量技术面临着新的、革命性的挑战。现代测试范围越来越广，内容越来越复杂，测试工作量急剧增加，对测试设备在功能、性能、测试速度、测试准确度等方面的要求也越来越高。而在某些场合需要进行长期定时测量或不间断测试，或进行危险环境下的测试，或在人员难以进入的区域测试。面对这种情况，传统的单机、单参数人工测试已不能适应科技发展的要求，迫切要求测量技术不断改进与完善，因此自动测量技术应运而生了。自动测量技术以计算机或嵌入式微处理器为核心，将检测技术、数字信号处理技术、自动控制技术、通信技术、网络技术和电子信息等技术完美地结合起来，为电子测量技术注入了新的活力。以微处理器、计算机为核心，在程控指令的控制下，能自动完成某种测试任务而组合起来的测量仪器和其他设备的有机整体称为自动测试系统（Automatic Test System，ATS）。

8.1 智能仪器与自动测量技术的发展历史

智能仪器与自动测量技术的发展大致可分为三个阶段。

1. 单机及专用系统阶段

20 世纪 70 年代，随着微电子技术的发展和微处理器的普及，以及计算机技术与电子测量技术的结合，出现了以微处理器为基础的智能仪器。它具有键盘操作、数字显示、数据存储与简单运算等功能，可实现自动测量，如智能化 DVM、智能化 RLC 测量仪、智能化电子计数器、智能化半导体测试仪等。在此基础上，为满足重复工作量大、可靠性要求高、测试速度要求快以及测试人员难于停留的场合的测试，诞生了早期的自动测量系统，也称为第一代自动测试系统。它往往是针对某项具体测试任务而设计的，缺乏仪器间的接口标准。仪器与仪器、仪器与计算机之间的接口问题是系统组建者为满足测试目标而自行努力解决的，如数据自动采集系统、产品自动检测系统、自动分析及自动检测系统等。同人工测量相比，这种自动测试系统有很大的优越性，至今仍然在使用，但其最大的不足是适应性差，即缺乏通用性，当系统比较复杂、需要程控的器件较多时，研制工作量大、费用高。

2．以标准接口和总线为主要特征的阶段

进入 20 世纪 70 年代末期，标准化的通用接口总线出现了，因而可利用 GPIB、VXI 等仪器系统总线将一台计算机和若干台电子测量仪器连接在一起，组成自动测试系统。在这种自动测试系统中，各设备都用标准化的接口和统一的无源总线以搭积木的形式连接起来。

在这些仪器总线中，最具代表性的是 GPIB 总线和 VXI 总线。GPIB 总线于 1972 年由美国惠普公司（HP，Agilent 公司的前身）推出，后为美国电气与电子工程师学会（IEEE）及国际电工委员会（IEC）接受，又称 IEEE—488 总线。GPIB 以它的灵活性、适用性得到了广泛应用，成为测量仪器的基本配置，这些仪器既可以单独使用，又可以通过 GPIB 总线灵活方便地组成自动测量系统。1987 年，惠普（HP）、泰克（Tektronix）和 Wavetek 等 5 家仪器制造商联合推出了新的通用接口总线 VXI，它是 VME 总线标准在仪器领域的扩展。VXI 总线系统像 GPIB 系统一样，可以把不同类型、不同厂商生产的插件式仪器和其他插件式器件组成测试系统。VXI 系统广泛采用图形用户接口与开发环境，支持“即插即用”，以其小型便携、高速工作、灵活适用和性能先进等突出优点，显示了它充沛的生命力。

3．PC 仪器阶段

进入 20 世纪 80 年代，计算机特别是个人计算机得到了广泛的普及与应用。在电子测量领域，计算机与仪器之间的相互关系也在发生改变。在早期的自动测量系统中，仪器占据主要位置，而计算机起辅助作用；而到了 GPIB 仪器和 VXI 仪器阶段，计算机系统越来越占据着重要和主要地位。基于这种趋势，出现了“计算机即是仪器”的测试仪器新概念，诞生了个人仪器和虚拟仪器。

个人仪器以个人计算机为核心，辅以仪器电路板和扩展箱，与个人计算机内部总线相连，在应用软件的控制下，共同完成测试测量任务。强有力的计算机软件代替了传统仪器的某些硬件，计算机直接参与测试信号的产生和测量特性的分析，这样仪器中的一些硬件从系统中消失了，从而大幅降低了仪器的成本，缩短了研制周期，方便了升级更新，在组成测试系统和网络方面有很大的潜力。

1986 年，美国国家仪器公司（NI）提出了一种新型的仪器概念——虚拟仪器。虚拟仪器的出现和兴起是电子测量仪器领域的一场重要变革，它是一种与传统电子测量仪器完全不同的概念，改变了传统仪器的概念、模式和结构。在虚拟仪器中，计算机处于核心地位，计算机软件技术和测试系统更紧密地结合成了一个有机整体，利用计算机强大的图形环境，建立界面友好的虚拟仪器面板（也即软面板），操作人员通过友好的图形界面及图形化编程语言控制仪器运行，就能完成对被测试量的采集、分析、判断、显示、存储及数据生成。

虚拟仪器技术的实质是充分利用最新的计算机技术来实现和扩展传统仪器的功能。虚拟仪器的基本构成包括计算机、虚拟仪器软件、硬件接口模块等。在这里，硬件仅仅是为了解

决信号的输入/输出，软件才是整个系统的关键。当基本硬件确定以后，就可以通过不同的软件实现不同的仪器测试测量功能。虚拟仪器的应用软件集成了仪器所有的采集、控制、数据分析、结果输出和用户界面等功能，使传统仪器的某些硬件乃至整个仪器都被计算机所替代，从某种意义上体现了"计算机即是仪器"的概念。

互联网技术在电子测量领域的应用，进一步改变了测量技术的以往面貌，打破了在同一地点进行采集、分析和显示的传统模式，实现了分布式测量及资源共享，标志着自动测试与电子测量仪器领域技术发展的一个崭新方向。

8.2 智能仪器与个人仪器

8.2.1 智能仪器

智能仪器是计算机技术与电子测量仪器紧密结合的产物，是内含微型计算机或微处理器，能够按照预定的程序进行一系列测量测试的测量仪器，并具有对测量数据进行存储、运算、分析判断、接口输出及自动化操作等功能。

微处理器在测量仪器中的使用可以说是测量技术上的一大飞跃，是赋予仪器智能化的核心，增强了仪器的功能和灵活性，使原来要用许多硬件逻辑还难以解决或根本无法解决的问题用软件就可以解决。这使得电子测量在测量原理与方法、仪器设计、仪器性能与功能、仪器使用与故障检修等方面都发生了巨大变化。高性能、高精度、多功能的测量仪器已离不开计算机技术。

为了实现智能化特性或功能，智能仪器中都广泛使用了嵌入式微处理器或数字信号处理器（DSP）及专用电路（ASIC），并且以微处理器的软、硬件为核心，将传统仪器的测量部分与微处理器有机地融合起来，使得其功能大大丰富、性能大大改善、自动化及智能化程度大大提高。智能仪器大都具有自动量程转换、自动校准、自动程序化测量、故障自动诊断等能力，并大都内置通用接口，便于与计算机及不同种类、不同厂商的仪器构成自动测试系统。

1. 智能仪器的特点

仪器与微处理器相结合，使得软件替代了许多传统的硬件逻辑，带来更小的体积、更高的集成度、更直观方便和智能的显示与操作、更有效的数据存储处理与通信。与传统仪器相比，智能仪器具有以下几个突出特点。

（1）以软件为核心，具有强大的控制能力。智能仪器的全部操作都是在其内部微处理器软件的控制下进行的，传统仪器的传感器和变送器仅充当信息采集的前端，其余工作全部由微处理器系统在软件的控制下完成。这样，软件和微处理器系统就代替了许多传统仪器中的硬件，如指针式显示、旋钮与按键开关、硬件判断逻辑、运算电路、计数器、寄存器、译码显示电路，等等。智能仪器使用智能接口进行人机对话，使用者借助面板上的键盘和显示屏，用对话方式选择测量功能、设置参数，并通过显示器等直观地获得测量结果。这样不但降低了成本，减小了体积，提高了性能，而且降低了功耗，提高了可靠性，同时通过软件更新还可提供新的功能，改善性能，实现仪器的升级。

智能仪器这种以微处理器及软件为核心的结构，还可以把许多传统仪器的功能集合成一个多功能、高性能、多用途的综合性仪器，解决了一些应用场合对多种测量仪器的需求，减小了体积，降低了测量成本，简化了连接与操作，受到了测试人员的欢迎。典型的如无线通信测试领域广泛使用的 Agilent 公司的 892x 系列、IFR 公司的 296x 系列无线通信综合测试仪，它们集音频/射频/调制/扫频信号源、频谱分析仪、频率计、失真度仪、功率计、数字电压表/毫伏表、示波器、调制度分析仪、GSM/CDMA 协议分析仪、基站/手机测试仪等于一身，成为无线通信测试测量领域的首选仪器。

（2）具有强大的数据存储、处理功能。智能仪器的另一突出特点是它的数据存储、处理功能。智能仪器的存储器既用来存储测量程序、相关的数学模型及操作人员输入的信息，又用来存储以前测得的和现在测得的各种数据、处理结果等。而其强大的数据处理功能则主要表现在改善测量的精确度及对测量结果的处理两方面。

在提高测量精度方面，智能仪器采用软件对测量结果进行即时的在线处理，对各种误差进行计算和补偿，所以精度和数据处理的质量都大为提高。例如，传统的数字万用表（DMM）只能测量电阻、交直流电压、电流等，而智能型数字万用表不仅能进行上述测量，而且还能对测量结果进行诸如零点平移、平均值、极值、方差、标准偏差、统计分析及更加复杂的数据处理，并可对信息进行分析、比较和推理。又如，一些信号分析仪器在微型计算机的控制下，不仅可以实时采集信号的实际波形，在 CRT 上复现，并可在时间轴上进行展开或压缩，还可以对所采集的样本进行数字滤波，将淹没在干扰信号中的有用信号提取出来，也可以对样本信号进行时域或频域的分析，这样可使仪器具有更深层次的分析能力。

（3）实现仪器功能多样化。利用微处理器，智能仪器的性能得到提高，功能得到扩展，甚至可以进行一些传统仪器无法进行的测量，使得智能仪器的测量过程、软件控制及数据处理等更多方面的功能易于实现。智能仪器对于测量所得的数据，可以进行多种运算、比较、逻辑判断等数据处理，然后再按要求输出显示。智能型 8520 数字万用表具有自检、零点设置、数值运算、偏差百分比、峰值、超极限检查、统计运算、用电平表示电压或功率等功能；有的智能仪器还具有时钟、日历、自动记录、绘制曲线、打印输出、报警及控制等多方面的功能。这样多的功能如果不用微型计算机控制，在一台仪器中是不可能实现的。通过软件更新，智能仪器的功能还能得到进一步的拓展。

智能仪器大都具有对外通信接口功能（如软驱、串口、GPIB 标准接口等），具有可程控的能力，能够方便地与计算机及其他智能仪器组成自动测试系统，有的甚至具有网络接口，可直接接入 LAN 或 Internet，实现异地遥控遥测，完成更复杂的测试任务。

（4）智能化、自动化程度高。在软件的控制下，智能仪器的智能化、自动化程度较高。它能够通过自校准（校准零点、增益等）保证自身的准确度；能够自选量程，甚至自动选择和调整测试点和仪器的工作状态，简化使用人员的操作，省去了烦琐的人工调节。智能仪器还常常利用显示器向用户提供菜单用以指导操作，如可以利用菜单向用户提示仪器可供选择的功能、可能的工作方式，指示操作步骤，引导选择各种参数，显示当前的量程和工作状态，指出操作或参数选择上的错误等。智能仪器还能够自动补偿、自适应外界的变化，如自动补偿环境温度、压力等对被测量的影响，能补偿输入信号的非线性，并根据外部负载的变化自动输出与其匹配的信号等；具有自检、自诊断和自测试功能。仪器可对自身各部分进行检测，验证能否正常工作。自检合格时，显示信息或发出相应声音；否则运行自诊断程序，进一步检查、判定仪器的故障位置，显示相应的信息。若仪器中考虑了替换方案，还可在内部协调和重组，自动修复系统。

当测试测量过程步骤较多、较复杂时，可通过键盘或串口、GPIB 等编程设置，实现程控、自动化测试测量。这些都大大方便了使用，节省了测试时间，降低了测试强度。

2．智能仪器的基本结构

智能仪器实际上是一个专用的微型计算机系统，它由硬件和软件两大部分组成，如图 8-1 所示。

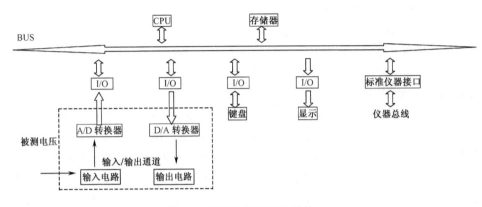

图 8-1　智能仪器的基本结构

（1）智能仪器的硬件结构。智能仪器的硬件部分主要包括 CPU、存储器、内部总线、各种 I/O 接口、通信接口、人机接口（键盘、开关、按钮、显示器）等。

智能仪器以微处理器系统为核心，通过内部总线及接口与仪器输入/输出通道、键盘显示及通信接口相连。输入通道是智能仪器与一般的计算机系统的显著区别之处，其前端部分与传统仪器的对应部分完全相似，包括输入放大/整形电路、抗混叠滤波器、多路转换器、采样保持器、A/D 转换器等部分，对于一些非电量的测量还包括传感器。对于输出通道，如果要求模拟输出，则需要 D/A 转换器、多路分配器、X—Y 绘图仪或打印机相连，以获得硬拷贝，还可通过 GPIB 接口或 RS-232C 等标准通信接口与计算机或自动测试系统进行通信。人机接口是操作者与仪器之间进行交互的界面，主要由仪器面板上的键盘、开关、按钮及显示器等组成。键盘在微处理器管理和控制下工作，通过键盘，用户可以选择仪器功能和设置测量参数，有些仪器还可以通过键盘编程，以使测量设备从多方面灵活地满足用户的需要。

工作时，微处理器接收来自键盘或 RS-232C、GPIB 接口的命令，解释并执行这些命令；然后通过 I/O 接口发出各种控制信息给测量电路，用来设定测量功能，启动测量；测量数据被存储在内部的存储器中。当完成一次测量后，微处理器读取测量数据，进行必要的处理，最后输出至显示器、打印机、主控计算机、自动测试系统。测量过程中，微处理器同时还可采用查询和中断等方式，了解测量电路的工作状况，并根据需要进行显示。

（2）智能仪器的软件组成。智能仪器的软件是其灵魂，整个测量工作是在软件的控制下进行的。没有软件，智能仪器就无法工作，软件是智能仪器自动化程度和智能化程度的主要标志。智能仪器的软件部分主要包括监控程序和接口管理程序两部分。其中监控程序是核心，主要完成的功能有：通过键盘操作输入并存储所设置的功能、操作方式与工作参数；通过控制 I/O 接口电路对仪器进行预定参数的设置、实施数据采集；对数据存储器所记录的数据和状态进行各种处理；以数字、文字、图形等形式显示各种状态信息及测量数据的处理结果等。接口管理程序面向通信接口，主要接收并分析来自通信接口的各种有关功能、操作方式与工作参数的程控操作指令，并通过通信接口远传仪器的现行工作状态及测量数据、处理结果等，实现联机、联网自动测试系统功能。

智能仪器中，软件代替了传统仪器中的许多硬件电路，如用 D/A 转换器、微处理器及其软件直接产生各种测量用信号，用软件直接完成频率计数和运算等，这不仅降低了仪器的成本、体积和功耗，增加了仪器的可靠性，还可以通过对软件的修改，使仪器对用户的要求做出灵活的反应，提高了产品的竞争力。因此，虽然智能仪器形式上完全是一台仪器，但实质上它与微型计算机有很多相似之处。

8.2.2　个人仪器

个人仪器是在智能仪器的基础上，在广泛普及应用的个人计算机的基础上开发出的一种崭新的仪器，它与独立仪器完全不同，其基本构想是将原智能仪器中测量部分的电路以附加插件或模块的形式插入到个人计算机的总线插槽或扩展箱内，而将原智能仪器中所需的控制、存储、数据处理、显示和操作等任务都移交给个人计算机来承担，与计算机一起构成自动测试系统。这样，通过共用个人计算机的键盘、显示器、存储器、中央处理器、机箱、电源等部件，只需不同的部件一起插卡，就可实现不同功能。如图 8-2 所示为一种在微机内部的扩展槽及微机外部的插件箱中都插入仪器插件卡的混合式个人仪器结构。

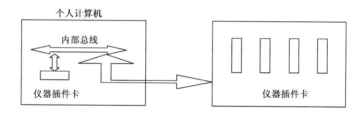

图 8-2　混合式个人仪器结构

个人仪器系统由于具有性价比高、开发周期短、使用方便、结构紧凑等突出优点而受到了广泛重视，它是自动测试系统中最廉价的构成形式，充分利用了个人计算机的机箱、总线、电源及软件资源，但是因此也受 PC 机箱环境和计算机总线的限制，存在诸多的不足，如电源功率不足、机箱内噪声干扰、插槽数目不多、总线面向计算机而非面向仪器、插卡尺寸较小、散热条件差等。由此诞生了由 VME 微机总线、计算机 PCI 总线在仪器领域扩展而成的 VXI、PXI 总线仪器，它们具有标准开放、结构紧凑、数据吞吐能力强、模块可重复利用、众多仪器厂家支持等特点，得到了广泛应用。

目前，以 GPIB 总线为特征的智能仪器、以 VXI 总线及 PXI 总线为特征的模块式仪器，以及新诞生的虚拟仪器，三者互为补充、共同发展。

✈ **8.3　自动测试系统**

8.3.1　自动测试系统的组成

为解决大规模、高精度、实时性、重复性测试，以及人工难以完成的测试工作，获得准确、高效的测试结果，通过计算机及数据通信技术在电子测量领域的成功普及、应用，20 世纪 70 年代后期诞生了自动测试系统（ATS）。通常把以计算机为核心，在程控指令的指挥下，能自动完成特定测试任务而组合起来的测量仪器和其他设备的有机整体称为自动测试系统。

通过统一的无源标准总线，自动测试系统把不同厂家生产的各种型号的通用仪器及计算机，以组合式或积木式的方法连接起来，再在预先编写的测试程序的统一控制下，自动完成整个复杂的测试工作。这种积木化的组建方式简化了自动测试系统的组建工作，因而得到了广泛应用，它标志着测量仪器从传统的独立手工操作单台仪器走向程控多台仪器的自动测试系统。自动测试系统已成为现代测试技术中，智能化程度和自动化程度高、测量准确度高、效率高的代表。

通常，自动测试系统包括以下五部分。

（1）控制器。主要是计算机，如小型机、个人计算机、微处理器、单片机等，是系统的指挥及控制中心。

（2）程控仪器设备。包括各种程控仪器、激励源、程控开关、程控伺服系统、执行元件，以及显示、打印、存储记录等器件，能完成具体的测试及控制任务。

（3）总线与接口。是连接控制器与各程控仪器、设备的通路，能完成消息、命令、数据的传输与交换，包括插卡、插槽及电缆等。

（4）测试软件。为了完成系统测试任务而编制的、在控制器上运行的各种应用软件，如测试主程序、驱动程序、数据处理程序，以及输入/输出软件等。

（5）被测对象。随着测试任务的不同，被测对象往往是千差万别的。被测对象由操作人员通过测试电缆、接插件、开关等与程控仪器和设备相连。

如图 8-3 所示为典型的电压和频率参数的自动测试系统，采用带 GPIB 接口的通用计算机作主控，带 GPIB 接口的频率计、数字多用表、频率合成器作测量设备，它们被预先分配了不同的地址。在计算机上运行预先编制好的测试程序时，首先设定频率合成器的各种功能，并启动工作，让它输出要求的幅度和频率信号，加到被测器件上，然后控制数字多用表和频率计对被测器件输出信号的幅度和频率进行测量，最后将测量数据送到计算机系统的显示器处理、显示，或送到打印机进行打印。

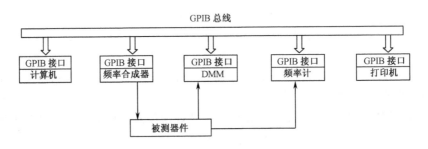

图 8-3 典型的 GPIB 自动测试系统

8.3.2 自动测试系统的总线

自动测试系统通过开放、标准的仪器总线，将不同种类、不同厂家的仪器设备及计算机积木化地组合在一起，完成测试命令、测试数据、测试状态的传递。自动测试系统常用的总线有 GPIB 总线、VXI 总线、PXI 总线等。

1. GPIB 总线

GPIB 总线又称 IEEE—488 总线。作为国际通用的仪器接口标准，目前生产的智能仪器几乎无一例外地都配有 GPIB 标准通用接口。它实现了仪器仪表、计算机、各种专用的仪器控制器和自动测试系统之间的快速双向通信，不但简化了自动测量过程，而且为设计和制造自动测试装置（ATE）提供了有力的工具。

GPIB 总线类似一般的计算机总线，不过在计算机中其各个插卡电路板通过主板互相连接，而 GPIB 系统则是各独立仪器通过标准接口电缆互相连接。GPIB 标准包括接口与总线两部分，接口部分由各种逻辑电路组成，与各仪器装置安装在一起，用于对传送的信息进行发送、接收、编码和译码；总线部分是一条无源的 24 芯电缆，用来传输各种消息。GPIB 标准接口总线系统的结构与连接如图 8-4 所示。

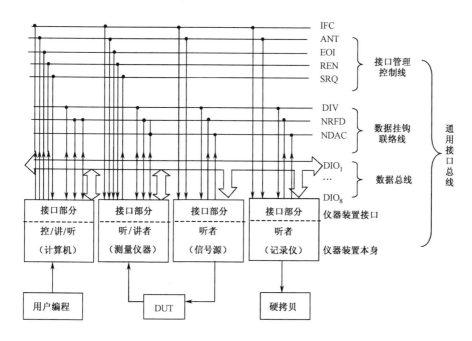

图 8-4　GPIB 标准接口总线系统的结构与连接

24 芯电缆中的 16 条被用做信号线，其余则被用做逻辑地线及屏蔽线。16 条信号线按功能又分为三组：8 条双向数据总线，其作用是传递仪器消息和大部分接口消息，包括数据、命令和地址，具体的信息类型通过其余两组信号线来区分；3 条数据挂钩联络线，其作用是控制数据总线的时序，以保证数据总线能正确、有节奏地传输信息；5 条接口管理控制线，其作用是控制 GPIB 接口的状态。

GPIB 总线一般适用于电气干扰轻微的实验室和生产现场。通过 GPIB 总线可将总数不超过 15 台的仪器设备、计算机按串联或星形的形式连接起来，以组成一个自动测试系统。互连总线的长度不超过 20 m。总线上数据采用并行比特（位）双向异步方式传输，其最大传输速率不超过 1 Mbps。

总线上传递的各种信息统称为消息。由于带标准接口的智能仪器按功能可分为仪器功能和接口功能两部分，因此消息也有仪器消息和接口消息之分。所谓接口消息，是指用于管理接口部分、补偿各种接口功能的信息，又称为命令，它由控者发出而只被接口部分所接收和使用，如总线初始化、对仪器寻址、将仪器设置为远程方式或本地方式等。仪器消息是与仪器自身工作密切相关的信息，又称为数据，它只被仪器部分所接收和使用，虽然仪器消息通过接口功能进行传递，但它不改变接口功能的状态，如编程指令、测量结果、机器状态和数据文件等。接口消息和仪器消息的传递如图 8-5 所示。

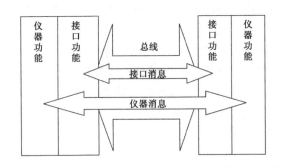

图 8-5　接口消息和仪器消息的传递

如图 8-4 所示，在一个 GPIB 标准接口总线系统中，要进行有效的通信联络，至少应有"讲者""听者""控者"三类仪器设备，控者、讲者、听者称为系统功能的三要素。讲者是通过总线发送仪器消息的仪器装置（如测量仪器、数据采集器、计算机等）。在一个 GPIB 系统中，可以设置多个讲者，但在某一时刻，只能有一个讲者在起作用。听者是通过总线接收由讲者发出消息的仪器装置（如打印机、信号源等），在一个 GPIB 系统中，可以设置多个听者，并且允许多个听者同时工作。控者是数据传输过程中的组织者和控制者，如对其他设备进行寻址或允许讲者使用总线等，通常由计算机担任，GPIB 系统不允许有两个或两个以上的控者同时起作用。

除了要控制管理接口系统外，控者还要与系统内各有关器件交换测量数据等消息，所以担任控者的设备一般要能控、能讲也能听，如 GPIB 系统中的计算机。系统内另一类设备要能讲，也能听，如数字电压表，它有时需要作为听者接收控者器件发来的程控指令，有时又要作为讲者把测得的电压值送给打印机、计算机等。第三类设备则只需要听，不需要讲，如打印机和绘图仪等。

GPIB 总线上的设备通过不同的地址来进行区分。采用单字节地址时，支持 31 个讲地址、31 个听地址；采用双字节地址时，支持 961 个讲地址、961 个听地址。

GPIB 总线仪器覆盖范围广（从比较便宜的到非常昂贵的），但是 GPIB 总线数据的传输速度一般低于 500 Kbps，因而不适用于对系统速度要求较高的场合。

2. VXI 总线

为适应测量仪器从分立的台式和机架式结构向小型化、便携化、模块化方向发展，为满足对更高的测试速度、更灵活高效的低成本测试的需求，一些著名的测试和测量公司于 1987 年联合推出了一种新的完全开放的、适用于多供货厂商环境的模块式仪器总线标准——VXI 总线结构标准。它将测量仪器、主机架、固定装置、计算机及软件集为一体，集中了智能仪器、个人仪器和自动测试系统的很多特长，其性能全面优于 IEEE—488 总线系统，而且使自动测试系统的尺寸大大缩小，测试速度大大提高，满足目前自动测试系统向标准化、自动化、智能化、模块化及便携式方向发展的要求，称为新一代仪器接口总线，标志着测量和仪器系统正进入一个崭新的阶段。

VXI 总线来源于 VME 总线结构，是 VME 总线在仪器领域的扩展。VME 总线是一种非常好的计算机底板结构，与必要的通信协议相配合，其数据速率可达 40 Mbps。用这样的总线结构来构成高吞吐量的仪器系统是非常理想的。

VXI 总线在系统结构及软、硬件开发技术等各方面都采纳了新思想及新技术，有以下一些主要特点。

（1）测试仪器模块化。VXI 系统的全部器件都采用插件式结构，插入以 VME 总线作为机箱主板总线的机箱内，插件和供插入插件的主机架尺寸满足严格的要求。VXI 总线仪器的主机结构如图 8-6 所示。采用 VXI 总线的测试系统最多包含 13 个器件，它大体上相当于一个普通 GPIB 系统，但是多个 VXI 子系统可以组成一个更大的系统。在一个子系统内，电源和冷却散热装置为主机内的全部器件所公用，从而明显提高了资源利用率。

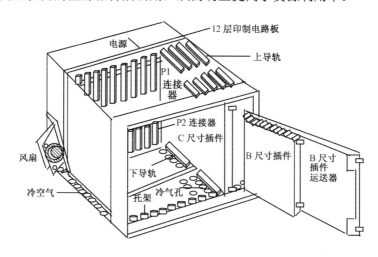

图 8-6 VXI 总线仪器的主机结构

（2）具有 32 位数据总线，数据传输速率高。主板总线在功能上相当于连接独立仪器的 GPIB 总线，但具有更高的吞吐率，控制器也能做成插卡挂接在主板总线上，进行总线上各种活动的调度和控制，基本总线数据传输速率为 40 Mbps，远远高于其他测试系统总线的数据传输速率。除了使用数据总线外，VXI 系统中还可使用本地总线传输数据。它是一种链式总线结构，主机上每个插槽都有一组在相邻槽口之间相连的（特性阻抗为 50 Ω）短线，一组通向左侧插槽，一组通向右侧插槽，可在相邻插件间传递数据。例如，数字化仪表可以把它的采集数据经高速本地总线送入 FFT 分析模块，而不需要用公用数据传输总线来传送数据。由于本地总线极短，故在 VXI 系统中其数据传输速率最高可达 1 Gbps。

（3）系统可靠性高，可维修性好。用 VXI 总线组建的系统结构紧凑、体积小、重量轻，简化了连接和控制关系，有利于提高系统的可靠性和可维修性。VXI 总线 C 尺寸主机箱平均无故障时间（MTBF）高达 10^7 h，VXI 总线模块仪器的 MTBF 一般可做到几万至十几万小时，基本系统的 MTBF 可达 6 000 h。模块化结构与系统强大的自检能力使得可维修性大大提高，一般系统的平均恢复时间（MTTR）小于 15 min。

（4）电磁兼容性好。在 VXI 总线的设计和标准的制定中，充分考虑了系统的供电、冷却系统和电磁兼容性能，以及底板上信号的传输延迟及同步等，对每项指标都有严格的标准，全部 VXI 总线集中在高质量、多层印制电路板内，这就保证了 VXI 总线系统的高精度及运行的稳定性和可靠性；而且频带宽，现已有从直流到微波的各种仪器模块。

（5）通用性强，标准化程度高。不仅硬件进行标准化，而且软件也进行标准化。软件的可维护性与可扩充性好，这也是 VXI 总线优于其他总线并得到迅速发展的一个重要因素。

（6）适应性、灵活性强，兼容性好。有 A、B、C 三种规格的机箱和 A、B、C、D 四种规格的模块供用户选择；支持 8 位、16 位、24 位和 32 位的数据传输。系统组建者可根据需要选择不同厂家、不同种类的器件进行组合，灵活方便地组建适应性极强的自动测试系统。为了充分利用资源，VXI 总线开发了与其他总线系统连接和转换的模块，这使得 VXI 总线系统具有巨大的包容性，可与任何总线系统的仪器或系统联合工作。

　　VXI 系统是计算机控制下的一种自动测试系统。在很多情况下，主机架上的各个插件由主机架外的主计算机通过插于主机架内最左侧插槽中的零槽插件上的 GPIB、RS-232C、RS-485、MXI 或以太网等进行控制。这时，主机架内各仪器可借助于主计算机的 CRT 进行人机交互控制和显示，在 CRT 上显示通过软件形成的"虚面板"，并可使用计算机的键盘进行控制。主机架外的控制计算机通常是个人计算机，也可以通过局域网接收计算机工作站或距离较远的主计算机控制，这为组成更大的测试网络提供了可能。这种测试网络使测试不再是单纯地提供数据，而是与计算机网络相互配合，构成信息采集、交换和处理一体化的大型系统，使信息变成一种决策工具。

　　插件式仪器的内部也常包含微处理器，很多控制和处理工作可由主机架内的微型计算机完成，从而减少了与主机架外主控计算机的信息交换，大大提高了数据采集及处理能力。主机架内部可以是单 CPU（通常置于零槽插件内），也可以是多 CPU 分布式系统，还可以组成分级仪器系统，由主计算机指挥具有智能的命令者插件，再由它们指挥从属者插件，形成树状分布结构。

　　如图 8-7 所示为选用 C 型主机架的 HP75000 VXI 仪器系统示意图。外部控制器采用一台个人计算机，通过 GPIB 总线（或 RS-232C、MXI、VME 总线、以太网等）与主机架相连接。主机架上的 0 号插槽指定插置指令模块，主要承担 VXI 系统资源管理及 GPIB 总线与 VXI 总线间的转换；其他插槽中的每一个仪器和设备都是 VXI 总线仪器模块，其最多可以插放 13个标准宽度的模块。有的仪器一个模块即构成一种仪器，有的仪器则需要用两个模块（如本例中的数字设备）来构成。与个人计算机相连的 GPIB 总线还可以方便灵活地接至其他 VXI系统或其他仪器系统。本系统可以同时进行多种测试，来自各种仪器的信号经各种电子转换开关送到接口连接组件板（ITA），再接到被测设备中去。这种组件板称为接口适配器，具有很强的适应性，只要改变一下内部的适配器和软件，便可测试各种电子产品。

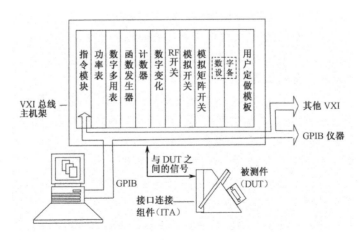

图 8-7　HP75000 VXI 仪器系统示意图

　　VXI 总线实现了测试系统的模块化、系列化、通用化及仪器的互换性和互操作性。但是VXI 总线仪器的价格相对较高，故适用于复杂、尖端的测试领域。

3. PXI 总线

PXI 总线标准是美国国家仪器（NI）公司于 1997 年推出的测控仪器总线标准，它是以目前广泛使用的 PCI 计算机局部总线（IEEE 1014—1987 标准）为基础的模块仪器结构，目标是在 PCI 总线基础上提供一种技术优良的模块仪器标准，以求在采用 GPIB 的 PC 系统与 VXI 系统之间寻求复杂性与经济性的折中。

（1）PXI 总线的特点。PXI 总线是 PCI 总线的增强与扩展，并与现有工业标准 CompactPCI 兼容。作为一种开放的仪器结构，它在相同插件底板中提供不同厂商的互连与操作，以比较低的价格获得了高性能模块仪器，是 VXI 以外的另一种选择。

与 VXI 总线类似，PXI 总线也采用标准机架式结构，可在一个 PXI 机架上插入 8 块插卡（1 个系统模块和 7 个仪器模块），而且可以通过 NI 公司的多系统扩展接口 MXI-3，以星形或菊花形连接多个 PXI 机箱，延长控制距离，扩大 PXI 的应用范围。系统的主控制器既可以是外部的 PC、工作站，也可以是内嵌式控制器。

由于利用了商品化的 PC 和数字技术，故 PXI 仪器能够提供自动测试设备独具的高性能，同时具有尺寸小、成本低及灵活易用等特点，适用于众多领域，如现场测量和高档制造测试领域等。

（2）PCI 软件特性。为了充分发掘 PXI 在提供高度集成化的测控平台方面的潜力，PXI 选用开放式软件体系结构，用以定义出一个与不同类型硬件相连的公共接口。它以 Windows 98/2000 为系统软件框架，通过主控制器上安装的工业标准应用编程接口，如 LabVIEW\LabWindows、CVI\Visual Basic\VisualC、C++或者 Borland C++等进行编程，以实现工业应用。

为降低 PXI 自动测试系统软件的开发难度与复杂度，PXI 标准要求所有的厂商都要为自己开发的测试仪器模块开发出相应的软件驱动程序，从而使用户从烦琐的仪器驱动程序工作中解脱出来。PXI 同样要求外部设备模块或者机箱的生产厂商提供其他的软件组织。例如，完成定义系统设置和系统性能的初始化文件必须随 PXI 组件一起提供。这些文件提供了利用操作软件如何正确配置系统的信息，如两个相邻的模块是否具有匹配的局部总线信息等。如果没有这些文件，则不能实现局部总线的功能。另外，虚拟仪器软件体系结构已经广泛应用于计算机测试领域，PXI 规范中已经定义了 VXI、GPIB、USB 等的设置和控制，以实现虚拟仪器软件体系结构。

选择哪种总线技术是用户在组建测控系统时首先遇到的问题，这取决于具体的应用，取决于应用项目的复杂程序、要求的速度及用户的预算等。从价格上考虑，优先选择 GPIB、PXI 系统；而对于更大型、更复杂、要求测试速度更高的应用，可选择 VXI 系统。

本章小结

本章简述了基于嵌入式微机系统和计算机的自动测量技术，涉及智能仪器、自动测试系统和虚拟仪器的基本组成、特点及主要的总线技术；重点对智能仪器、自动测试系统中的 GPIB 总线和 VXI 仪器用总线系统的基本概念、架构进行了介绍，并详述了虚拟仪器的构建技术、开发工具及其简要设计方法。

习题 8

1. 计算机测试的基本概念是什么？
2. 计算机测试与传统仪器测试相比有哪些特点？
3. 智能仪器的结构特点是什么？
4. 智能仪器是如何进行测量的？
5. 自动测试系统的结构特点是什么？
6. GPIB 接口起什么作用？
7. VXI 总线仪器有何优点？为什么能得到广泛应用？

第**9**章

虚拟仪器技术

【本章重点】

1. 虚拟仪器技术简介。
2. 图形化软件编程平台 LabVIEW 的介绍。
3. LabVIEW 模板（工具模板、控制模板、功能模板）。
4. LabVIEW 的数据类型。
5. LabVIEW 的程序结构。
6. LabVIEW 的显示功能。
7. LabVIEW 编程入门。
8. 数据采集。

【本章难点】

LabVIEW 的程序结构控制；LabVIEW 编程入门；数据采集。

9.1 虚拟仪器技术简介

9.1.1 虚拟仪器的一般概念

所谓虚拟仪器（Virtual Instrument，VI），是在计算机硬件平台上，配以 I/O 接口设备，由用户自行设计虚拟控制面板和测试功能的一种计算机仪器系统；是利用计算机显示器的显示功能模拟传统仪器的控制面板，以多种形式表达输出检测结果，利用计算机强大的软件功能实现信号数据的运算、分析、处理，由 I/O 接口设备完成信号的采集、测量与调理，从而完成各种测试功能的一种计算机仪器系统。

虚拟仪器的概念最早由美国国家仪器公司 NI（National Instruments）提出，由此引发了传统仪器领域的一场重大变革，使得计算机和网络技术得以长驱直入仪器领域，和仪器技术结合起来，从而开创了"软件即是仪器"的先河。虚拟仪器通过软件将计算机硬件资源与仪器硬件有机地融合为一体，从而把计算机强大的计算处理能力和仪器硬件的测量、控制能力结合在一起，大大缩小了仪器硬件的成本和体积，并通过软件实现对数据的显示、存储及分析处理。从发展史上看，电子测量仪器经历了由模拟仪器、智能仪器到虚拟仪器的发展过程，虚拟仪器具有传统独立仪器无可比拟的优势，但它并不否定传统仪器的作用，它们相互交叉又相互补充，相得益彰。在高速度、高带宽和专业测试领域，独立仪器具有无可替代的优势，在中低档测试领域，虚拟仪器可取代一部分独立仪器的工作，而完成复杂环境下的自动化测试则是虚拟仪器的优势，是传统的独立仪器难以胜任的。

目前，在计算机和网络技术高速发展的时代，利用计算机和网络技术对传统的产业进行改造，已是大势所趋，而虚拟仪器系统正是计算机和网络技术与传统的仪器技术进行融合的产物，因此，在21世纪虚拟仪器技术将会引发传统仪器产业一场新的革命。

9.1.2　虚拟仪器的组成

虚拟仪器由硬件和软件组成，如图9-1所示。

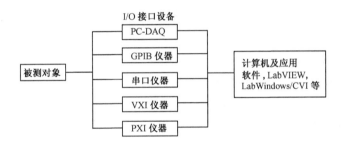

图 9-1　虚拟仪器的组成

1．硬件

（1）计算机。一般为一台PC或者工作站，它是硬件平台的核心。

（2）I/O接口设备。主要完成被测输入信号的采集、放大、模/数转换。可根据实际情况采用不同的I/O接口硬件设备，如数据采集卡/板（DAQ）、GPIB总线仪器、VXI总线仪器模块、串口仪器等。

① PC-DAQ系统。是以数据采集卡板、信号调理电路和计算机为仪器硬件平台组成的插卡式虚拟仪器系统。采用PCI或ISA计算机本身的总线，故将数据采集卡/板（DAQ）插入计算机的空槽中即可。

② GPIB系统。以GPIB标准总线仪器与计算机为仪器硬件平台组成的虚拟仪器测试系统。

③ VXI系统。以VXI标准总线仪器模块与计算机为仪器硬件平台组成的虚拟仪器测试系统。

④ PXI系统。以PXI标准总线仪器模块与计算机为仪器硬件平台组成的虚拟仪器测试系统。

⑤ 串口系统。以Serial标准总线仪器与计算机为仪器硬件平台组成的虚拟仪器测试系统。

无论上述哪种VI系统，都通过应用软件将仪器硬件与通用计算机相结合。其中，PC-DAQ系统是构成VI的最基本的方式，也是最廉价的方式。

2．软件

（1）应用程序。它包含两个方面的程序。

① 实现虚拟面板功能的前面板软件程序。

② 定义测试功能的流程图软件程序。

（2）I/O 接口仪器驱动程序。这类程序用来完成特定外部硬件设备的扩展、驱动与通信。

开发虚拟仪器，必须有合适的软件工具。目前已有多种虚拟仪器的软件开发工具。

① 文本式编程语言。如 C、Visual C++、Visual Basic、LabWindows/CVI 等。

② 图形化编程语言。如 LabVIEW、HPVEE 等。

这些软件开发工具为用户设计虚拟仪器应用软件提供了最大限度的方便条件与良好的开发环境。本书要介绍的是 LabVIEW 图形化编程语言。

9.1.3 虚拟仪器的特点

虚拟仪器与传统仪器有着很大的差别，传统仪器主要由硬件组成，需要操作者操作面板上的开关旋钮完成测量工作，其测试功能是由具体的电子电路来实现的。而在虚拟仪器中，其测试功能主要由软件完成，其操作面板变成了与实物控件对应的图标。所以，虚拟仪器具有以下特点。

（1）虚拟仪器的面板是虚拟的。虚拟仪器面板上的各种"控件"与传统仪器面板上的各种"器件"所完成的功能相同，但它的外形是与实物相似的"图标"。对虚拟仪器的操作只需用鼠标单击相应的图标即可，设计虚拟面板的过程就是在前面板窗口中选取、摆放所需的图形控件的过程。所以，虚拟仪器具有良好的人机交互界面，使用 LabVIEW 图形化编程语言，可在短时间内轻松完成一个美观而又实用的"虚拟仪器前面板"的设计，使整个设计过程变得轻松而有趣。

（2）虚拟仪器的测量功能是由软件编程实现的。在以 PC 为核心组成的硬件平台的支持下，通过软件编程设计来实现仪器的测试功能，而且可以通过不同测试功能的软件模块的组合来实现多种测试功能，因此，虚拟仪器具有很强的扩展功能和数据处理能力。

（3）开发研制周期短，技术更新速度快。传统仪器的技术更新周期大约是 5～10 年，而虚拟仪器的更新周期是 1～2 年。

（4）软件、硬件具有开放性、模块化、可重复使用的特点。

（5）通过使用标准接口总线和网卡，极易实现测量自动化、智能化和网络化。

9.2 图形化软件编程平台 LabVIEW

9.2.1 LabVIEW 简介

LabVIEW（Laboratory Virtual Instrument Engineering Workbench，实验室虚拟仪器工程平台）是美国国家仪器公司（National Instrument Company，NI 公司）开发的一种基于 G 语言（Graphics Language，图形化编程语言）的虚拟仪器软件开发工具。

LabVIEW 是一个优秀的虚拟仪器开发平台，它基于图形语言，编程界面形象直观，提供各种旋钮、波形图等控制与显示元件，用来创建虚拟仪器的前面板；它使用图标、连线来编写程序，而不是传统编程语言的文本语句，对于开发测量测试系统有重要的意义。LabVIEW 以图标的形式提供了进行经典的信号分析和处理的很多函数，如数字滤波、窗函数、相关分析、频谱分析等；还有微分、积分、傅氏变换、拉氏变换等各种数学工具。另外，它还提供联合时频分析、小波变换等信号处理工具包。技术人员只要进入这个平台，通过调用控件图标就可以轻松构建高性能的测量仪器。

LabVIEW 为虚拟仪器设计者提供了一个便捷、轻松的设计环境，设计者可以像搭积木一样，轻松组建一个测量系统和构造自己的仪器面板，而无须进行任何烦琐的计算机代码的编写。

在 LabVIEW 环境下开发的程序称为虚拟仪器 VI（Virtual Instruments）。开发成功的虚拟仪器可脱离 LabVIEW 环境，用户最终使用的是和实际的硬件仪器相似的操作面板。

综上所述，LabVIEW 具有如下特点。

（1）图形化的编程方式。设计者无须写任何文本格式的代码，是真正的工程师的语言。

（2）提供了丰富的数据采集、分析及存储的库函数。

（3）既提供了传统的程序调试手段，如设置断点、单步运行，同时还提供了独到的执行工具，使程序动画式运行，利于设计者观察程序运行的细节，使程序的调试和开发更为便捷。

（4）提供大量与外部代码或软件进行链接的机制，诸如 DLL（动态链接库）、DDE（共享库）、ActiveX 等。

（5）强大的 Internet 功能，支持常用网络协议，方便网络、远程测控仪器的开发。

9.2.2　LabVIEW 编程环境

下面以 LabVIEW 7 Express 为例，介绍 LabVIEW 系统的安装、基本组成和编程环境。

1．LabVIEW 系统的安装

将 LabVIEW 7 Express 光盘插入 CD 驱动器后，只需运行安装光盘中的 Setup 程序，按照屏幕提示，选择必要的安装选项即可完成安装。为了控制 DAQ、VXI、GPIB 等硬件设备，在 LabVIEW 系统安装完成后，还必须安装 NI 公司提供的仪器驱动程序。

2．LabVIEW 的启动

双击 LabVIEW 快捷方式图标即可启动 LabVIEW。启动后的界面如图 9-2 所示。

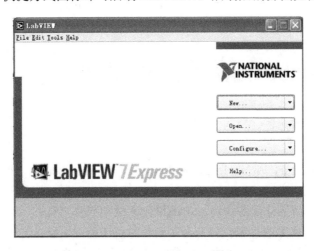

图 9-2　LabVIEW 7 Express 启动界面

界面右侧有 4 个按钮，每个按钮都包含按钮主体和下拉菜单。单击按钮主体则弹出相应的对话框，单击右侧下拉按钮则弹出下拉菜单。

当用户单击 New 按钮右侧的下拉按钮，并在下拉菜单中选择 Blank VI 时，LabVIEW 会生成一个空 VI。空 VI 包括两个窗口，一个是前面板窗口，用于设计和编辑前面板对象；另一个是框图程序窗口，用于设计和编辑框图程序。

3. 窗口工具条

在前面板和框图程序窗口，设有编辑对象用的工具条，工具条各图标的功能见表 9-1。

表 9-1　窗口工具条各图标的功能

图　标	名　　称	功 能 说 明
 ⇨	执行按钮	单击此按钮运行 VI
 ⇨	中断按钮	当执行按钮变为此形状时，表明 VI 有错误，不能编译运行。单击该按钮，可弹出 ErrorList 对话框，提示 VI 中的错误
 ⟳	连续运行按钮	单击此按钮可重复运行 VI
 ⏹	停止运行按钮	单击此按钮可停止运行 VI
 ❚❚	暂停按钮	单击此按钮可暂停 VI 执行。再次单击此按钮，VI 又继续执行
 💡	指示灯按钮	单击此按钮，可动态显示 VI 执行时的数据流动动画
 ↳	单步（入）按钮	单击此按钮，按节点顺序单步执行程序，每单击一次，程序执行一步
 ⏭	单步（跳）按钮	单击此按钮，按节点顺序单步执行程序（不进入循环、SubVI 内部）
 ⏫	单步（出）按钮	单击此按钮，退出单步执行，进入暂停状态
 ▛▤▼	对齐列表框	单击此按钮，可选择图标的对齐方式
 ▭▤▼	分布列表框	单击此按钮，可选择图标的分布方式
 ❀▼	重新排序列表框	为选定对象重新设定在窗口中的前后顺序

4. 窗口主菜单

主菜单栏共有 7 个子菜单，如图 9-3 所示。

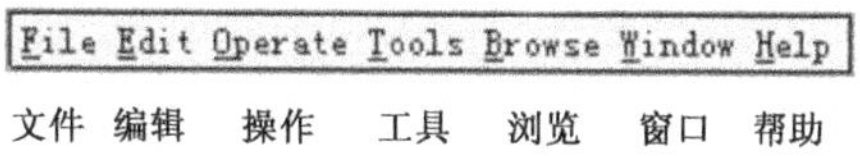

File Edit Operate Tools Browse Window Help
文件　编辑　操作　　工具　　浏览　窗口　帮助

图 9-3　窗口主菜单

（1）File（文件）子菜单。在进入 LabVIEW 窗口后，如果想进行新建（New）、打开（Open）、保存（Save）、打印（Print）、关闭（Close）等操作，可单击 File 中的相应选项。

（2）Edit（编辑）子菜单。将文本式编程语言中常用的 Cut（剪切）、Copy（复制）、Paste（粘贴）、Delete（删除）功能用于 LabVIEW 中的图标及控件的操作。

（3）Operate（操作）子菜单。该子菜单主要选项有 Run（运行）、Stop（停止）、Suspend When Called（当 VI 被调用时暂停执行）、Print at Completion（运行完后打印前面板）等，用于调试或运行 LabVIEW 程序。

（4）Tools（工具）子菜单。该菜单主要用于仪器及数据采集板通信、比较 VI、编译程序、允许访问 Web 服务器及其他选项。

（5）Browse（浏览）子菜单。该菜单主要用于定位 VI 的各个层次。

（6）Window（窗口）子菜单。该菜单主要用于弹出 Diagram（流程图）编辑窗口、Front Panel（前面板）设计窗口、Tools Palette（工具模板）、Functions Palette（功能模板）和 Controls Palette（控制模板）等操作。

（7）Help（帮助）子菜单。该菜单主要用于获取帮助信息。

9.2.3　基本 VI 简介

VI 由程序前面板（Front Panel）、框图程序（Block Diagram）、图标/连接端口（Icon/ Connector）3 部分组成。

如图 9-4 和图 9-5 所示为一个正弦信号发生器 VI 的前面板和框图程序，前面板有一个波形显示控件；在框图程序中，有与之对应的图标端口和模拟信号产生 VI。

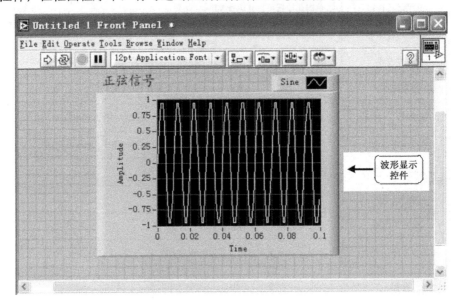

图 9-4　正弦信号发生器前面板

1．前面板

前面板是用于设置输入数值和观察输出结果的图形化用户界面，前面板中的输入量称为控制（Controls），用来设置和修改 VI 的输入量。输出量称为指示（Indicators），用来指示 VI 程序输出的数据。控制和指示包括各种旋钮、按钮、开关、表头、图标和图形等。为使前面板便于操作和美观，还有一类控件称为装饰（Decoration），其作用是对前面板图标进行编辑和修饰。

2．框图程序

框图程序由节点（Node）、端口（Terminal）和数据连线（Wire）组成。

（1）节点是程序的执行元素，相当于文本语言中的语句、函数或子程序。LabVIEW 有 4 种节点类型：功能函数（Functions）、结构控制（Structures）、代码端口（CIN）和子 VI 节点。

① 功能函数节点是执行各种数学运算、文件输入/输出等基本操作的节点，是 LabVIEW 编译好的机器代码，以图标的形式出现，供用户使用。节点代码不能修改。

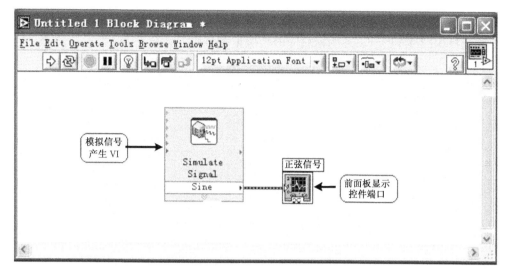

图 9-5　正弦信号发生器框图程序

② 结构控制节点被用来实现结构化程序的控制命令，如循环控制、条件分支控制和顺序控制等。

③ 代码端口节点是框图程序与用户提供的 C 语言文本程序的接口。

④ 子 VI 节点是为编程方便而专门设计的一段子程序，将其封装成功能函数节点的形式供用户调用。与功能函数节点的区别是用户可以修改其节点代码。

（2）端口是数据在框图程序和前面板之间、节点和节点之间传输而经过的端口。端口有 2 种类型。

① 控制和指示端口。用于前面板对象和框图程序交换数据。

② 节点端口。每个节点都有一个或数个数据端口，用以输入和输出数据。

（3）数据连线代表程序执行过程中的数据流，定义了框图内的数据流动方向。在 LabVIEW中用不同的线型和颜色区分不同的数据类型，不同数据类型的线型和颜色见表 9-2。

表 9-2　不同数据类型的线型和颜色

数据类型	标　　量	一 维 数 组	二 维 数 组	颜　　色
数字量	————	════	▬▬▬▬	橙色（浮点数） 蓝色（整数）
布尔量	··················	wwwwwwww	◁◁◁◁◁◁◁	绿色
字符串	~~~~~~~~	ooooooooo	ⅢⅢⅢⅢⅢⅢ	紫色
簇	▪▪▪▪▪▪▪▪	▬▬▬▬▬	⁄⁄⁄⁄⁄⁄⁄⁄	紫色

✈9.3　LabVIEW 模板

9.3.1　工具模板（Tools Palette）

工具模板提供了用于创建、编辑和修改前面板及流程图上对象的各种工具。如果想选用某操作工具，只需用鼠标单击该工具图标即可。

工具模板的调用方法是：执行"Windows→Show Tools Palette"命令。

工具模板如图 9-6 所示。各图标对应的功能见表 9-3。

图 9-6　工具模板

表 9-3　LabVIEW 工具模板的图标及功能

序　号	图　标	名　　称	功　　能
1		操作工具 （Operate Value）	它是一个操作数值的工具。将操作工具移动到某处，单击鼠标的左键，就可在操作工具所在位置处输入数字
2		选择工具 （Position/Size/Select）	用于选择、移动对象或改变对象的大小
3		文字工具 （Edit Text）	用于输入标签文本或者创建自由标签
4		连线工具 （Connect Wire）	用于在流程图中连接对象。使用方法是：单击须连线的两端。这两端必须是前节点的输出端和后节点的输入端
5		模板或菜单弹出工具 （Object Shortcut Menu）	单击鼠标左键，可在前面板设计窗口出现控制模板或者在流程图编辑窗口出现功能模板，也可弹出对象的下拉菜单
6		窗口平移工具 （Scroll Window）	用于在窗口中移动对象，可代替滚动条
7		断点工具 （Set/Clear Breakpoint）	用鼠标单击该工具，将它放置在流程图中相应位置，即可设置程序运行断点
8		探针工具 （Probe Data）	可以在流程图的数据流线上设置探针。通过探针窗口来观察该数据流线上的数据变化状况
9		提取颜色工具 （Get Color）	用来获取窗口中已染色对象的颜色
10		设置颜色工具 （Set Color）	用来给窗口中的对象设置颜色

9.3.2　控制模板（Controls Palette）

控制模板是 LabVIEW 为用户设计虚拟面板而提供的，因此它只会在前面板编辑窗口中出现。

控制模板的调用方法如下所述。

（1）执行"Windows→Show Controls Palette"命令。

（2）使用 Object Shortcut Menu 工具，单击前面板设计窗口中的空白位置。

（3）用鼠标右击窗口的任一空白区域。

控制模板如图 9-7 所示。其各图标对应的功能见表 9-4。

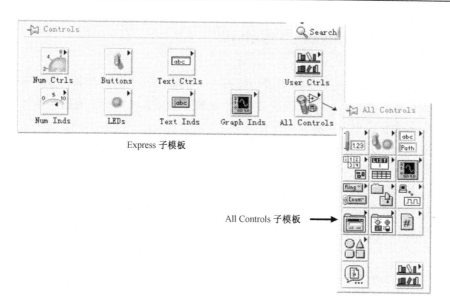

Express 子模板

All Controls 子模板 ➡

图 9-7 控制模板

表 9-4 LabVIEW 控制模板的图标及功能

序　号	图　标	名　称	功　能
1		数字（Numeric）子模板	提供各种数字控制和指示控件
2		布尔量（Boolean）子模板	提供各种逻辑控制和指示控件
3		字符串和表格（String & Table）子模板	提供各种字符串、表格的控制和指示控件
4		数组和簇（Array & Cluster）子模板	提供数组、簇的控制和指示控件
5		列表（List & Ring）子模板	提供各种列表框（Ring）、列表栏（List）控制和指示控件
6		图形（Graph）子模板	提供各种图形显示控件
7		环与枚举（Ring & Enum）子模板	环与枚举控制和指示控件
8		包容器（Containers）子模板	提供页框控件、子面板控件和 Active X 包容器控件
9		仪器 I/O 子模板	提供与仪器 I/O 相关的控件
10		对话框（Dialog）子模板	提供设计对话框选项的控件
11		经典控件（Classic Controls）子模板	LabVIEW 7 Express 版本以前的控件可通过此模板查找
12		标识号（Refnum）子模板	LabVIEW 使用标识号区别各种对象
13		修饰（Decorations）子模板	提供对前面板进行装饰用的各种图形控件
14		选择控件（Select Controls）子模板	提供控件选择对话框
15		用户控件（User Controls）子模板	存放用户自定义的各种前面板对象

9.3.3　功能模板（Functions Palette）

　　LabVIEW 将传统仪器上的各种测试功能做成可供直接调用的库函数，并将各个库函数做成图标的形式存放在相应功能的子模板上。由于功能模板是 LabVIEW 为用户设计流程图而提供的，因此它只会在流程图编辑窗口中出现。

　　功能模板的调用方法如下所述。

　　（1）执行"Windows→Show Functions"命令。

　　（2）用工具模板上的 Object Popup 工具，单击流程图编辑窗口的空白位置。

　　（3）用鼠标右击窗口空白区域。

　　功能模板如图 9-8 所示。各图标对应的功能见表 9-5。

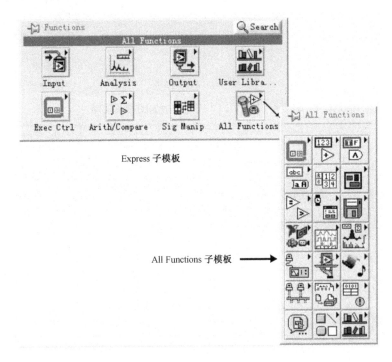

图 9-8　功能模板

表 9-5　LabVIEW 功能模板的图标及功能

序　号	图　标	名　称	功　能
1		结构（Structures）子模板	提供程序控制结构命令，如循环控制（For 结构、While 结构），以及全局变量和局部变量
2		数据运算（Numeric）子模板	提供各种常用的数值运算符和数值运算式、数制转换及各种数值常数
3		布尔（Boolean）子模板	提供各种逻辑运算符及布尔常数
4		字符串运算（String）子模板	提供各种字符串操作函数、数值与字符串之间的转换函数及字符（串）常数等
5		数组（Array）子模板	提供数组运算函数、数组转换函数及常数数组等

续表

序 号	图 标	名 称	功 能
6		簇（Cluster）子模板	提供簇的处理函数及簇常数等
7		比较（Comparison）子模板	提供各种比较运算函数
8		时间和对话框（Time & Dialog）子模板	提供对话框窗口、定时、时间和出错处理函数等
9		文件输入/输出（File I/O）子模板	提供处理文件输入/输出的程序和函数，主要用于创建和打开数据文件，并进行数据的读、写
10		测量（NI Measurements）子模板	提供各种与数据采集相关的 VI，需要单独安装
11		波形（Waveform）子模板	提供包括波形数据创建、通道信息设置、波形提取、波形存储的各种波形数据 VI
12		分析（Analyze）子模板	提供各种信号分析和数学计算 VI
13		仪器 I/O（Intrument I/O）子模板	提供各种 I/O 接口设备用的控制模块和仪器驱动 VI
14		应用程序控制（Application Control）	提供外部程序或 VI 调用、打印选单、帮助管理等辅助功能
15		图形与声音（Graphics & Sound）子模板	提供图形与声音处理功能函数
16		通信（Communication）子模板	提供支持 TCP、UDP、DDE、OLE、ActiveX 协议和启动外部程序的模块
17		文档生成（Report Generation）子模板	提供生成各种报表和文档的功能函数
18		高级（Advanced）子模板	提供库函数调用、代码接口节点、数据管理、内存管理和程序标志管理等高级功能
19		选择 VI 子程序（Select a VI）子模板	用于调用子 VI 或全局变量
20		装饰（Decorations）子模板	提供文字注释、箭头、线条等工具
21		用户自定义的子 VI 模板	用来存放用户自行设计的 VI

9.4 LabVIEW 的数据类型

LabVIEW 的数据类型按其特征可分为数字量数据类型和非数字量数据类型，并用不同的图标来代表不同的数据类型。

1. 数字量数据类型

数字量数据类型可分为浮点数、整数和复数（实部和虚部都是浮点数）3 种基本形式。所有数字量数据类型见表 9-6。

表9-6　数字量数据类型

数 据 类 型	端 口 图 标	存 储 位 数	数 值 范 围
有符号整数	I8	8	−128～+127
无符号整数	U8	8	0～255
有符号整数	I16	16	−32 768～+32 767
无符号整数	U16	16	0～65 535
有符号整数	I32	32	−2 147 483 648～+2 147 483 647
无符号整数	U32	32	0～4 294 967 295
单精度浮点型	SGL	32	最小正数 1.40e−45，最大正数 3.40e+38，（绝对值）最小负数−1.40e−45，（绝对值）最大负数−3.40e+38
复数单精度浮点型	CSG	64	实部和虚部分别与单精度浮点数相同
双精度浮点型	DBL	64	最小正数 4.94e−324，最大正数 1.79e+308，（绝对值）最小负数−4.94e−324，（绝对值）最大负数−1.79e+308
复数双精度浮点型	CDB	128	实部和虚部分别与双精度浮点数相同
扩展精度浮点型	EXT	128	最小正数 6.48e−4 966，最大正数 1.19e+4 932，（绝对值）最小负数−6.48e−4 966，（绝对值）最大负数−1.19e+4 932
复数扩展精度浮点型	CXT	256	实部和虚部分别与扩展精度浮点数相同

2．非数字量数据类型

部分非数字量数据类型见表9-7。

表9-7　非数字量数据类型

数 据 类 型	图 标
布尔量数据	TF
字符串类型	abc
路径数据	
I/O 通道数据	I/O
簇数据类型	
数组数据	[ ]
波形数据	
数字波形数据	

9.5　LabVIEW 的程序结构

　　LabVIEW 采用结构化数据流程图编程，能处理循环、顺序、选择、事件等程序控制的结构框架。其结构子模板如图 9-9 所示，下面主要介绍 For 循环、While 循环、Case 选择 3 种程序结构。

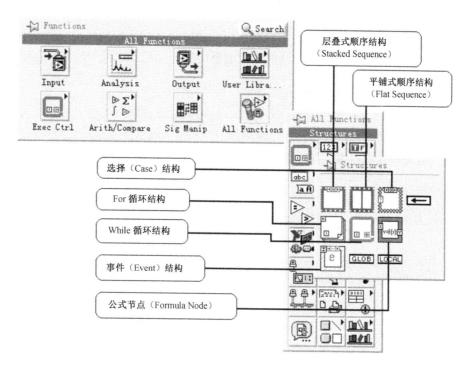

图 9-9 LabVIEW 结构子模板

9.5.1 For 循环

1. 创建 For 循环框架

其功能模板是：Functions→Structures→For Loop。基本 For 循环由循环框架、重复端口、计数端口组成，如图 9-10 所示。

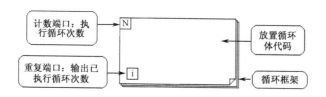

图 9-10 基本 For 循环的组成

2. For 循环的工作流程

在开始 For 循环之前，从计数端口读入循环次数，重复端口输出"0"值，接下来执行 For 循环体代码程序，每执行一次，重复端口 i 值自动加 1，循环次数达到设定值后，退出循环。

3. For 循环的数据通道与自动索引

循环框外面的数据可通过数据通道进入循环框内，同样，循环框内的数据也可通过数据通道传送到循环框外。用连线工具连接循环框内、外的数据端口时，在框架上会自动形成方形通道图标，空心图标表明具有自动索引功能，实心图标不能索引，For 循环默认为能自动索引，在循环通道弹出菜单中选择 Disable Indexing 则变为不能索引。

　　自动索引是指将循环框外面的数组成员逐个依次进入循环体内，或将循环框内的数据累加成一个数组输出到循环框外面。使用自动索引功能时，从循环框外面连接到输入通道的一维数组将索引成单个成员，反之在循环的输出边框，单个元素依次累加成一维数组。

4．For 循环的移位寄存器功能

　　使用鼠标右击 For Loop 图标的边框，会弹出 For Loop 对话框，选择"Add Shift Register"选项，就添加了一个移位寄存器。它通常以成对的两个小方框出现在结构体的左右边框，右侧小方框将本次循环的执行结果暂存起来；左侧小方框取得上次循环的结果，供本次循环使用。

5．For 循环的使用

　　如图 9-11 所示为计算 N!的前面板和框图程序。

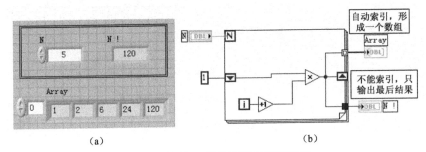

(a)　　　　　　　　　　　　　　　　　(b)

图 9-11　计算 N!的前面板和框图程序

9.5.2　While 循环

1．创建 While 循环框架

　　其功能模板是：Functions→Structures→While Loop。基本 While 循环由循环框架、重复端口、条件端口组成，如图 9-12 所示。

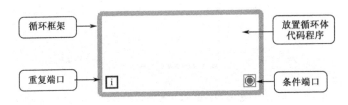

图 9-12　基本 While 循环的组成

2．While 循环的工作流程

　　While 循环执行循环框中的程序时，其循环次数是不固定的，用条件端口控制循环停止与否。条件端口有两种状态，当使用状态为 Stop if True 时，若输入值为 True，则停止循环；若输入值为 False，则继续执行下一次循环。当使用状态为 Continue if True 时，若输入值为 True，则继续执行下一次循环；若输入值为 False，则停止循环。

　　While 循环的自动索引、移位寄存器和重复端口的用法与 For 循环相同，只是 While 循环的边框通道默认为不能索引。

9.5.3 选择结构

1. 创建 Case Structure 框架

其功能模板是：Functions→Structures →Case Structure。基本 Case Structure 由选择框架、选择端口、框图标识符，以及递增/递减按钮组成，如图 9-13 所示。

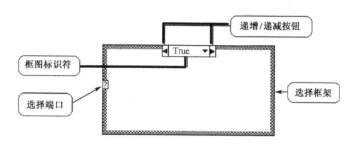

图 9-13 选择结构的组成

2. Case Structure 的工作流程

用选择结构编程时，将外部控制条件连接至选择端口上，程序运行时选择端口会判断送来的控制条件，引导选择结构执行相应框架中的内容。输入到选择端口的控制条件的数据类型有 3 种：布尔型、数字型和字符串型。当控制条件为布尔型时，有 True 和 False 两种选择框架。当控制条件为数字型时，选择器标签值即框图标识符为整数 0，1，2，…，选择框架的个数可根据实际需要确定。当控制条件为字符串型时，选择器标签的值为双引号括起来的字符串，选择框架的个数也可根据实际需要确定。

9.6 LabVIEW 的图形显示功能

LabVIEW 的图形子模板提供了完成各种图形显示功能的控件。这里简单介绍图形子模板中的 3 种常用图形控件，即事后记录波形图控件（Waveform Graph）、实时趋势图控件（Waveform Chart）和 XY 波形图控件（Graph XY）的功能。

9.6.1 事后记录波形图控件（Waveform Graph）

1. 主要功能

Waveform Graph 可以显示单个信号波形，也可以同时显示多个信号波形。它的数据输入基本形式是数组或簇，输入数据中包含了所有需要显示的格式化测量数据。该控件显示时是以一次刷新的方式进行的，也就是说将构成数组的全部测量数据一次显示出来。如图 9-14 所示为 Waveform Graph 的所有组件。

（1）标签（Lable）。可通过文本编辑工具给控件命名。

（2）坐标设置工具（Scale Legend）。将横轴定义为 X 轴，代表数组中数据的序号；纵轴定义为 Y 轴，表示要显示测量数据点的数值大小。在默认条件下，X 轴初值为 0，步长为 1，最大刻度范围根据数组长度自动调整，而 Y 轴刻度则根据数组中最大值与最小值的范围自动设定。通过 Scale Legend 可设置 X、Y 轴名称，自动量程选择，数据格式，精度，网格线，坐标类型等参数。

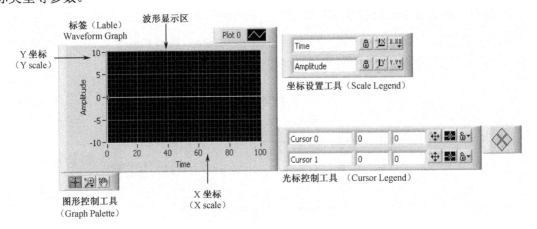

图 9-14 Waveform Graph 的组件

（3）波形设置工具（Plot Legend）。通过该控件的弹出菜单，可以设定波形曲线的各种属性，如波形的名称、线型和颜色等。

（4）图形控制工具（Graph Palette）。此控件由光标选择工具、图形缩放工具和图形移动工具组成。通过图形控制工具，可以在程序运行中放大、缩小、移动所显示的波形。

（5）光标控制工具（Cursor Legned）。此控件可以移动光标，设置光标名称、颜色、形状、线型等属性，还可以显示光标所在位置的坐标。

2. Waveform Graph 控件的使用

设计一个程序，测量一个随机信号的电压值并进行滤波处理（以前 5 点的平均值作为滤波方法），要求共测量 50 点，同时显示滤波前后信号的波形。

根据要求，只要将两组数据组成一个二维数组，再把这个二维数组送入波形显示控件即可。显示结果及框图程序如图 9-15 所示。

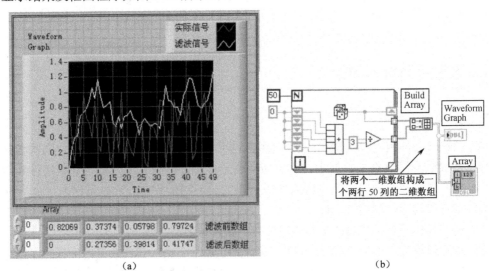

(a)   (b)

图 9-15 显示结果及框图程序

9.6.2 实时趋势图控件（Waveform Chart）

1．主要功能

实时趋势图控件（Waveform Chart）可以完成信号的动态显示，即每接收到一个数据，就立即显示一个数据，新数据不断淘汰掉旧数据，从而得到连续的波形。因此，这种显示方式非常适用于描述数据动态变化的规律，适用于实时数据的动态观察。如图 9-16 所示为 Waveform Chart 的所有组件。

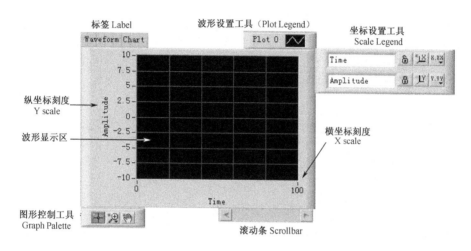

图 9-16 Waveform Chart 的组件

其中，标签（Lable）、坐标设置工具（Scale Legend）、波形设置工具（Plot Legend）、图形控制工具（Graph Palette）与 Waveform Graph 控件是相同的。不同的是，Waveform Chart 的输入是一个双精度浮点数，而 Waveform Graph 的输入是一个双精度浮点数组。这是由两者的波形刷新方式和数据组织方法不同造成的。Waveform Graph 控件通常把要显示的数据先收集到一个数组，然后再把这组数据一次性送入控件中进行显示，而 Waveform Chart 控件是把新的数据连续添加到已有数据的后面，波形是连续向前推进显示的。Waveform Chart 控件一次可接收一个点的数据，也可接收一组数据，不过这组数据与 Waveform Graph 中的数据组是不同的，Waveform Chart 的数据组只不过代表一个波形上的几个点，而 Waveform Graph 的数据组代表的则是整条曲线。

2．Waveform Chart 的设置

（1）数据存储长度设置。Waveform Chart 显示数据的方式是周期性地刷新显示区，并将数据存储在一块缓存区中，这个缓存区的大小默认值是 1 024。如果需要改变这个值，需要在 Chart 上弹出菜单并选择"Chart History Length"，在弹出对话框中修改波形存储长度。当 Chart 的横坐标值小于波形存储长度值时，使用滚动条可以显示缓存区中窗口以外的数据。当选择横坐标为自动比例时，滚动条消失，说明数据已被全部显示。

（2）刷新模式设置。Waveform Chart 有三种刷新模式，即条幅式 Strip Chart、示波器式 Scope Chart 和扫描式 Sweep Chart。默认的刷新模式是条幅式。在 Chart 弹出菜单中依次选择 "Advanced" "Update" "Mode"，可在下级弹出模板中更换刷新模式。

条幅式类似于纸带记录仪的滚动显示模式，每接收到一个新的数据，就显示在图线的右边缘，原有的值依次左移。

　　示波器式显示模式时每接收到一个新的数据，就把它描绘在上一个数据的右侧，当图线画至右边界时，就擦除这段图线，然后再从左边开始描绘一条新线图。

　　扫描式与示波器式类似，不同的是数据到达右边界时，不将显示区清空，而是在描绘下一条曲线的同时，清除上一条曲线的一个数据点，并用一条移动的垂直线界定新数据的起点，此线随新数据的到达在显示区内横移。

　　（3）多波形显示方式。在一个 Chart 中显示多条曲线时，可以使用同一个波形描绘区，称为层叠描绘（Overlay Plots）；或使用不同的描绘区，称为堆积描绘（Stack Plots）。在 Chart 弹出菜单中选择"Overlay Plots"或"Stack Plots"，可以进行两种布置方式的转换。

9.7　LabVIEW 编程入门

　　本节以虚拟正弦信号发生器为例，介绍 LabVIEW 编程的基本过程。

9.7.1　虚拟正弦波仿真信号发生器功能描述

　　该正弦波仿真信号发生器可产生正弦信号，指标如下。
　　（1）频率范围。1 Hz～10 kHz，可调。
　　（2）初始相位。0°～180°，可调。
　　（3）幅值。0.1～5.0 V，可调。
　　（4）生成波形的总点数。$N = 8～512$，可选。

9.7.2　创建一个新的 VI

　　在 LabVIEW 主窗口中选择"New VI"，或在已打开的 VI 的主菜单"File"中选择"New"命令，会出现如图 9-17 所示的 VI 窗口。前面是 VI 的前面板窗口，后面是 VI 的框图程序窗口，在两个窗口的右上角是默认的 VI 图标/连接端口。

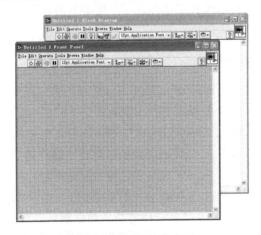

图 9-17　"New VI"窗口

9.7.3　设计 VI 前面板

根据要求，前面板应设计 5 个输入型数字控件（由用户输入生成正弦波的频率 f_x、初始相位、幅值、总采样点数 N 与采样频率 f_s）和一个输出显示型图形控件（该控件的横轴为时间轴）。应考虑到生成的信号频率跨度大，在 1 Hz～10 kHz 范围内；其周期跨度也大，在 1 s～0.1 ms 范围内。输出显示型图形控件的纵轴为电压轴，生成信号幅值的范围应充满整个显示画面，故选用 Waveform Graph 波形显示控件。

在控制模板上按下列操作依次进入各子菜单可找到相应的控件：

Controls→All Controls→Classic Controls→Classic Numeric→Numeric Controls（5）

Controls→All Controls→Classic Controls→Classic Boolean→Horizontal Switch（1）

　　　　　　　　　　　　　　　　　　　　　　　　　　→Round Stop Button（1）

Controls→All Controls→Classic Controls→Classic Graph→Waveform Graph（1）

放置好控件的前面板如图 9-18 所示，在框图程序中相应的图标端口如图 9-19 所示。

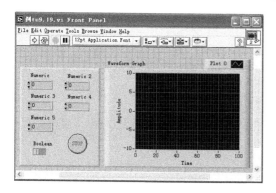

图 9-18　前面板设置

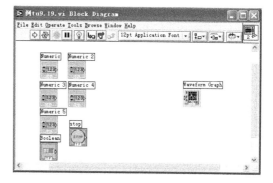

图 9-19　框图程序中的图标端口

根据控件的实际功能，用工具模板中的文字工具重新修改控件标签。修改后的前面板如图 9-20 所示。

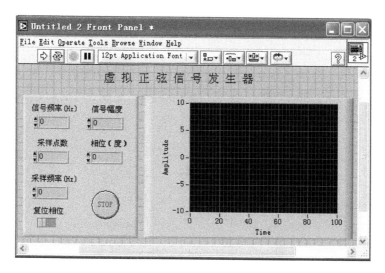

图 9-20　修改后的前面板

9.7.4　设计框图程序

　　如图 9-19 所示的端口是 LabVIEW 7 Express 版本开始使用的一种图标式端口外观，为了在框图程序中节省空间，本例仍使用传统图标端口。在端口的界面右击，在快捷菜单中选择"View As Icon"前面的"√"号，可切换为传统图标外观，如图 9-21 所示。

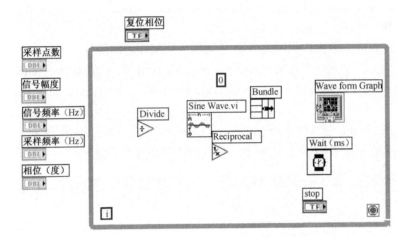

图 9-21　正弦波信号发生器节点和端口

　　（1）创建正弦波信号发生器各节点。在功能模板上按下列操作依次进入各子菜单，可找到相应的节点。

Functions→All Functions→Analyze→Signal Procassing→Signal Generation
　　　　　　　　　　　　　　　　　　　　　　　　　→Sine Wave.vi（正弦波节点）

Functions→All Functions→Cluster→Bundle（打包节点）
　　　　　　　　　　　　→Numeric→Divide（除法节点）
　　　　　　　　　　　　→Reciprocal（倒数节点）

Functions→All Functions→Time & Dialog→Wait（ms）（延时节点）

Functions→All Functions→Structures→While Loop（While 循环结构）

各节点图标如图 9-21 所示。

　　（2）编程原理。该 VI 的基本功能是生成正弦波，在 LabVIEW 中，有多种方法可以产生正弦波，如 Sine Wave.vi、Sine Pattern.vi、Simulate Signal.vi 等。这里采用 Sine Wave.vi，其图标连接端口如图 9-22 所示。

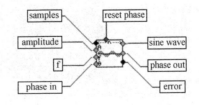

图 9-22　Sine Wave.vi 图标连接端口

图标左侧一列为输入端口，即该函数调用前的参数设置端口，其各自的含义如下。

① samples。生成波形的总点数 N（默认值为 128）。

② amplitude。生成波形的幅值（默认值为 1.0）。

③ f。生成信号的数字频率（默认值为 1.0/128.0）。

④ phase in。生成波形的初始相位，单位为度（默认值为 0.0）。

⑤ reset phase。默认值为 True。当为 "True" 时，函数以 phase in 的值作为初始相位。如果该值为 "False"，函数以上一次调用后的 phase out 输出值为此次波形的初始相位，显然，此时产生的信号波形是连续光滑的。

函数图标的右侧一列为输出端口（即函数调用后的输出参数），其各自的含义如下。

① sine wave。数组名。该数组内存放所生成的波形数据。

② phase out。当 reset phase 为 "True" 时，该参数无效；当 reset phase 为 "False" 时，该参数作为下一次生成正弦波的初始相位。

③ error。错误代码。若有错误，则输出错误代码。根据错误代码，查找 LabVIEW 帮助文件，可以找到与错误代码对应的错误含义。

此 VI 输入频率参数为数字频率，数字频率（f）=模拟频率（f_x）/采样频率（f_s），为此，用一个除法器完成 f_x/f_s 的运算。波形 VI 的输出加到打包节点的一个输入端，打包节点的另外两个输入中，一个是时间起点，另一个是采样间隔，采样间隔由倒数节点对采样频率取倒数得到。打包节点输出的正弦波序列已包含时间起点和采样间隔信息，此信号序列送到 Waveform Graph 显示信号波形。将上述节点置于 While Loop 框架内，可以形成连续的正弦波。Wait 是一个以 ms 为单位的延时节点，适当的延时可以放慢信号的刷新速度。通过 Stop 按钮可退出循环，停止运行程序。

（3）连线。按上述原理，用连线工具对各端口和节点正确连线，编制好的框图程序如图 9-23 所示。

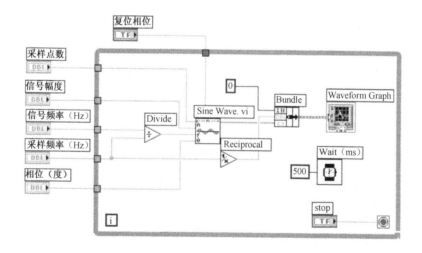

图 9-23　正弦波信号发生器框图程序

9.7.5　运行和调试 VI 程序

1. 运行与停止

在前面板窗口或框图程序窗口的工具条中单击 Run 按钮，可使 VI 运行一次。VI 运行时，Run 按钮变为状态。对于运行状态的 VI，单击 Abort Execution 按钮，可强行终止

VI 运行。若单击 Pause 按钮██，可暂停 VI 运行，再次单击该按钮，可继续 VI 的运行。

若单击工具条中的 Run Continuously 按钮██，可使 VI 连续运行。VI 连续运行时，Run Continuously 按钮会变为██（Running Continuously）状态。单击 Running Continuously 按钮，可停止 VI 连续运行。

2．单步执行 VI

单步执行 VI 是在框图程序中，按照节点之间的逻辑关系，沿数据连线逐个节点地执行 VI。在 LabVIEW 中有两种单步执行 VI 的方式。

（1）单步（入）执行。单击工具条上的单步（入）按钮██，就可进入单步（入）执行 VI 状态。此时，程序按节点顺序单步执行，遇到循环或 SabVI 时，跳入循环或 SabVI 内部继续逐步运行程序。每单击一次该按钮，程序执行一步。

（2）单步（跳）执行。单击工具条上的单步跳（Step Over）按钮██，就可进入单步（跳）执行 VI 状态。此时，程序按节点顺序单步执行，遇到循环或 SabVI 时，不跳入内部逐条执行其内容，而是将其作为一个整体节点执行。每单击一次该按钮，程序执行一步。

（3）单步（出）。单击框图程序工具条上的单步（出）按钮██，可跳出单步执行状态，进入暂停状态。

3．设置断点

在工具模板中将鼠标切换至断点工具状态，单击框图程序中需要设置断点的地方，就可完成一个断点的设置。当断点位于某一节点时，该节点图标的框架就会变红。当断点位于某一数据连线时，数据连线的中央就会出现一个红点。

当程序运行到该断点时，VI 会自动暂停，此时端点处的节点会处于闪烁状态。用鼠标单击"Pause"按钮，可以恢复程序运行。用断点工具再次单击断点处，就会取消该断点。

4．设置探针

在工具模板中将鼠标切换至探针工具状态，用鼠标单击需要查看的数据连线，会弹出一个对话框，VI 运行时，若有数据流过该数据连线，对话框就会自动显示这些流过的数据。同时，在探针处会出现一个黄色的内含探针数字编号的小方框。

5．显示数据流动画

运行 VI 时，在框图程序端口的工具条中单击"Highlight Execution"按钮，LabVIEW 会在框图程序上实时地显示程序执行过程，即显示每一条数据连线和每一个端口中通过的数据。使用此功能时，VI 的执行速度明显降低，以使用户看清程序执行过程中的每一个细节。再次单击该按钮，VI 会恢复到正常执行状态。

6．改变信号源参数，观察信号变化

（1）生成正弦波仿真信号，f_x=1 Hz，初相位=30°，幅值=2.0 V。

① 观察当采样频率f_s=10 Hz，采样点数 Samples 为 50、100、200、1000，Reset Phase=True 时的波形，Reset Phase=False 时的波形。

② 观察当f_s=2 000 Hz，采样点数 Samples 为 50、100、200、1 000，Reset Phase=True 时及 Reset Phase=False 时的波形。

（2）改变正弦波仿真信号，f_x=10 kHz，初相位=90°，幅值=0.1 V。

① 观察当采样频率 f_s=100 kHz，总采样点数分别为 Samples=N=5、50、500、1 000，Reset Phase=True 时的波形。

② 观察当采样频率 f_s=100 kHz，总采样点数分别为 Samples=N=5、50、500、1 000，Reset Phase= False 时的波形。

显示结果如图 9-24 所示。

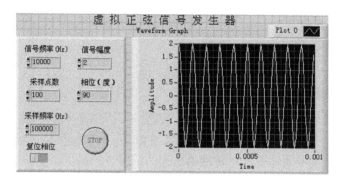

图 9-24　正弦波信号发生器的前面板（测试状态）

9.7.6　创建 VI 图标、保存 VI

双击前面板或框图程序窗口右上角的 VI 图标，或在 VI 图标处右击鼠标并在弹出的快捷菜单中选择"Edit icon"命令，会弹出一个图标编辑器（Icon Editor），如图 9-25 所示。用户可在编辑器中创建自己的图标。其使用方法类似于 Window 操作系统中的图画工具，本例是信号源，其图标加入一个正弦波符号。

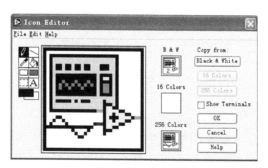

图 9-25　图标编辑器

在前面板窗口或框图程序窗口的主菜单"File"中选择"Save"命令，然后在弹出的对话框中选择适当的路径，输入文件名即可保存该 VI。

9.7.7　编辑 VI

为使图形化用户界面美观、便于操作，创建 VI 后，还要对 VI 进行编辑。使用工具模板和窗口工具条中的操作工具，可以对 VI 进行选择、删除、移动、缩放、颜色、文字、排列对齐等项编辑。

9.8 数据采集

数据采集是 LabVIEW 的核心技术之一。LabVIEW 提供了与 NI 公司的数据采集硬件相配合的丰富的软件资源。完成数据采集的主要问题是根据测试要求选取合适的测试设备，对设备进行正确的安装与设置，利用数据采集 VI 编写采集程序。

9.8.1 数据采集基础

1．数据采集系统的构成

一个完整的数据采集系统包括传感器和变换器、信号调理设备、数据采集卡、驱动程序、硬件配置管理软件、应用软件和计算机等，如图 9-26 所示。传感器和变换器可以把不同的物理量转换为电信号；信号调理设备对传感器送来的信号进行放大、滤波、隔离等处理，将它们转化为采集设备易于读取的信号；数据采集卡将模拟信号转换为数字信号并送给计算机；软件则控制着整个系统，它告诉采集设备什么时候从哪个通道获取数据，对数据进行必要的分析处理，将最后结果表示成容易理解的形式，如图表或文件等。

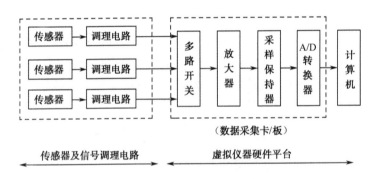

图 9-26　数据采集系统构成框图

2．测试系统的连接方式

电压信号可分为接地信号和浮动信号两种类型。

（1）接地信号。将信号的一端与系统地连接起来，就得到了接地信号，接地信号与数据采集卡是共地的。

（2）浮动信号。一个不与任何地连接的电压信号称为浮动信号。例如，电池、热电偶、变压器等都是浮动信号。

测量系统可以分为差分（Differential）、参考地单端（Referenced Single-Ended，RSE）、无参考地单端（Non-Referenced Single-Ended，NRSE）3 种类型。

（1）差分测量系统。差分测量系统如图 9-27 所示。在差分测量系统中，信号输入端的正负极分别与两个不同的模拟输入端口相连，并通过多路开关分别连接到放大器的正负极上。

差分测量系统是一个比较理想的测量系统，因为它不仅抑制接地回路感应误差，而且在一定程度上抑制拾取的环境噪声。当所有输入信号符合以下条件时，使用差分测量系统。

① 信号幅度小于 1V。

② 信号电缆比较长或无屏蔽，环境噪声较大。

③ 任何一个输入信号要求单独的参考点。

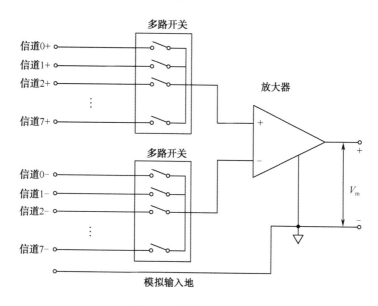

图 9-27 差分测量系统

当输入信号符合以下条件时，可使用单端测量系统。

① 信号幅度大于 1 V。

② 信号电缆比较短（小于 5 m）或有屏蔽，环境噪声较小。

③ 所有输入信号可以共享一个参考点。

单端测量系统分为参考地单端测量系统和无参考地单端测量系统。

（2）参考地单端测量系统。参考地单端测量系统如图 9-28 所示。在参考地单端测量系统中所有信号都参考一个公共参考点，即放大器负极。参考地单端测量系统可用于测量浮动信号。

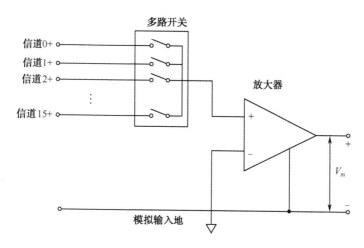

图 9-28 参考地单端测量系统

（3）无参考地单端测量系统。无参考地单端测量系统如图 9-29 所示。在无参考地单端测量系统中被测信号的一端接入模拟输入通道，另一端接公共参考端，但这个参考端并没有和测量系统的地相连。无参考地单端测量系统可用于测量浮动信号。

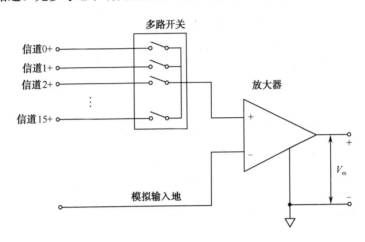

图 9-29　无参考地单端测量系统

3. 数据采集卡的设置

通常，LabVIEW 安装和配置 DAQ 板卡的主要步骤如下。

安装 DAQ 采集设备硬件→安装 DAQ 设备驱动程序→设置设备号和通道号→对采集设备进行运行测试→进行 LabVIEW 编程。

下面以 NI PCI-6025E 多功能采集卡为例，介绍数据采集卡的安装与设置。

NI PCI-6025E 是使用 E 系列技术的数据采集板卡，可在大多数应用中实现可靠的高性能数据传输。可获得采样率高达 200 kS/s、分辨率为 12 位的 16 路单端、8 路差分模拟输入；信号输入范围为-10 V～10 V；2 路独立的 12 位模拟输出通道；32 路双向数字 I/O；2 个定时计数器将 PCI-6025E 数据采集卡插到计算机主板上的一个空闲的 PCI 插槽中，连接好数据线和转接板。

安装驱动程序 NI-DAQ。在安装 NI-DAQ 时，系统会自动安装一个名为 Measurement & Automation Explorer 的软件，简称 MAX，该软件用于管理和配置硬件设备。下面介绍如何利用该软件配置 PCI-6025E 数据采集卡。

第一步，运行 MAX，在窗口左侧设备管理目录的 Devices and Interfaces 选项中选择 PCI-6025E 采集卡，如图 9-30 所示。

第二步，在 PCI-6025E 数据采集卡的界面右击，在弹出的快捷菜单中选择 Properties 命令，弹出 PCI-6025E 数据采集卡配置对话框，对话框分 6 部分，分别是 System、AI、AO、Accessory、OPC 和 Remote Access，如图 9-31 所示。

第三步，设置设备（Device）编号。在 Configuring Device 对话框的"System"选项卡下将设备属性值设为 1，即 Device:1，如图 9-31 所示。

第四步，设置模拟输入（AI）属性。在 Configuring Device 对话框的"AI"选项卡下将 Polarity 属性值设为-10.0 V～+10.0 V，将 Mode 属性值设为 Differential（差分输入），如图 9-32 所示。

第五步，设置模拟输出（AO）属性。在 Configuring Device 对话框的"AO"选项卡下将 Polarity 属性值设为 Bipolar（双极性），如图 9-33 所示。

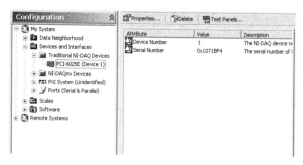

图 9-30 Measurement & Automation Explorer 主窗口

图 9-31 Configuring Device 对话框

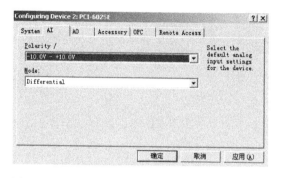

图 9-32 Configuring Device 对话框的 "AI" 选项卡

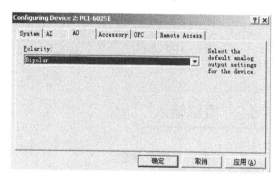

图 9-33 Configuring Device 对话框的 "AO" 选项卡

第六步，设置附件（Accessory）。在 Configuring Device 对话框的 "Accessory" 选项卡下将 Accessory 属性值设为 CB-68LP，如图 9-34 所示。

第七步，设置过程控制 OLE（OPC）。在 Configuring Device 对话框的 "OPC" 选项卡下将 OPC 属性值设为 Disabled，如图 9-35 所示。

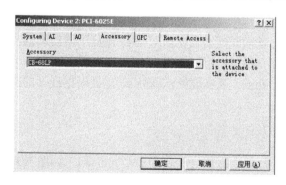

图 9-34 Configuring Device 对话框的
"Accessory" 选项卡

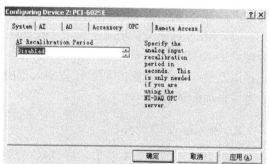

图 9-35 Configuring Device 对话框的
"OPC" 选项卡

在完成了上述属性设置之后，单击【确定】按钮，至此，就完成了 PCI-6025E 数据采集卡的配置。

第八步，在 PCI-6025E 数据采集卡的界面右击，在弹出的快捷菜单中选择 Test 命令，弹出 Test Panel 窗口，在该窗口中可以通过加入真实信号测试 PCI-6025E 数据采集卡的全部功能，如图 9-36 所示。

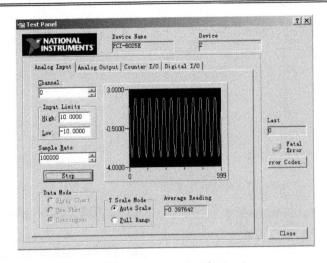

图 9-36　Test Panel 窗口

9.8.2　模拟输入

1．模拟输入相关参数

（1）分辨率（Resolution）。分辨率可以用模数转换器的位数来衡量。ADC 的位数越多，分辨率越高，可区分的最小电压就越小。当分辨率足够高时，数字化信号才能比较好地恢复原始信号。目前，8 位采集卡属于初级产品，12 位采集卡属于中档产品，16 位以上的采集卡则属于高级产品，可以将模拟输入电压分别量化为 $2^8=256$，$2^{12}=4\,096$，$2^{16}=65\,536$ 份。

（2）电压范围（Range）。模拟信号的输入范围（量程）一般根据信号输入特性的不同（单极性输入还是双极性输入）有不同的输入范围。如对单极性输入，典型值为 0～10 V；对双极性输入，有-5 V～5 V 或-10 V～+10 V。

（3）增益（Gain）。增益主要用于在 ADC 之前对信号进行放大，通过设置不同的增益，可使送给 ADC 的信号尽可能地接近满量程，从而更好地复原信号。对于 NI 公司的采集卡，选择增益是在 LabVIEW 中通过设置输入范围（Limits）来实现的，LabVIEW 会根据选择的输入范围自动配置增益。

2．模拟输入 VI 简介

LabVIEW 自 7.0 版本以来，将 DAQ 分为两类：传统 DAQ VI 和 DAQmx VI，如图 9-37 所示，这里主要介绍传统 DAQ。

DAQ VI 分为以下 4 类。模拟输出 VI 与模拟输入 VI 分类相同，在此一并介绍。

（1）易用函数（Esay I/O VI）。Esay I/O VI 包括基本的模拟和数字输入/输出 VI。其中有 4 个模拟输入 VI，4 个模拟输出 VI，4 个数字 I/O VI 和 5 个计数器 VI。

（2）中级函数（Intermediate VI）。Intermediate VI 在 Analog Input 模板的第二行。相对于 Esay I/O VI，Intermediate VI 有更多的硬件配置信息，其灵活性和开发效率较高。

（3）实用函数（Utility VI）。Utility VI 包括一些 Intermediate VI 所具有的优点，当用户需要比 Esay I/O VI 更多的功能，而不想使用太多的 VI 时，可以使用 Utility VI。

（4）高级函数（Advanced VI）。Advanced VI 是 NI-DAQ 底层的函数，较少被用到。

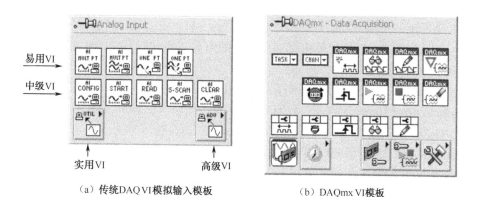

（a）传统 DAQ VI 模拟输入模板   （b）DAQmx VI 模板

图 9-37 传统 DAQ VI 模拟输入模板和 DAQmx VI 模板

3．DAQ 波形模拟输入举例

下面介绍使用中级模拟输入 VI 进行波形采集的例子。如图 9-38 所示为该例的前面板和框图程序。

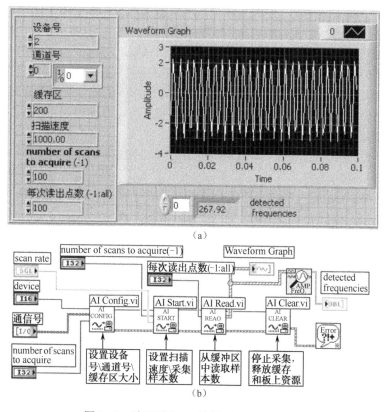

图 9-38 波形采集 VI 的前面板和框图程序

程序中几个中级模拟输入 VI 的作用如下。

（1）AI Config VI。设置采集卡设备号、通道号、获取的样本数（number of scans to acquire）。本例中，设备号为 2，通道号为 0，获取样本数设为 200。

（2）AI Start VI。设置扫描速率（scan rate），每次扫描采集的样本数（number of scans to acquire），本例中，scan rate 设置为 1000 次/s，number of scans to acquire 设置为 100 点。按所设置参数启动采集，并将得到的数据放入缓存。

（3）AI Read VI。设置从计算机缓存中读取的点数（number of scans to read），本例设置 number of scans to read 为 100。

（4）AI Clear VI。停止采集，释放缓存和板上资源。

（5）Simple Error Handler VI（位于 Time & Dialog 选项卡中）。如果此 DAQ 程序在运行中出现问题，该 VI 会返回关于错误的描述，并显示在对话框中。

运行该程序，在采集卡的 0 号端口将采集到一个 100 点正弦波。程序中加入一个频率测量 VI，通过此 VI，测得采集信号的频率为 267.92 Hz。

9.8.3　模拟输出

1. 模拟输出相关参数

多功能 DAQ 卡用数/模转换器（DAC）将数字信号转换成模拟信号，其相关参数如下。

（1）范围（Range）。Range 表示 DAC 输出的电压范围。

（2）分辨率（Resolution）。分辨率反映输出模拟量对输入数字量变化的敏感程度，常用数字量的位数来表示。一个 n 位线性 DAC 能够提供 2^n 个不同的电压等级，所能分辨的最小电压是 DAC 输出范围的 $1/2^n$，这个电压值称为 1LSB（Least Significant Bit）。

（3）精度（Accuracy）。精度分为绝对精度和相对精度两种。绝对精度是指输入某已知数字量时，其理论模拟输出值和实际所测得的输出值之差，该误差一般低于 0.5 LSB；相对精度是绝对精度相对于额定满度输出值之比，可用相对满度的百分比表示。DAC 的分辨率越高，数字电平的个数就越多，精度越高。

（4）单调性（Monotonicity）。单调性是指 DAC 的模拟输出随着数字信号的输入增加而增加，或至少保持不变的性质。

（5）建立时间（Settling Time）。建立时间反映 DAC 的转换从一个稳态值到另一个稳态值的过渡过程的长短，表征 DAC 转换信号的快慢。

2. DAQ 波形模拟输出举例

下面介绍使用易用 VI 函数 AO Generate Waveform VI 进行波形输出的例子。如图 9-39 所示为该例的前面板和框图程序。

该程序首先产生一个正弦波，正弦波频率设置为 1 000 Hz，幅度设置为 1 V，采样频率设置为 10 kHz，采样点数设置为 100。正弦信号连接到易用 VI 函数 AO Generate Waveform VI 的 Waveform 端口，同时连接一个 Waveform Graph 控件进行显示。AO Generate Waveform VI 的设备端口设置为 2，通道端口设置为 0，数据更新速度端口与正弦波采样频率相连。运行该程序，在采集卡的 0 号端口将输出一个 100 点正弦波。

近年来，随着智能控制的不断成熟，智能控制方法在谐波的检测和分析方面取得了长足的进步。智能控制的方法比如神经网络方法、遗传算法、模糊控制算法等方法在提高计算能力、对任意连续函数的逼近能力、学习理论及动态网络的稳定性分析等方面都取得了丰硕的理论成果，在许多领域还得到实际应用，如模式识别与图像处理、控制与优化、预测与管理、通信等。

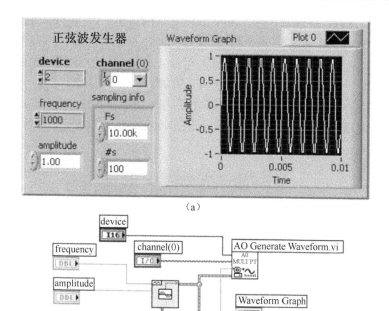

图 9-39 使用易用 VI 函数进行波形输出的前面板和框图程序

实训十一 构建信号采集与分析系统

一、实训目的

通过构建信号采集与分析系统，学会采集卡的选择、接口驱动程序和信号分析处理程序的编制。

二、实训仪器和器材

（1）PCI-6013 数据采集卡及配套接线端子、电缆 1 套。
（2）函数信号发生器 1 台。
（3）计算机及 LabVIEW 7.0 软件。

三、实训内容及步骤

1. 功能描述
（1）采集信号为 0~20 kHz 的正弦波、方波、三角波和脉冲波。
（2）能显示被测信号的时域和频域波形。
（3）能显示被测信号的有效值和频率值。
2. LabVIEW 程序设计
（1）前面板设计。前面板如图 9-40 所示。用两个 Waveform Graph 控件分别显示信号的时域波形和频域波形，一个控件设置通道号（设备号在框图程序中设置），四个控件分别设置缓存、采样速度、每次采集样本数、每次读出样本数，两个控件显示检测频率和有效值，停止按钮可中断采集程序。

（2）框图程序设计。框图程序如图 9-41 所示。AI Config VI 设置采集卡设备号为 2，通道号为 0，缓存为 2 000，AI Start VI 设置扫描速度为 1 000 次/s，每次扫描采集的样本数为 1 000，按所设置参数启动采集，并将得到的数据放入缓存。AI Read VI 设置每次从计算机缓存中读取的点数，默认值 "–1"，即读取的数据量与存入的数据量相等，AI Clear VI 停止采集，释放缓存和板上资源。Spectral Measurements VI 测量信号功率谱并输出显示，Extract Single Tone Information VI 测量信号频率并输出显示，Amplitude and Level Measurements VI 测量信号有效值并输出显示。

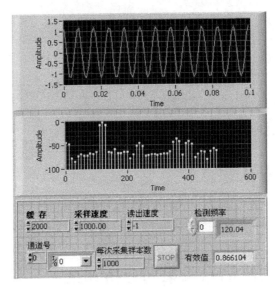

图 9-40　前面板

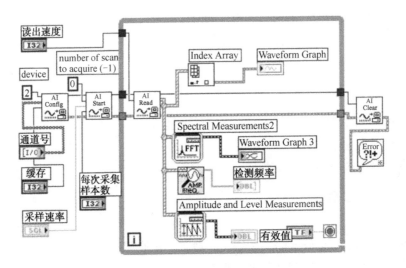

图 9-41　框图程序

3．仪器连接

仪器连接方法如图 9-42 所示。

4．采集运行实验

（1）调整 SG1645 函数信号发生器，使其输出正弦波，频率分别为 100 Hz、200 Hz，幅度为 2 V。启动采集程序，观察波形图和频谱图，分别记录检测频率值和有效值。

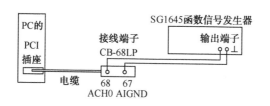

图 9-42　仪器连接

（2）调整 SG1645 函数信号发生器，使其输出方波，频率分别为 50 Hz、100 Hz，幅度为 2 V。启动采集程序，观察波形图和频谱图，分别记录检测频率值和有效值。

（3）调整 SG1645 函数信号发生器，使其输出三角波，频率分别为 50 Hz、100 Hz，幅度为 2 V。启动采集程序，观察波形图和频谱图，分别记录检测频率值和有效值。

四、实训报告

整理实验数据，分析对比三组实验数据、频谱图的区别，总结实验心得体会。

本章小结

1．本章介绍了虚拟仪器基本知识与图形化软件编程平台 LabVIEW。
2．对 LabVIEW 模板（工具模板、控制模板、功能模板）和数据类型进行了介绍。
3．基本 VI 由程序前面板（Front Panel）、框图程序（Block Diagram）、图标/连接端口（Icon/Connector）3 部分组成。
4．对 LabVIEW 的程序结构、显示功能及编程方法进行了简单介绍。
5．介绍了数据采集的基本知识和模拟输入、模拟输出的编程方法。

习题 9

1．什么是虚拟仪器？虚拟仪器有哪些特点？
2．一个 VI 由哪几部分组成？各部分的功能是什么？
3．前面板由哪几部分组成？各部分的功能是什么？
4．框图程序由哪几部分组成？各部分的功能是什么？
5．LabVIEW 中有几种模板？各模板的功能是什么？
6．创建一个 20 个元素的一维随机数数组。
7．创建一个 20 个元素（0，1，2，…，19）的二维（4 行 5 列）数组。
8．用 For 循环生成一锯齿波（$T=5s$，分辨率为 1/50）。
9．用 For 循环和 Waveform Graph 控件编制一个正弦波产生程序，要求：$T=0.001$ ms，每周期 100 点，显示一个周期。

参 考 文 献

[1] 申业纲. 电子测量. 南京：江苏科技出版社，1996.

[2] 陈光禹. 现代电子测试技术. 北京：国防工业出版社，2000.

[3] 李骁. 工业仪表测量调校实训教程. 北京：化学工业出版社，2007.

[4] 刘明晶. 通用电子测量仪器. 北京：航空工业出版社，1989.

[5] 陈光禹. 现代电子测试技术. 北京：国防工业出版社，2000.

[6] 蒋焕文，孙续. 电子测量（第二版）. 北京：中国计量出版社，1988.

[7] 张永瑞，刘振起，杨林耀，顾玉昆. 电子测量技术基础. 西安：西安电子科技大学出版社，1994.

[8] 杨吉祥，詹宏英，梅朹春. 电子测量技术基础. 南京：东南大学出版社，1999.

[9] 宋悦孝. 电子测量与仪器. 北京：电子工业出版社，2003.

[10] 徐洁. 电子测量与仪器. 北京：机械工业出版社，2002.

[11] 陆绮荣. 电子测量技术. 北京：电子工业出版社，2003.

[12] 田华，袁振东，赵明忠，何云. 电子测量技术. 西安：西安电子科技大学出版社，2005.

[13] 李明生. 电子测量仪器. 北京：高等教育出版社，2002.

[14] 徐佩安. 电子测量技术. 北京：机械工业出版社，2002.